国家出版基金项目

"十三五"国家重点图书出版规划项目

中国水电关键技术丛书

三峡水库下游江湖水沙交换与滩群整治

陆永军　左利钦　赖锡军　李国斌　等　著

中国水利水电出版社
www.waterpub.com.cn

·北京·

内 容 提 要

本书系国家出版基金项目《中国水电关键技术丛书》之一。本书系统分析了三峡水库运行后长江干流与洞庭湖、鄱阳湖水沙交换作用机制，揭示了典型滩群滩槽演变及对航道的影响，提出了新水沙条件下的江湖交汇影响段滩群整治思路、原则与航道整治关键技术。研究成果已直接应用于长江中游松滋口、藕池口、洞庭湖湖口和鄱阳湖口等滩群河段航道整治工程中，得到了工程实践的检验。

本书可供从事港口航道、河道治理、水利水电工程及河流动力学等方面研究的科技人员及高等院校相关专业的师生阅读参考。

图书在版编目（CIP）数据

三峡水库下游江湖水沙交换与滩群整治 / 陆永军等著. -- 北京：中国水利水电出版社，2021.11
（中国水电关键技术丛书）
ISBN 978-7-5226-0251-6

Ⅰ. ①三… Ⅱ. ①陆… Ⅲ. ①长江－下游河段－河道整治－研究 Ⅳ. ①TV882.2

中国版本图书馆CIP数据核字（2021）第245960号

书　　　名	中国水电关键技术丛书 **三峡水库下游江湖水沙交换与滩群整治** SAN XIA SHUIKU XIAYOU JIANGHU SHUI－SHA JIAOHUAN YU TANQUN ZHENGZHI
作　　　者	陆永军　左利钦　赖锡军　李国斌　等著
出 版 发 行	中国水利水电出版社 （北京市海淀区玉渊潭南路1号D座　100038） 网址：www. waterpub. com. cn E - mail：sales@ waterpub. com. cn 电话：（010）68367658（营销中心）
经　　　售	北京科水图书销售中心（零售） 电话：（010）88383994、63202643、68545874 全国各地新华书店和相关出版物销售网点
排　　　版	中国水利水电出版社微机排版中心
印　　　刷	北京印匠彩色印刷有限公司
规　　　格	184mm×260mm　16开本　16.25印张　395千字
版　　　次	2021年11月第1版　2021年11月第1次印刷
定　　　价	**128.00元**

《中国水电关键技术丛书》组织单位

中国大坝工程学会

中国水力发电工程学会

水电水利规划设计总院

中国水利水电出版社

历经 70 年发展，特别是改革开放 40 年，中国水电建设取得了举世瞩目的伟大成就，一批世界级的高坝大库在中国建成投产，水电工程技术取得新的突破和进展。在推动世界水电工程技术发展的历程中，世界各国都作出了自己的贡献，而中国，成为继欧美发达国家之后，21 世纪世界水电工程技术的主要推动者和引领者。

截至 2018 年年底，中国水库大坝总数达 9.8 万座，水库总库容约 9000 亿 m³，水电装机容量达 350GW。中国是世界上大坝数量最多、也是高坝数量最多的国家：60m 以上的高坝近 1000 座，100m 以上的高坝 223 座，200m 以上的特高坝 23 座；千万千瓦级的特大型水电站 4 座，其中，三峡水电站装机容量 22500MW，为世界第一大水电站。中国水电开发始终以促进国民经济发展和满足社会需求为动力，以战略规划和科技创新为引领，以科技成果工程化促进工程建设，突破了工程建设与管理中的一系列难题，实现了安全发展和绿色发展。中国水电工程在大江大河治理、防洪减灾、兴利惠民、促进国家经济社会发展方面发挥了不可替代的重要作用。

总结中国水电发展的成功经验，我认为，最为重要也是特别值得借鉴的有以下几个方面：一是需求导向与目标导向相结合，始终服务国家和区域经济社会的发展；二是科学规划河流梯级格局，合理利用水资源和水能资源；三是建立健全水电投资开发和建设管理体制，加快水电开发进程；四是依托重大工程，持续开展科学技术攻关，破解工程建设难题，降低工程风险；五是在妥善安置移民和保护生态的前提下，统筹兼顾各方利益，实现共商共建共享。

在水利部原任领导汪恕诚、张基尧的关心支持下，2016 年，中国大坝工程学会、中国水力发电工程学会、水电水利规划设计总院、中国水利水电出版社联合发起编撰出版《中国水电关键技术丛书》，得到水电行业的积极响应，数百位工程实践经验丰富的学科带头人和专业技术负责人等水电科技工作者，基于自身专业研究成果和工程实践经验，精心选题，着手编撰水电工程技术成果总结。为高质量地完成编撰任务，参加丛书编撰的作者，投入极大热情，倾注大量心血，反复推敲打磨，精益求精，终使丛书各卷得以陆续出版，实属不易，难能可贵。

21 世纪初叶，中国的水电开发成为推动世界水电快速发展的重要力量，形成了中国特色的水电工程技术，这是编撰丛书的缘由。丛书回顾了中国水电工程建设近30年所取得的成就，总结了大量科学研究成果和工程实践经验，基本概括了当前水电工程建设的最新技术发展。丛书具有以下特点：一是技术总结系统，既有历史视角的比较，又有国际视野的检视，体现了科学知识体系化的特征；二是内容丰富、翔实、实用，涉及专业多，原理、方法、技术路径和工程措施一应俱全；三是富于创新引导，对同一重大关键技术难题，存在多种可能的解决方案，并非唯一，要依据具体工程情况和面临的条件进行技术路径选择，深入论证，择优取舍；四是工程案例丰富，结合中国大型水电工程设计建设，给出了详细的技术参数，具有很强的参考价值；五是中国特色突出，贯彻科学发展观和新发展理念，总结了中国水电工程技术的最新理论和工程实践成果。

与世界上大多数发展中国家一样，中国面临着人口持续增长、经济社会发展不平衡和人民追求美好生活的迫切要求，而受全球气候变化和极端天气的影响，水资源短缺、自然灾害频发和能源电力供需的矛盾还将加剧。面对这一严峻形势，无论是从中国的发展来看，还是从全球的发展来看，修坝筑库、开发水电都将不可或缺，这是实现经济社会可持续发展的必然选择。

中国水电工程技术既是中国的，也是世界的。我相信，丛书的出版，为中国水电工作者，也为世界上的专家同仁，开启了一扇深入了解中国水电工程技术发展的窗口；通过分享工程技术与管理的先进成果，后发国家借鉴和吸取先行国家的经验与教训，可避免少走弯路，加快水电开发进程，降低开发成本，实现战略赶超。从这个意义上讲，丛书的出版不仅能为当前和未来中国水电工程建设提供非常有价值的参考，也将为世界上发展中国家的河流开发建设提供重要启示和借鉴。

作为中国水电事业的建设者、奋斗者，见证了中国水电事业的蓬勃发展，我为中国水电工程的技术进步而骄傲，也为丛书的出版而高兴。希望丛书的出版还能够为加强工程技术国际交流与合作，推动"一带一路"沿线国家基础设施建设，促进水电工程技术取得新进展发挥积极作用。衷心感谢为此作出贡献的中国水电科技工作者，以及丛书的撰稿、审稿和编辑人员。

中国工程院院士

2019 年 10 月

水电是全球公认并为世界大多数国家大力开发利用的清洁能源。水库大坝和水电开发在防范洪涝干旱灾害、开发利用水资源和水能资源、保护生态环境、促进人类文明进步和经济社会发展等方面起到了无可替代的重要作用。在中国，发展水电是调整能源结构、优化资源配置、发展低碳经济、节能减排和保护生态的关键措施。新中国成立后，特别是改革开放以来，中国水电建设迅猛发展，技术日新月异，已从水电小国、弱国，发展成为世界水电大国和强国，中国水电已经完成从"融入"到"引领"的历史性转变。

迄今，中国水电事业走过了70年的艰辛和辉煌历程，水电工程建设从"独立自主、自力更生"到"改革开放、引进吸收"，从"计划经济、国家投资"到"市场经济、企业投资"，从"水电安置性移民"到"水电开发性移民"，一系列改革开放政策和科学技术创新，极大地促进了中国水电事业的发展。不仅在高坝大库建设、大型水电站开发，而且在水电站运行管理、流域梯级联合调度等方面都取得了突破性进展，这些进步使中国水电工程建设和运行管理技术水平达到了一个新的高度。有鉴于此，中国大坝工程学会、中国水力发电工程学会、水电水利规划设计总院和中国水利水电出版社联合组织策划出版了《中国水电关键技术丛书》，力图总结提炼中国水电建设的先进技术、原创成果，打造立足水电科技前沿、传播水电高端知识、反映水电科技实力的精品力作，为开发建设和谐水电、助力推进中国水电"走出去"提供支撑和保障。

为切实做好丛书的编撰工作，2015年9月，四家组织策划单位成立了"丛书编撰工作启动筹备组"，经反复讨论与修改，征求行业各方面意见，草拟了丛书编撰工作大纲。2016年2月，《中国水电关键技术丛书》编撰委员会成立，水利部原部长、时任中国大坝协会（现为中国大坝工程学会）理事长汪恕诚，国务院南水北调工程建设委员会办公室原主任、时任中国水力发电工程学会理事长张基尧担任编委会主任，中国电力建设集团有限公司总工程师周建平、水电水利规划设计总院院长郑声安担任丛书主编。各分册编撰工作实行分册主编负责制。来自水电行业100余家企业、科研院所及高等院校等单位的500多位专家学者参与了丛书的编撰和审阅工作，丛书作者队伍和校审专家聚集了国内水电及相关专业最强撰稿阵容。这是当今新时代赋予水电工作者的一项重要历史使命，功在当代、利惠千秋。

丛书紧扣大坝建设和水电开发实际，以全新角度总结了中国水电工程技术及其管理创新的最新研究和实践成果。工程技术方面的内容涵盖河流开发规划，水库泥沙治理，工程地质勘测，高心墙土石坝、高面板堆石坝、混凝土重力坝、碾压混凝土坝建设，高坝水力学及泄洪消能，滑坡及高边坡治理，地质灾害防治，水工隧洞及大型地下洞室施工，深厚覆盖层地基处理，水电工程安全高效绿色施工，大型水轮发电机组制造安装，岩土工程数值分析等内容；管理创新方面的内容涵盖水电发展战略、生态环境保护、水库移民安置、水电建设管理、水电站运行管理、水电站群联合优化调度、国际河流开发、大坝安全管理、流域梯级安全管理和风险防控等内容。

丛书遵循的编撰原则为：一是科学性原则，即系统、科学地总结中国水电关键技术和管理创新成果，体现中国当前水电工程技术水平；二是权威性原则，即结构严谨，数据翔实，发挥各编写单位技术优势，遵照国家和行业标准，内容反映中国水电建设领域最具先进性和代表性的新技术、新工艺、新理念和新方法等，做到理论与实践相结合。

丛书分别入选"十三五"国家重点图书出版规划项目和国家出版基金项目，首批包括 50 余种。丛书是个开放性平台，随着中国水电工程技术的进步，一些成熟的关键技术专著也将陆续纳入丛书的出版范围。丛书的出版必将为中国水电工程技术及其管理创新的继续发展和长足进步提供理论与技术借鉴，也将为进一步攻克水电工程建设技术难题、开发绿色和谐水电提供技术支撑和保障。同时，在"一带一路"倡议下，丛书也必将切实为提升中国水电的国际影响力和竞争力，加快中国水电技术、标准、装备的国际化发挥重要作用。

在丛书编写过程中，得到了水利水电行业规划、设计、施工、科研、教学及业主等有关单位的大力支持和帮助，各分册编写人员反复讨论书稿内容，仔细核对相关数据，字斟句酌，殚精竭虑，付出了极大的心血，克服了诸多困难。在此，谨向所有关心、支持和参与编撰工作的领导、专家、科研人员和编辑出版人员表示诚挚的感谢，并诚恳欢迎广大读者给予批评指正。

《中国水电关键技术丛书》编撰委员会

2019 年 10 月

长江黄金水道是贯穿我国东、中、西部的水运大动脉，是长江经济带国家战略与"一带一路"倡议衔接互动的重要纽带。保障长江黄金水道安全畅通对推动长江经济带绿色发展具有重要意义。长江干流与洞庭湖、鄱阳湖形成了复杂的江、河、湖水沙系统，导致长江中游滩槽复杂多变，历来是河道治理和航道建设的重点河段。三峡水库运行后，长江中下游水沙情势及江湖水沙交换面临新的变化。开展三峡水库下游江湖水沙交换机制研究，阐明江湖水沙关系演变的过程与机制，进而提出滩群整治关键技术，对三峡水库调度方案优化提出了新的要求，也为两湖的治理和黄金航道的整治提供理论依据和技术支撑，关系到长江和两湖的健康发展，具有十分重要的科学和现实意义。

本书作者在国家自然科学基金和国家重点研发计划等项目的支持下，开展了多年的系列研究，揭示了三峡水库运行后长江干流和洞庭湖、鄱阳湖水沙交换作用机制，提出了江湖交汇段水沙动力模拟技术，明晰了水沙变化条件下典型滩群演变规律及其对航道的影响，较好地解决了长江中游江湖分汇河段复杂滩群整治的技术难题。研究成果已被工程设计采纳，直接应用于长江中游松滋口、太平口、藕池口、洞庭湖湖口和鄱阳湖湖口等河段的航道整治工程中（芦家河河段、瓦口子—马家咀河段、周天藕河段、窑监河段、嘉鱼—燕子窝河段、马当河段等），得到了工程实践的检验，取得了显著的社会经济和生态环境效益。

本书作者研究团队2020年又获得了国家自然科学基金长江水科学研究联合基金和长江保护与绿色发展研究院专项研究基金的支持，将在该领域开展深入的研究。希望该团队在水沙变化条件下长江中下游复杂滩群演变与综合治理方面取得新的创新成果。也希望本书的出版，能为河流水沙变化研究及河道重大治理工程提供经验和借鉴，更希望能为长江黄金水道建设和长江经济带发展发挥科技支撑作用。

是为序。

长江保护与绿色发展研究院院长
南京水利科学研究院名誉院长
中　国　工　程　院　院　士
英 国 皇 家 工 程 院 外 籍 院 士

2021 年 3 月

依托黄金水道推动长江经济带发展是国家重大战略，黄金水道建设方针为"深下游、畅中游、延上游、通支流"。近年，长江航道"深下游""延上游"的速度与效果明显好于"畅中游"，长江中游航道瓶颈制约越来越明显。长江中游地区湖泊密布，我国最大的两个淡水湖泊鄱阳湖和洞庭湖即位于此，形成了复杂的江、河、湖水沙系统。受三峡水库水沙调节和通江湖泊水沙交换影响，长江中游滩槽复杂多变，历来是航道建设的瓶颈河段。为了保障长江中游航道在新的水沙条件下的安全和畅通，研究三峡水库运用后通江湖泊水沙交换影响的航道治理问题，具有十分重要的科学意义和实用价值。

针对三峡水库运行后长江与洞庭湖、鄱阳湖之间水沙交换变化条件下的长江干流航道问题，采用实测资料分析、现场观测、数学模型、物理模型等综合手段，研究了长江干流和洞庭湖、鄱阳湖水沙交换作用机制，分析了水沙变化条件下典型滩群滩槽演变规律及对航道的影响，提出了新水沙条件下的滩群整治思路、原则与航道整治关键技术；建立了长江中游江-湖-河一体化大型水沙数学模型，揭示了三峡水库水沙调节对江湖水沙交换的影响及作用机制，以及长江中下游河床冲淤对不同水沙交换的响应关系，明晰了新水沙条件下典型滩群滩槽演变关联性及对航道的影响，探明了长江中游退水期冲刷动力强度和历时变化规律与典型浅滩演变过程；给出了长江干流与洞庭湖交汇段水沙动力物理模型相似律，提高了江湖两相水沙运动的模拟精度，丰富和发展了模拟相似理论。在航道整治技术方面，提出了三峡水库运行后江湖水沙交换影响的典型滩群航道整治思路和原则，系统探讨了不同类型滩群航道整治措施，解决了长江中游江湖分汇河段新水沙影响的复杂滩群河段航道整治技术难题。

研究成果已直接应用于长江中游松滋口、太平口、藕池口、洞庭湖湖口和鄱阳湖湖口等河段航道整治工程中（芦家河河段、瓦口子—马家咀河段、周天藕河段、窑监河段、嘉鱼—燕子窝河段、马当河段等），得到了工程实践的检验，取得了显著的社会经济和生态环境效益。

本书是在三峡水库下游江湖水沙交换与滩群整治技术成果的基础上，通过系统总结提炼而成。全书共分7章，各章编写人员如下：第1章绪论，由陆永军、左利钦、赖锡军、李国斌执笔；第2章三峡水库下游江湖水沙输移特征及演变，由左利钦、赖锡军、高亚军、郭小虎、王洪杨执笔；第3章江湖水沙运动数值模拟与物理模拟关键技术，由陆永军、李国斌、刘益、左利钦、许慧、王志力执笔；第4章长江干流与洞庭鄱阳两湖水沙交换机制，由赖锡军执笔；第5章长江中下游滩群演变对水沙调节的响应，由左利钦、李国斌、陆永军、高亚军、许慧、尚倩倩、刘益执笔；第6章三峡水库水沙调节及通江湖泊水沙交换对长江中下游干流航道的影响，由左利钦、陆永军、李国斌、黄廷杰执笔；第7章长江中下游典型滩群航道整治，由陆永军、李国斌、左利钦、许慧、尚倩倩执笔。全书的统稿与审校由陆永军、左利钦、赖锡军、李国斌、周耀庭负责。

需要特别说明的是，本书涉及研究成果是在水利部交通运输部国家能源局南京水利科学研究院、中国科学院南京地理与湖泊研究所等单位的共同努力下完成的。参加研究的还有水利部交通运输部国家能源局南京水利科学研究院的陆彦、刘怀湘、莫思平、季荣耀、李寿千、杨涵苑等，中国科学院南京地理与湖泊研究所的姜加虎等。此外，在研究过程中，长江航道局、长江航道规划设计研究院、长江科学院、交通运输部天津水运工程科学研究院等诸多单位与同仁给予了大力支持和配合；黄河水利科学研究院江恩慧副院长、武汉大学李义天教授对全书进行了审核，在此一并表示诚挚的感谢。

本书的出版得到了国家自然科学基金长江水科学研究联合基金（U2040219）、国家重点研发计划（2016YFC0402108、2016YFC0402307、2016YFC0402103）、国家重点基础研究发展计划（"973"计划 2012CB417002）、国家"十二五"科技支撑计划（2012BAB04B03）、中央级公益性科研院所基本科研业务费（Y218013）和水利部交通运输部国家能源局南京水利科学研究院专著出版基金的资助，谨此表示感谢。

限于作者水平，书中难免存在欠妥之处，敬请读者批评指正。

作者

2021 年 3 月

目录

丛书序

丛书前言

序

前言

第1章　绪论 ……………………………………………………… 1

1.1　研究背景 ………………………………………………… 2

1.2　国内外研究进展 ………………………………………… 3

1.2.1　通江湖泊江湖关系研究 …………………………… 3

1.2.2　水库下游河床演变研究 …………………………… 4

1.2.3　水库下游航道整治研究 …………………………… 8

第2章　三峡水库下游江湖水沙输移特征及演变 ……………… 15

2.1　三峡水库下游河道及两湖概况 ………………………… 16

2.1.1　长江中游干流概况 ………………………………… 16

2.1.2　洞庭湖区概况 ……………………………………… 17

2.1.3　鄱阳湖区概况 ……………………………………… 19

2.2　三峡水库下游水沙输移 ………………………………… 20

2.2.1　年际变化 …………………………………………… 20

2.2.2　年内变化 …………………………………………… 25

2.3　三峡水库下游河道演变 ………………………………… 28

2.3.1　沿程河道冲淤分布 ………………………………… 28

2.3.2　不同类型河道演变规律 …………………………… 30

2.4　洞庭湖水沙运动与洲滩演变 …………………………… 35

2.4.1　洞庭湖水沙运动 …………………………………… 35

2.4.2　近期洞庭湖洲滩演变特征 ………………………… 38

2.5　鄱阳湖水沙运动与洲滩演变 …………………………… 39

2.5.1　鄱阳湖水沙运动 …………………………………… 39

2.5.2　近期鄱阳湖洲滩演变特征 ………………………… 41

2.6　长江与两湖交汇区河床演变 …………………………… 42

2.6.1　长江与洞庭湖交汇河段河床演变 ………………… 42

2.6.2　长江与鄱阳湖交汇河段河床演变 ………………… 45

第 3 章　江湖水沙运动数值模拟与物理模拟关键技术 ·················· 51

3.1　长江中游大型江湖系统水动力泥沙数学模型 ··············· 52

3.1.1　模型原理与构建 ················ 53

3.1.2　长江中游江河湖一体的水沙模型构建 ··············· 55

3.1.3　水动力模型率定与验证 ·············· 56

3.1.4　泥沙输移模拟验证 ··············· 60

3.2　长江中游干流河道长河段二维水沙运动数学模型 ··············· 63

3.2.1　基本原理 ················· 63

3.2.2　泥沙模型中关键问题的处理 ·············· 65

3.2.3　长河段模拟的关键问题处理 ·············· 68

3.2.4　长时段水沙过程的处理 ·············· 70

3.2.5　长江中游长河段水沙与河床冲淤验证模拟 ·············· 71

3.3　长江中游江湖交汇段物理模型 ·············· 83

3.3.1　江湖交汇段水沙运动特点及模拟难点 ·············· 83

3.3.2　江湖两相水沙动力物理模型相似律 ·············· 85

3.3.3　长江干流与洞庭湖交汇段物理模型设计与验证 ·············· 91

第 4 章　长江干流与洞庭鄱阳两湖水沙交换机制 ·············· 99

4.1　长江中游大型江湖系统水沙交换 ·············· 100

4.1.1　长江与洞庭湖水沙交换 ·············· 100

4.1.2　长江与鄱阳湖水沙交换 ·············· 102

4.2　三峡水库运行后长江与洞庭湖水沙交换机制 ·············· 103

4.2.1　三峡水库运行对洞庭湖水沙特性与洲滩发育的影响分析 ·············· 103

4.2.2　三峡水库运行对长江与洞庭湖水量交换的影响 ·············· 104

4.2.3　三峡水库运行对长江与洞庭湖泥沙交换的影响 ·············· 105

4.3　三峡水库运行后长江与鄱阳湖水沙交换机制 ·············· 108

4.3.1　三峡水库运行对鄱阳湖水沙特性与洲滩发育的影响分析 ·············· 108

4.3.2　三峡水库运行对长江与鄱阳湖水量交换的影响 ·············· 108

4.3.3　三峡水库运行对长江与鄱阳湖泥沙交换的影响 ·············· 111

第 5 章　长江中下游滩群演变对水沙调节的响应 ·············· 113

5.1　江湖水沙交换对长江中下游河道冲淤变化的影响 ·············· 114

5.1.1　不同江湖水沙交换条件下长江干流河道冲淤变化 ·············· 114

5.1.2　干流河道泥沙冲淤对江湖分流汇流比响应关系的探讨 ·············· 117

5.2　长江中下游典型滩段演变对三峡水库水沙调节的响应 ·············· 119

5.2.1　弯曲分汊窑监河段 ·············· 119

5.2.2　马当分汊河段 ·············· 125

5.3　长江中下游典型河段滩群联动水动力特性研究 ·············· 131

　　5.3.1　上荆江连续弯道滩群演变相互影响 ·· 131

　　5.3.2　连接段对分汊河段滩群演变的作用 ·· 136

　　5.3.3　节点在藕节状分汊河型滩槽演变中的控制作用 ··················· 141

　5.4　江湖交汇段滩槽演变对水沙调节的响应 ·· 146

　　5.4.1　三峡水库不同运行期间江湖交汇段水动力特性 ··················· 146

　　5.4.2　河床冲淤特征对三峡水库水沙调节的响应 ··························· 157

　　5.4.3　长期清水下泄对江湖汇流段河势的影响 ······························ 163

第6章　三峡水库水沙调节及通江湖泊水沙交换对长江中下游干流航道的影响 ········· 171

　6.1　三峡水库水沙调节对长江中下游干流航道影响综合分析 ············ 172

　　6.1.1　三峡水库对坝下游航道的有利影响 ·· 172

　　6.1.2　三峡水库对坝下游航道的不利影响 ·· 173

　6.2　江湖水沙交换对长江中下游干流航道条件的影响分析 ············ 175

　　6.2.1　洞庭湖水沙交换对长江干流航道的影响分析 ··················· 175

　　6.2.2　鄱阳湖水沙交换对长江干流航道的影响分析 ··················· 178

　6.3　典型浅滩航道整治参数与整治时机探讨 ·· 179

　　6.3.1　设计水位和整治线宽度变化 ·· 179

　　6.3.2　三峡水库运行后整治时机分析 ·· 186

第7章　长江中下游典型滩群航道整治 ·· 189

　7.1　概述 ·· 190

　7.2　洞庭湖分流影响河段滩群航道整治 ·· 191

　　7.2.1　芦家河沙卵石河段滩群整治 ·· 191

　　7.2.2　上荆江弯曲分汊河段滩群整治——以瓦马河段为例 ············ 200

　　7.2.3　周天藕顺直微弯河段滩群整治 ·· 203

　7.3　洞庭湖汇流影响河段滩群航道整治 ·· 209

　　7.3.1　下荆江窑监弯曲分汊河段滩群航道治理 ······························ 209

　　7.3.2　顺直微弯分汊滩群整治——以嘉鱼—燕子窝河段为例 ········ 214

　7.4　鄱阳湖汇流影响河段滩群航道整治——以马当河段为例 ········· 221

　　7.4.1　三峡水库运行后航道条件变化 ·· 221

　　7.4.2　已建一期整治工程效果分析 ·· 221

　　7.4.3　航道整治原则及措施 ·· 223

参考文献 ··· 226

索引 ··· 234

第 1 章

绪论

1.1 研究背景

长江是我国第一大河，全长超过 6300km，是我国唯一贯穿东、中、西部的水路交通运输大通道，连接了上海、南京、武汉、重庆等大型交通枢纽城市及其他 33 个中小城市，是沿江地区经济发展的主通道和综合交通运输体系的主骨架，也是长江经济带与"一带一路"倡议衔接互动的重要纽带。长江通航里程与水运量分别占全国内河的 53％和 80％[1]，被誉为"黄金水道"（图 1.1-1）。2005 年长江干线货运量超越美国密西西比河和欧洲的莱茵河，居世界首位。长江黄金水道建设已上升为国家发展战略，2011 年和 2014 年先后颁布了《国务院关于加快长江等内河水运发展的意见》和《国务院关于依托黄金水道推动长江经济带发展的指导意见》。随着国家加大对长江航道建设的投资力度，长江航道按照"深下游、畅中游、延上游、通支流"的建设思路加快了发展步伐。为了在三峡工程建成运行后更好地发挥长江黄金水道的骨干作用，保证长江干线航道在新的水沙条件下的安全和畅通，给长江航道"畅中游"目标的顺利实现提供强有力的技术支撑并创造有利条件，研究揭示三峡工程运行后可能出现的航道问题尤为重要而紧迫。

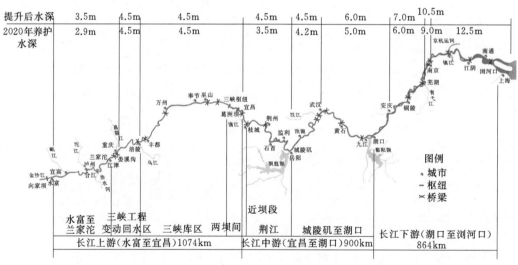

图 1.1-1　长江干流航道示意图

长江中游地区湖泊密布，历史上均与长江自然连通，形成了自然的江、河、湖复合生态系统。我国最大的两个淡水湖泊鄱阳湖和洞庭湖即位于此，保持着与长江自然相通的状态。长江与两湖之间相互作用、互为制约，江湖关系错综复杂。江湖关系的核心是水量、泥沙等物质交换。长江与鄱阳湖和洞庭湖之间的水沙交换各有其特点。鄱阳湖承接赣、抚、信、饶、修五河来水，由湖口北注入长江，与长江相互顶托（长江间或倒灌入湖），故长江水情变化直接影响鄱阳湖的水量变化。长江荆江段与洞庭湖关系更为复杂，洞庭湖接纳荆江三口分流及湘、资、沅、澧四水入汇，调蓄后在城陵矶与长江汇流。荆江三口分流分沙、下荆江河道冲淤、洞庭湖泥沙淤积等，构成了江湖分汇相互影响的复杂关系。

三峡工程运行后，水库拦截大量泥沙，"清水"下泄，坝下游河段水流将会在相当长一段时间内处于含沙量严重不饱和状态，下泄水流为了恢复其挟沙饱和状态，会对坝下游河道造成沿程冲刷，冲起的泥沙部分补给水流悬移质，引起下游长距离、长历时的河床冲淤演变调整，再加上水库调蓄作用引起坝下游径流量过程改变，从而给坝下游河道航运带来一定影响。而两湖的水沙与长江的水沙息息相关，弄清三峡水库蓄水运行对洞庭湖和鄱阳湖水沙调节的影响，关系着长江和两湖的健康发展，是保障两湖生态环境安全的基础，也为三峡水库调度方案优化、下游防洪安全、两湖治理和黄金航道整治等提供理论依据和技术支撑。因此，亟须探明长江中游江、湖水沙运动及其地貌演变规律，阐明江湖水沙关系演变的过程与机制，进而揭示水沙调节与江湖水沙交换变化条件下三峡水库下游滩群演变及对航道的影响，为长江中游航道整治提供技术支撑，充分发挥三峡工程的航运效益。

1.2　国内外研究进展

对长江的治理始自防洪排涝，千百年来人们修建闸堤，兴建蓄滞洪区，尤其是 1954 年和 1998 年大水之后，形成了较为完整的堤防防御体系[2]。20 世纪 50 年代以来，长江干流相继修筑了葛洲坝、三峡水库，支流上修筑了丹江口、隔河岩、五强溪、柘林、柘溪、陆水、漳河等水库。截至 2010 年，长江流域已建成大中小型水库近 5 万座，其中大型水库总库容约为 1745 亿 m³[3]。随着这些大型水利枢纽的建设和运行，长江已不再是自然河流，水库的水沙调节成为影响长江演变的重要因素。三峡水库于 2003 年蓄水运行，对长江中下游河床演变和江湖水沙关系影响显著。

1.2.1　通江湖泊江湖关系研究

在大型江河的中下游地区，常孕育着密布的河湖水系，易形成江湖水沙等物质和能量的相互交换，如亚马孙河中下游大量的洪泛湖泊、湄公河的洞里萨湖及我国的长江中下游地区。我国长江中下游地区因人口密布、经济发达，对水资源及其变化比较敏感。我国最大的两个淡水湖泊——洞庭湖和鄱阳湖与长江之间形成了复杂的江湖水沙交换关系，其变化影响着区域洪水灾害防治、水资源利用、水环境保护和水生态安全维护。江湖关系的研究与长江中游水安全息息相关，因此受到了广泛关注。

长江中游通江湖泊水文条件是其本身流域来水和江湖水量交换综合作用的结果。在对湖泊水量变化的研究中需要考虑流域和长江的复杂作用关系。在以往研究中，针对湖泊流域来水和江湖关系都开展了一定的研究，比如，Ye 等[4]研究了未来气候变化对鄱阳湖水量的影响，Hu 等[5]则重点研究了江湖水量交换与相互作用机制。对于洞庭湖及其与荆江的关系，特别是荆江三口分流分沙比和洞庭湖出口城陵矶洪水位的变化等方面也有不少研究[6-8]。以往的研究多数是采用长历时的实测水文资料来研究荆江三口分流分沙变化，讨论其影响因素，分析长江中游因江湖关系调整导致的长江中游防洪形势的变化等[9]。这些研究成果反映的是江湖相互作用变化的效应，为深入认识江湖相互作用规律提供了基础，但是缺少了对决定江湖相互作用的河道、湖泊分流和汇合口河段这一重要节点上的关键过程研究。这就难以回答一些基本的问题，如鄱阳湖与长江相互作用年际变化趋势的驱动机制，荆江三口分流比为何小于分沙比、不同口门分流分沙比值的差异，荆江裁弯改变洞庭湖来水来沙过程使城陵矶水位抬升的内在动力机制，以及为何洞庭湖出口处干流河床沉积物颗粒粒径较上下游细小等。

水流和泥沙数学模型是定量模拟与预测水动力泥沙输移过程的重要手段。尤其是在重大水利工程对大型复杂的天然河湖系统，如长江中游复杂的河湖水系的影响定量评估时，数学模型成为不可或缺的手段。长江中游江湖水系边界复杂，自"九五"以来，为了实现三峡水库运行对下游干流、洞庭湖和鄱阳湖等通江湖泊影响的预测和评价，建立了多个数学模型。在对水情影响计算方面，中国科学院南京地理与湖泊研究所等单位构建了长江与洞庭湖一维非恒定流模型和鄱阳湖的二维水动力学模型，用于三峡工程不同增减泄量对长江干流和湖泊水位的影响分析，取得了诸多有益的成果。在对泥沙影响研究方面，长江科学院、水利部交通运输部国家能源局南京水利科学研究院、中国水利水电科学研究院、武汉大学等分别建立了基于汊点流量试算一维（非）恒定流和基于三级联解算法河网非恒定流的泥沙数学模型，将湖泊概化成宽浅型河道，而且在三口分流和洞庭湖入汇等边界条件设置关键环节引入了诸多假设，如三口分流与工程前相同等方面。这些局部的或分块的模型，通常难以反映江湖的互动，导致分流分沙的计算成果存在较大缺陷。如尽管多家研究成果认为荆江三口分流分沙比将减少，但是最近又有数据分析表明，荆江河段中、高水位下降幅度有限，三口分流洪道河床高程下降幅度较大，因而三口分流比将不会减少[10]。这些研究丰富了江湖关系的认识，但是结果之间也存在相互矛盾的方面。这说明江湖割裂的研究难以揭示江湖的水动力和泥沙交换机制。

近些年，在国家重点基础研究发展计划项目等相关国家重大项目的资助下，江湖关系的研究得到了有力的推进，江湖关系的内涵也有了相应的延展。在江湖关系演变成因解析及演变预测、江湖关系变化的水文水资源、水环境和水生态效应等方面有了新的发展和认识[11]，但仍缺少定量揭示三峡水库水沙调节对江湖水沙交换和滩群演变的影响及作用机制。

1.2.2 水库下游河床演变研究

1.2.2.1 国内外水库下游河道演变的一般规律

水库等水利工程是对河流影响最大、干扰最为深远的人类活动之一。目前几乎所有主要的河流上都修建了水库。上游水库的修建将改变下游河道演变的基本条件（来水过程、含沙量、泥沙级配等），河道发生普遍冲刷、河势调整及再造床过程，从而受到了学术界的关注。据Graf[12]统计，美国有约75000座水库，它们对河流径流过程的干扰数倍于全球气候变化的影响，这些水库的总库容能够容纳所在河流每年径流量之和。我国修建了大量水利工程，对防洪、航运、灌溉、滩地利用等很多方面带来了一系列的影响[13-18]。

河流上兴建具有调节能力的大型水库后，改变了下游河段的来水来沙过程，如削减洪峰、增加枯水流量或改变洪枯水持续的时间[19]。一旦水沙过程被干扰超过一定的限度，就会打破原有的平衡，或者改变河流水沙系统内部原有的变化规律[20]，引起下游河道的再造床过程。建库后，清水下泄，水流含沙量一般处于强烈次饱和状态，需要从河床和岸滩中不断补充沙源[21]，为适应新的水沙条件变化，下游河床形态重新调整，有些河型发生转化。枢纽下游河床的重塑一般以展宽、下切、床沙粗化甚至河型转化来反映，它依赖于现状河型条件、岸滩的物质组成、地形及地质条件，是一个复杂的响应过程，但总体都经历冲刷—平衡—淤积—重塑平衡的过程。枢纽运行后，下游河道随着来水来沙条件的变化，原有的相对冲淤平衡状态被改变，产生新的冲刷和淤积，其中大部分河道将以冲刷为主，这是对航道有利的方面；但同时枯水位也会相应降低，冲淤的不均匀可能引起河势变化，甚至滩槽易位，冲淤严重的河段将会影响通航，引起河流通航条件恶化。对水库下游的再造床过程问题，地学界和水利学界诸多学者从观测资料分析、试验模拟等多个方面开展了研究，探讨了坝下游河道冲淤变化、断面形态调整、河床地貌再造等方面的变化规律[14-15,22-24]。概括来看，主要从非恒定流的影响、坝下游冲刷、含沙量减小、床沙粗化、枯水位降低、河型变化等方面开展分析。

对下游河道而言，水利枢纽下泄水流为特殊的非恒定流，与天然水沙过程相比，具有诸多不同的特性，对此学者们进行了相应的探讨[25]。黄颖等[26]根据水电站日调节波的特性，研究了三峡电站下泄的非恒定流及其对下游河道水面比降的影响。刘亚等[27]根据三峡水库投入运行以来实测葛洲坝枯水期日内出库流量过程，比较了日调节非恒定流与设计方案的区别。李发政等[28]分析了三峡水库与葛洲坝水利枢纽日调节引起的非恒定流对两坝间河段通航的影响，从航运角度探讨了葛洲坝电站的反调节方式。张晓艳等[29]根据人和坝枢纽下游资料，比较了恒定流与非恒定流两种模式下的水位流量关系。刘健等[30]在对大伙房水库资料分析的基础上，探讨了河道非恒定流的特性，并对放水波传播速度及径流过程进行了计算。

在河道上修建水利枢纽以后，其下游河床中出现的最为明显的现象即为冲刷。水利枢纽下游河床冲刷现象主要有[31]：出库水流含沙量显著降低、河床自上而下普遍冲刷、河床粗化、同流量枯水位下降、纵比降调整等。对于同样的水沙条件变化，不同的河床边界可能有不同的响应，而且这种响应由于冲刷历时的长短也可能动态变化。关于这种动态性，一般的研究认为水库下游河床与水沙条件两者之间的不适应性在运行初期达到最大，因此，河床变形也以初期最为显著，并因时递减[32]。冲刷过程中，随着河床及岸滩抗冲特性的变化，形态调整也产生变化。根据 Williams 等[32]对美国河流的统计，截流后初期河床下切冲刷幅度最大，之后随着河床粗化和比降调平，冲刷幅度逐渐减缓。阿斯旺大坝建成之后，近坝处河床下切最严重，往下游下切现象明显减弱，水库运行 7 年，冲刷现象已经发展到距坝址 540km 处[33]。从减小挟沙能力和流量调平两种作用来看，韩其为等[34]认为，在建库初期以减小水流能量而引起的河床变形为主，而随着时间的延续，断面形态逐渐向适应调节后的流量过程发展。许炯心[35]以同流量的清水冲刷原始河床来模拟建库后的河床冲刷，发现初期以下切为主，之后出现以侧蚀为主的阶段，宽深比先减后增。对于河床纵比降的变化，一般资料均显示初期以近坝段河床纵比降迅速调平为特征，之后逐渐向下游缓慢发展[36]。水库下游的调整在趋向平衡的过程中，还会因为水文条件的变化出现间歇性的变缓或加速现象，完全达到平衡状态甚至需要上百年时间[37]。

随着河床冲刷，含沙量沿程恢复，多位学者开展了有关含沙量恢复过程与机理研究[38-40]。含沙量的恢复涉及河流动力学中水流挟沙能力、床沙交换、泥沙恢复饱和等基本概念，也直接关系到水沙数学模型的建立。目前的研究对于机理认识有一定的帮助，但由于问题本身的复杂性，大部分仍是根据实测资料进行率定。

坝下游河道的冲刷一般会造成床面泥沙粗化现象，尤其以近坝河段最为明显。1964—1978年阿斯旺大坝下游尼罗河的床沙中值粒径由建坝前的0.22mm增大到0.23～0.42mm[33]。格伦峡大坝中值粒径由建坝前的0.2mm增大到建坝后1999年的20mm[33]。丹江口水库坝下至太平店以上中细沙覆盖层已基本消失，粗砂与卵石层外露，襄阳站床沙质d_{50}由0.132mm增至0.360mm[41]。这主要是因为细颗粒泥沙易冲，冲刷后补充到悬移质，较粗颗粒形成一层保护层，限制了进一步冲刷，某种程度上反映了河床的自适应过程。随着河床冲刷的进行，下伏卵石层可能会逐步暴露，床沙粗化形成保护层，从而对河床调整过程产生深远的影响。埃及尼罗河上阿斯旺大坝修建以后，大坝下游河段实际上观察到的下切深度仅为0.7m，大幅低于预测值（3.0～8.5m）[42-43]，Schumm等[44]认为这与河床以下埋藏着不连续的卵石层深度有关。许炯心[45]运用地貌学方法对汉江丹江口水库下游河床调整过程中下伏卵石层的作用进行了系统的分析，认为下伏卵石层抑制了河床下切，增大了河床糙率，局部河床可能以加大比降的方式进行补偿。

河床沿程冲刷受到枢纽运行方式、泥沙补给条件、河床抗冲性变化等的影响，世界各地水库下游的河床演变千差万别[19]。文献［46］根据建坝后不同的流量变化、含沙量变化、粒径、比降等将坝下游地貌影响进行了分类。有的河流筑坝以后将引起下游河道强烈的反应，有的则几乎没有出现多大变化[47-48]。例如，流入哈得孙湾的加拿大皮斯河，修建了Bennett坝[49]，坝下游700km的河床组成为卵石，建库后，卵石河床床沙很快粗化，河道很快就不再有明显改变。美国Trinity河上的Livingstone坝，仅坝下游有下切、展宽、粗化现象，60km以外因海平面变化等其他因素影响已无多大反应[48]。在欧美的很多河流上，都会由于水库的调蓄作用使下泄流量趋于均匀化，造成洪峰流量减小，导致平滩以下河槽容积减小。而在我国的一些多沙河流，由于清水的冲刷作用，近期河槽向加宽或加深方向发展。我国的葛洲坝水利枢纽1981年蓄水运行后，坝下游河床冲刷下切、枯水位下降、河床粗化，1984年基本达到悬移质泥沙冲淤动态平衡[50]。三峡水库运行到现在，长江中下游出现全线冲刷，并仍在发展中[51]。

枢纽的修建对下游的河床演变往往还会带来河流形态上的变化，如主流摆动、河宽尺度、河道曲率、河型的调整等[33,52]。河流形态的稳定性和变化规律是许多领域研究的焦点[53-56]，包括河流地貌学界、河流工程界、河流生态学界等。由于水库水沙调节方式的不同、下游河道的约束条件不同等，不同类型的河道变化也存在差异。从现有研究来看，由于对天然河流演变机理的认识尚未十分明了，水库下游河型、河势变化趋势从理论上预测也是比较困难的。但是，将已有的有关河型转化的经验关系和已建水库下游的冲刷实测数据相结合，对水沙条件发生某种变化后河型调整的可能性进行预测，在当前条件下仍是可行的[20]。

1.2.2.2　三峡水库下游河床冲淤演变

三峡工程举世瞩目，从工程论证至水库运行以来，其引起的下游河道冲淤演变规律一直备受关注并进行了相关研究[57]，如对三峡工程运行前后水沙条件变化进行分析[58-59]，通过物理模型或数值模拟等手段对坝下长距离、长历时冲刷发展进程的定量预测[60-61]，基于运行后观测资料，对沿程各区段输沙量和冲淤量的统计分析[62]，从局部尺度上对个别典型河段的河势调整分析等[63-67]。

三峡工程对下游河道最根本的影响在于改变了下游的来水来沙条件。水流是塑造河床的基本动力，径流大小、变幅、各流量级持续时间等要素决定了水沙两相流的造床动力特征；泥沙则是改变河床形态的物质基础，含沙量的多少、颗粒的粗细影响着河床演变的方向。不同的水沙组合特征决定了河床的平面形态、断面特征、蜿蜒度、植物结构等[68]。

三峡水库拦截泥沙后，长江中下游总体为冲刷态势。国内多家单位用一维数学模型开展了长江中下游整体冲刷计算[69]。文献[62]、[70]、[71]根据实测地形资料统计了三峡运行前后长江中下游总体冲淤情况。统计表明，三峡运行以前，1966—2002 年宜昌—大通河段河道冲淤纵向分布以城陵矶为界，表现为"上冲、下淤"，平滩河槽冲淤总体平衡，"冲槽、淤滩"特征明显。三峡工程蓄水运行后，2002 年 10 月至 2010 年 10 月，宜昌—湖口河段平滩河槽总冲刷量为 9.9 亿 m³，年均冲刷量 1.24 亿 m³，年均冲刷强度 12.8 万 m³/(km·a)，宜昌—城陵矶、城陵矶—湖口河段冲刷量分别占 64%、36%，冲刷主要发生在宜昌—城陵矶河段。长江中下游河道原有的冲淤相对平衡状态被打破，全程冲刷已发展到湖口以下的大通，河床冲淤形态转变为"滩、槽均冲"，其中枯水河槽占 78%。从冲刷过程来看，呈现上段较下段先发生冲刷，上段冲刷多、下段冲刷少甚至不冲刷的特征。从 2002 年 10 月至 2010 年 10 月河床冲淤量沿程分布来看，距三峡工程较近的宜昌—城陵矶河段持续冲刷，距三峡工程较远的城陵矶—湖口河段在 2003—2006 年表现为少量淤积，此后表现为明显冲刷。在可以预见的将来，因三峡出库水流含沙量很小，长江中下游仍将持续冲刷[59]。

冲刷也导致了河床粗化，主要发生在近坝段。文献[72]对近坝段床沙粗化进行了模拟分析。至 2008 年，也就是三峡运行后 5 年，近坝段 60~90km 内由三峡运行前的中砂变成了卵石；至 2011 年，卵石~沙过渡区向下游延伸了 110~160km[59,73]，再往下游粗化不明显；2012 年荆江河段床沙也有了不同程度的粗化，但变化幅度并不大。

三峡工程近坝段为沙卵石河床，大埠街以下为沙质河床，二者冲刷规律也有所不同。在卵石夹沙河段，文献[74]对宜昌—枝城河段的分析表明，该段河岸组成抗冲性较强且其护岸工程较为稳定，河道横向变形受到抑制，河势较为稳定，河床变形以垂向冲刷为主，冲刷厚度较小，河床粗化发展较快。文献[75]通过对宜昌—虎牙滩河段、宜都河段、关洲河段及芦家河河段 2003 年 3 月至 2008 年 3 月实测资料分析，发现汊道均为冲刷，冲刷部位集中于水流动力轴线附近，表现为"大水大冲，小水小冲"的特点，洪水动力轴线所在区域冲刷最为明显，使得洪水主汊道冲刷大于枯水主汊道。

沙质河床可冲层厚度大，冲刷发展比较迅速。荆江河段是三峡水库运行后坝下游冲刷最为剧烈的河段。文献[64]对荆江河段 2002—2012 年实测资料分析表明，三峡水库运行后，荆江河道冲淤强度分布不均，枯水河槽冲刷强度大于中洪水河床，断面形态趋向窄深；宽浅河段冲刷强度大于束窄河段，断面形态沿程趋于均一化。上荆江公安以上河段，深泓普遍冲深，尤其是沙市—文村夹段冲刷幅度最大；下荆江深泓冲淤相间，以冲刷为主，调关以下河段冲刷明显，但江湖汇流段深泓有所淤积。在一些稳定性较差的分汊河段（如上荆江的沙市河段太平口心滩、三八滩和金城洲段）、弯道段（如下荆江的石首河弯、监利河弯和江湖汇流段）及一些过长或过短的顺直过渡段，河势仍处于调整变化中[74]。在运行后缺少大流量洪水的情况下，荆江河段冲刷主要由 $10000\sim25000\mathrm{m}^3/\mathrm{s}$ 的流量所造成，该流量范围的持续时间是决定荆江河段年际冲刷量的主要因素。

综上所述，水库对下游河道演变的影响是极其复杂的，水库引起的水沙条件的变化，不仅会造成下游河道的冲刷、河床的粗化，而且会导致河道纵剖面的调整、断面形态的调整和河宽的变化，甚至造成河型的转化。由于问题的复杂性，很多研究仅涉及冲刷完成后的相对平衡状态，下游河床的演变过程及与水沙响应关系仍需深入研究。

1.2.3　水库下游航道整治研究

航道整治是从航运需求出发，以改善河道航行条件为目的，一般在中枯水位下，对河道局部进行治理。关于航道整治，前人在工程实践和理论研究方面取得了丰富的成果。航道整治技术包括整治参数的确定及整治思路、原则及整治措施等。

我国历史上就有开凿运河、治理黄河等工程实践，但单就航道整治工程而言，国外起步较早。在欧洲，15 世纪德国和法国对河道治理就有所研究，16 世纪荷兰境内进行了莱茵河的航道整治[76]，19 世纪末美国对密西西比河开展了航道整治工程[77]。20 世纪 70 年代以后，随着河流动力学理论的发展和航道整治技术的进步，研究工作更为深入。

航道整治参数主要包括设计水位、整治水位和整治线宽度。在初期的航道整治中，认为要先布置整治线，调整河道为微弯型，重塑优良稳定的河势，而当时整治线宽度的确定是经验性的。直至 20 世纪前后，整治参数开始有了理论研究的雏形。随着河道水力学的发展，有关渠道稳定断面和水沙之间关系的研究不断深入，尤其是由谢才公式推导得出的整治河宽公式，曾被广泛应用于欧洲河流的航道整治工程中。之后，随着河流动力学的发展，为航道整治研究提供了坚实的理论基础。"造床流量"[78]这一概念，从理论上明确了整治线宽度的物理意义。1957 年窦国仁[79]假定"浅滩整治前后河道输沙能力不变"，导出了整治线宽度公式。其后，其他学者如刘建民[80]也提出了计算公式。70 年代后，随着我国社会经济的快速发展，航运需求增大，航道整治工程技术也相应发展，在考虑水沙条件、河床变化等因素的基础上开展相关研究，且多有工程实践相印证。

我国自 20 世纪 50 年代以来，陆续在西江、东江、湘江、赣江、汉江等中小河流开展了航道整治，普遍采用束水攻沙的原理，工程措施也是修筑丁坝，缩窄河宽，提高浅滩航深。对于长江航道治理，有研究认为塑造良好的航槽形态是航道整治的基本途径[3]，即将河槽塑造至一个理想的状态（理想航槽），能够满足对应的航道尺度，但塑造理想河槽其工程规模也必将是浩大的。航运是长江水资源利用众多功能之一，工程力度太大，往往会给生态、防洪等功能带来负面影响。结合长江流域已实施的航道整治工程实践，长江中下游大规模进攻型措施运用较少，守护控制型的治理策略更能顺应河势，适应长江的实际情况。

1.2.3.1 三峡工程运行后航道条件变化

三峡水库运行后，原有的水沙平衡被打破，坝下河道一般会经历冲刷、淤积、再平衡的演变过程，地形的冲淤调整也会影响到河道水位及航道条件变化。三峡工程对下游来水来沙和河势产生影响，航道作为河流功能的一部分，也必然受到影响。

有关三峡工程运行对下游航道的影响，存在不同的看法。一种看法是三峡工程对航道条件有利，认为上荆江河床冲刷下切，原河型稳定性增强，得出三峡工程运行后航深将明显改善的结论[81]。文献 [82] 通过资料分析，认为三峡建库后，水沙过程变化有利于航道条件好转，具体表现为：枯水期流量增加，浅滩冲刷时间延长，出库水流沙量减少加快浅滩冲刷，增加了航槽水深。根据三峡建库前后实测资料和水库调洪演算成果，文献 [82] 统计分析表明，三峡水库调蓄后长江中游各河段航槽冲刷时段平均流量较调蓄前增加了 $400 \sim 1000 \mathrm{m}^3/\mathrm{s}$，三峡建库后，流量小于 $5000 \mathrm{m}^3/\mathrm{s}$ 出现频率大幅减小，$6000 \sim 12000 \mathrm{m}^3/\mathrm{s}$ 流量出现频率明显增大。这些分析基于实测资料和模型演算，似乎具有说服力，但近些年长江流域来水偏枯，2003—2009 年与 1950—2002 年相比偏少 9.5％[83]，不能完全归于三峡工程的影响。若剔除流域来水因素的影响，三峡工程本身引起的流量变化对泥沙冲淤过程和航道影响如何，是值得进一步厘清的问题。

一种研究观点认为三峡工程运行对航道不利，冲刷下切与崩岸展宽并存，致使平均河底降低值与相应水位降低值相当，航深变化不大，主泓却因河道展宽而摆动加强，给航道带来一定影响[66,84]。三峡工程运行后，长江中游河道发生普遍冲刷，且枯水河槽冲刷量占平滩河槽的 70％以上[82]。枯水期流量增加，将改善长江中下游枯水期通航条件[85]。从这个角度来说，对航道水深是有利的，给局部浅滩的碍航状况改善提供了机遇，并且下游水沙条件由随机转变为可控，也给下游航道的治理和深入研究提供了良好的条件[86]。另外，由于河床冲刷发展，水库下游河床为适应水沙过程改变而进行的调整并不总是朝向有利于通航条件改善的方向，也会出现涉及航道治理的新问题，如低滩冲刷使得枯水河槽变宽，不利于水深维持，凸岸边滩切割也不利于航道稳定；如分汊河段两汊均冲、双槽争流，反而加剧航道的不稳定。任何事情要从利弊两个方面开展分析，才能正确认识发展态势，并有效发挥三峡工程航运效益。

沙卵石河床的航道会因冲刷幅度不同而引起局部河段坡陡流急或航深不足，流量越小，这一现象越严重。如芦家河河段，三峡工程运行前，分为左汊沙泓与右汊石泓两条航道，两泓交替使用，而在汛后水位退落期，易出现石泓水深不足而沙泓尚未冲开的"青黄不接"碍航现象；三峡工程运行后，由于来沙量减少，沙泓进口段淤积大幅减少，"青黄不接"的碍航现象得到了一定缓解，航道全年位于沙泓之中，航道条件有所改善。但由于枯水期毛家花屋—姚港一带流速、比降增大，航行条件变差，不得不采取减载、分拖、助拖等措施[87]。

荆江沙质河段河床冲刷发展迅速，上荆江深泓下切明显，但在分汊放宽段，低矮滩体受冲幅度较大，中枯水河槽展宽明显，其河床下切被削弱。如太平口水道、瓦口子水道主槽的深泓高程变化显示，分汊放宽段深泓下切幅度明显小于其他河段，这将导致枯水期局部航道水深不足[88]。同时，由于径流过程的改变，支汊较运行初期更具备冲刷发展的条

三峡水库下游江湖水沙交换与滩群整治

件，从而对主汊通航条件产生影响。在弯道段，入弯水流摆幅及顶冲点洪枯变幅会因流量变幅减小而有所减小，同时凸岸边滩将持续运行初期的上冲下淤现象，弯道发展可能对航槽变化有所影响[89—90]。

从径流过程看，三峡水库对汛期流量改变不大，枯水期流量增加，汛末9—10月蓄水期流量减少幅度较大；从泥沙过程看，出库泥沙大幅度消减。下泄沙量的减少及蓄水期流量的减小，两种影响相互叠加，将对下游浅滩演变及航道条件产生重要的影响。但由于建库初期基本为清水下泄，从近坝段开始造成大量的河床冲刷，含沙量沿程恢复，而由于河床上的泥沙较粗，沿程悬沙变粗，中值粒径增大，重点浅滩尤其是低滩洪水期仍有可能产生淤积。根据浅滩冲淤特征，长江中下游浅滩可分为"洪淤枯冲"及"洪冲枯淤"两种类型[61]。对"洪冲枯淤"类型的浅滩，汛期冲刷加大，而汛后退水期流量、沙量同时减小，浅滩状况进一步好转，甚至转变为优良河段。而对于长江中下游占绝对优势的"洪淤枯冲"类型的浅滩，下泄泥沙虽然大大减少，但沿程冲刷所补充的泥沙大部分是可动性强的中、细沙，造成浅滩淤积的泥沙依然存在；汛后退水期流量的减小较大，退水过程加快，洪水期低滩淤积的泥沙难以在退水期冲刷，从而使得"洪淤枯冲"浅滩变成"洪淤枯不冲"。冲刷不及时可能导致泥沙的累积性淤积，造成枯水流路摆动、航槽出浅，从而可能加剧碍航状况[86]。因此，在某个时期，某个浅滩因冲刷乏力而恶化是极有可能的[91]。

综上所述，三峡工程蓄水运行后，枯水流量增加，枯水河槽冲刷，这都有利于改善航道条件。但同时也带来一些问题：沙卵石河床的航道会因冲刷幅度不同而引起局部河段坡陡流急或水深不足；心滩与边滩冲刷萎缩，导致中枯水河槽展宽明显，使得航槽纵向下切被削弱，导致枯水期局部航道水深不足；弯道段水流摆幅及顶冲点洪枯变幅会因流量变幅减小而有所减小，弯道发展可能对航槽位置有所影响；退水加快，在不利年份可能使得"洪淤枯冲"浅滩变成"洪淤枯不冲"，从而可能加剧原有的碍航状况。因此，针对三峡工程下游的航道问题需要用辩证的观点，充分认识有利和不利的方面，深入分析研究河床演变趋势和航道治理措施，才能保证航道的长治久安。

目前针对三峡工程运行后航道条件变化的研究多是基于实测资料的分析，或采用数学物理模型预测其演变趋势。三峡工程改变了来水来沙过程，河道演变与水沙过程存在响应关系。例如对于"涨淤落冲"浅滩，三峡工程水沙调节后减少含沙量、削减洪峰将导致涨水淤积减少，同时汛后退水过程加快将减弱"落冲"强度，两者之间的对比关系直接关系到航道水深变化或航道发展趋势。目前对该类问题的研究仍大多基于定性的描述[3,86]，需进一步开展航道条件变化与三峡工程水沙调节之间对应关系的研究。

1.2.3.2 三峡工程运行后长江中游航道治理

三峡工程运行后，针对新水沙条件下的航道问题，航道部门在长江中游河段实施了一系列的整治工程（表1.2-1）[92]。在宜昌—城陵矶河段，实施整治工程的河段包括枝江—江口、沙市、瓦口子、马家咀、周天、藕池口和窑监等水道。航道治理取得了较好效果，目前荆江河段航道维护水深达到3.5m，但仍有一批水道维护压力较大。为进一步提升航道水深仍需要开展大量的工作。

10

表 1.2-1　　　　　　　　　　三峡工程运行后长江中游已实施的航道整治工程[92]

编号	河段	工程措施	实施时间
1	枝江—江口	水陆洲低滩护滩、窜沟锁坝工程、护岸，水陆洲右缘边滩护滩、张家桃园边滩护滩、柳条洲右缘护岸、吴家渡边滩护底工程、七星台一带水下护脚工程等	2009—2013 年
2	沙市	三八滩：2004 年三八滩应急守护工程（滩面护滩带），2005 年、2008 年加固护滩	2004—2012 年
		腊林洲守护：腊林洲边滩守护，杨林矶等水下加固	2010—2013 年
3	瓦口子	野鸭洲边滩及金城洲低滩护滩，部分水下坡脚加固	2007—2009 年
		金城洲中下段护滩带	2010—2012 年
4	马家咀	支汊口门护滩带、护底带	2006—2008 年
		雷家洲护岸、西湖庙护岸，南星洲右缘护滩、支汊护底带	2010—2012 年
5	周天	清淤应急及控导工程：九华寺潜丁坝、蛟子渊潜丁坝、张家榨抛石护脚等	2006—2011 年
6	藕池口	陀阳树边滩护滩带，天星洲尾护岸、护滩，藕池口心滩左缘护岸，沙埠护岸	2010—2013 年
7	碾子湾	清淤应急及航道整治：左岸丁坝及护滩带、右岸护滩带、右岸南堤拐一带护岸、左岸柴码头一带护岸	2000—2003 年
8	窑监	洲头心滩鱼骨坝，乌龟洲护岸，太和岭清障	2009—2013 年
9	界牌	采取鱼嘴和鱼刺护滩对新淤洲前沿过渡段低滩进行守护，加固右岸上簰洲护岸，守护左岸下复粮洲岸线	2012—2014 年
10	陆溪口	新洲头部鱼嘴及顺坝工程，中洲护岸工程	2004 年开工建设
11	嘉鱼—燕子窝	复兴洲洲头护滩带及复兴洲高低滩交界处封堵窜沟，燕子窝心滩头部护滩带，燕子窝右槽进口护滩带	2006—2007 年
12	天兴洲	洲头守护工程	2003—2004 年
13	罗湖洲	东槽洲护岸、窜沟锁坝、洲头心滩滩脊护滩带	2005—2007 年
14	戴家洲	新洲头滩地鱼骨坝、圆水道左岸及直水道右岸边坡加固	2009—2010 年
		戴家洲右缘中下段守护工程	2010—2011 年
15	牯牛沙	牯牛沙边滩守护工程（护滩），左岸抛石护脚	2009—2011 年
16	武穴	鸭儿洲心滩顺坝和护滩带	2006—2008 年
17	新洲—九江	徐家湾边滩守护工程（护滩带），左岸新洲洲尾及蔡家渡高滩守护，鳊鱼滩滩头梳齿坝工程，鳊鱼滩滩头及右缘高滩守护工程、右岸岸线加固	2011—2013 年
18	张家洲	左岸心滩边滩丁坝群、岸坡防护工程，右岸官洲尾护岸守护工程	2002—2005 年
		南港上浅区航道整治工程：官洲头部梳齿坝、官洲夹进口护底带工程、江洲—大套口护岸加固	2009—2011 年

城陵矶—武汉河段实施整治工程的河段包括界牌、陆溪口、嘉鱼—燕子窝、天兴洲等水道，武汉—湖口河段实施整治工程的河段包括罗湖洲、戴家洲、牯牛沙、武穴、新洲—九江、张家洲等。

从目前的整治思路来看，由于三峡工程运行后下游心滩、边滩冲刷，破坏或将要破坏良好的洲滩形态，对于出现不利航道变化趋势的水道，宜及时守护滩槽格局，遏制不利发展势头，维持较好航道条件；对于通航条件差的碍航水道，在守护洲滩的同时，因势利导，采用低水整治建筑物改善水深条件。因此，正确预测洲滩演变趋势对采取适当的治理措施非常重要，需深化河道演变机理的认识。尤其是在三峡工程引起的水沙变化未达到平衡之前，应预先分析航道条件变化趋势，扬长避短，及时遏制不利发展势头，可取得事半功倍的效果。

1.2.3.3 存在的问题及发展方向

航道条件不仅受年际河床演变的影响，还与年内水沙过程密切相关。碍航时段往往集中于某个时期，如汛后走沙不及时导致的碍航，而这段时期正是三峡水库蓄水期，导致退水过程加快。为提高航道尺度，不仅需要回答年际间航槽是否贯通的问题，还需要着重关注年内碍航期的演变情况。目前针对三峡工程运行后河道演变研究多基于实测资料的定性分析，或采用模型计算年际演变过程。

河势变化是影响某一浅滩演变的重要因素之一，这与河势特点密切相关。目前在分析上游河势影响时往往做定性分析，上游河势的变化又受其上游河势变化的影响。这又涉及怎样的河型能起控制作用，即不同的上游河势变化对下游影响是不同的。如上游通过调整矶头挑流作用、改变部分流量级主流的平面位置，使得主流在河道内各部位持续时间发生明显变化，导致河道滩槽等发生趋势性的冲淤[3]，而受节点控制的河段可能就不会对下游产生大的影响[93]。因此，需要结合实测资料分析开展长河段模型计算，从"滩群"演变的角度定量开展演变趋势分析，研究上游河势变化的定量影响程度，给出河段的控制条件，可直接为浅滩治理提供依据。

洞庭湖和鄱阳湖位于三峡水库下游。洞庭湖接纳荆江三口分流及湘、资、沅、澧四水来流，调蓄后在城陵矶与长江汇流。鄱阳湖承接赣、抚、信、饶、修五河来水，由湖口北注长江。长江与两湖之间相互作用、互为制约，江湖水沙关系错综复杂，且直接影响长江中游滩群演变过程。长江中下游航道整治取得了大量的研究成果和成功的整治经验，但对于三峡水库水沙调节和江湖水沙交换影响下的滩群航道整治缺乏理论支撑。因此，需开展浅滩演变与三峡水库水沙调节、江湖水沙交换响应关系的研究，在此基础上针对枢纽水沙调节和江湖水沙交换提出可行的航道治理措施。

本书通过历史资料收集分析、原型观测、物理模型试验和数值模拟，阐明三峡工程运行对长江中下游干流河道和两湖水沙传输和河床冲淤演变的影响，揭示长江与两湖水沙交换作用机制，通过大型江-湖-河一体化水沙数学模型，预测和评估新的江湖水沙变化条件下长江与洞庭湖、长江与鄱阳湖水沙交换机制及变化趋势。以长江中游典型浅滩河段为主要对象，研究江湖水沙交换对长江干流冲淤的影响，揭示三峡水库下游滩群演变及联动特性，探明江湖交汇段滩槽演变规律，在此基础上，系统分析三峡工程水沙调节和江湖水沙交换对航道条件的影响。以长江中下游受洞庭湖分汇流影响河段、鄱阳湖汇流影响河段典型滩群为依托，提出了新水沙条件下的滩群整治思路和原则，系统探讨了浅滩河段航道整治措施，为长江黄金水道"畅中游"目标的实现提供技术支撑，充分发挥三峡工程的航运效益。本书总体思路和主要研究内容框图如图1.2-1所示。

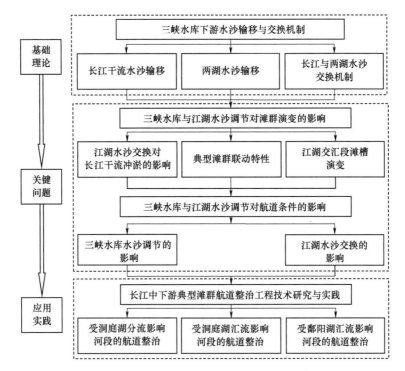

图 1.2-1　总体思路和主要研究内容框图

第 2 章

三峡水库下游江湖水沙
输移特征及演变

2.1 三峡水库下游河道及两湖概况

2.1.1 长江中游干流概况

宜昌—湖口为长江中游，长约955km；湖口以下为下游，长约938km（图2.1-1）。

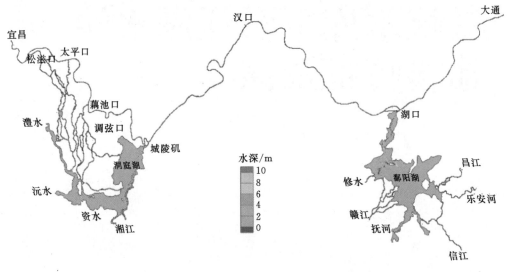

图 2.1-1 长江中游干流及两湖位置示意图

宜昌—枝城河段为山区河流向平原河流的过渡段，自然条件下由于两岸边界条件制约，人类活动影响之前河道平面形态和洲滩格局长期以来基本保持不变，河床冲淤年内呈周期性变化，年际间冲淤相对平衡。

枝城—城陵矶为荆江河段，以藕池口为界又分为上、下荆江，长分别为171.7km和175.5km。荆江河段内有松滋、太平、藕池、调弦（1959年建闸控制）四口分流入洞庭湖，其径流和泥沙经过洞庭湖调蓄后，从洞庭湖出口城陵矶复注长江；同时，在城陵矶江湖水流相互顶托，构成复杂的江湖关系。上荆江属于弯曲分汊型河道，由洋溪、江口、涴市、沙市、公安和郝穴等弯道组成，各弯道多有江心洲。全河段平面形态较为平顺，曲折率为1.72。下荆江属典型的蜿蜒型河道，由12个弯道组成，河道蜿蜒曲折，曲折率达2.83，除中洲子、监利和熊家洲弯道有江心洲外，其余均为单一弯道。

城陵矶—武汉段上起岳阳城陵矶，下讫武汉市新洲区阳逻镇，由岳阳、陆溪口、嘉鱼、簰洲湾、武汉等5个河段组成，整个河段走向为西南—东北向，大多为顺直微弯分汊、弯曲分汊或鹅头型分汊河段，沿岸有节点控制。

武汉—湖口段上起阳逻镇，下讫鄱阳湖湖口，全长为 226.8km，流经湖北省武汉、新洲、黄冈、鄂州、浠水、黄石、阳新、武穴、黄梅和江西省瑞昌、九江、湖口及安徽省宿松等县（市）。该段河谷较窄，走向东南，部分山丘直接临江，构成对河道较强的控制。该段两岸湖泊支流较多，河道总体河型为两岸边界条件限制较强的藕节状分汊河型。

2.1.2　洞庭湖区概况

洞庭湖位于东经 111°14′～113°10′、北纬 28°30′～30°23′，即荆江河段南岸、湖南省北部，为我国第二大淡水湖。洞庭湖汇集湘、资、沅、澧四水及湖周中小河流，承接经松滋、太平、藕池、调弦（1959 年建闸控制）四口分泄的长江洪水，其分流与调蓄作用，对长江中游地区防洪起着十分重要的作用。

洞庭湖区地处中北亚热带湿润气候区，具有"气候温和，四季分明，热量充足，雨水集中，春温多变，夏秋多旱，严寒期短，暑热期长"的气候特点。湖区年平均气温为 16.4～17.0℃，极端最低温度为 −18.1℃（临湘），极端最高温度为 43.6℃（益阳）；无霜期为 258～275 天；年降水量为 1100～1400mm，由外围山丘向内部平原减少，4—6 月降雨占年总降水量的 50% 以上，多为大雨和暴雨，若逢各水洪峰遭遇，易成洪、涝、渍灾。

洞庭湖水系（不包括长江）地跨广东、广西、贵州、湖南、湖北等 5 省（自治区），总集水面积为 259430km²，占长江流域总面积的 14.3%。其中湖南省境内集水面积为 204843km²，约占湖泊总集水面积的 79%。湖泊补给系数为 105.7，居我国湖泊之首位。流域地貌特征大致是湖区外缘东、西、南三面环山：幕阜山、罗霄山等湘赣界山绵亘于东，是与鄱阳湖水系的分水岭；南岭（古代称五岭，即大庾、骑田、萌渚、都庞、越城）山系屏障于南，是与珠江水系的分水岭；武陵山、雪峰山脉逶迤于西，是与乌江、清江水系的分水岭。流域北缘则濒临长江荆江段，并与广袤的江汉平原隔江相望[94]。洞庭湖水系示意如图 2.1-2 所示。

入湖径流由四口、四水及区间三部分组成，多年平均（1988—1995 年）入湖径流量为 3018 亿 m³，其中来自长江四口 1119 亿 m³，占 37.1%；来自四水 1647 亿 m³，占 54.6%；来自洞庭湖区间 252 亿 m³，占 8.3%。年内 5—10 月多年平均入湖径流量为 2252 亿 m³，占全年的 74.6%。湖泊汛期长（约 6 个月），水位变幅大，多年平均年水位变幅（城陵矶站）为 13.35m，年最小变幅为 10.67m，最大变幅达 17.76m。进入 20 世纪 90 年代后，历年最高洪水位纪录被一再突破，其中 1998 年，城陵矶站最高洪水位分别比 1954 年、1996 年高出 1.39m 和 0.63m，创历史最高纪录。多年（1956—1995 年）平均入湖泥沙量 1.1896 亿 m³，出湖泥沙量 0.3093 亿 m³，淤积量高达 0.8803 亿 m³，泥沙沉积率达 74.0%。在入湖泥沙量中，四口、四水和区间分别为 0.9458 亿 m³、0.2166 亿 m³ 和 0.0272 亿 m³，所占的比例分别为 79.5%、18.2% 和 2.3%。

洞庭湖湖体呈近似 U 形，水位 33.50m 时（岳阳站，黄海高程），湖长为 143.00km，最大湖宽为 30.00km，平均湖宽为 17.01km，湖泊面积为 2625km²；最大水深为 23.5m，平均水深为 6.39m，相应蓄水量为 167 亿 m³；居鄱阳湖之后，为我国第二大淡水湖[95]。由于受泥沙长期淤积、筑堤建垸等自然和人类活动的共同影响，自清朝末期以来，尤其是

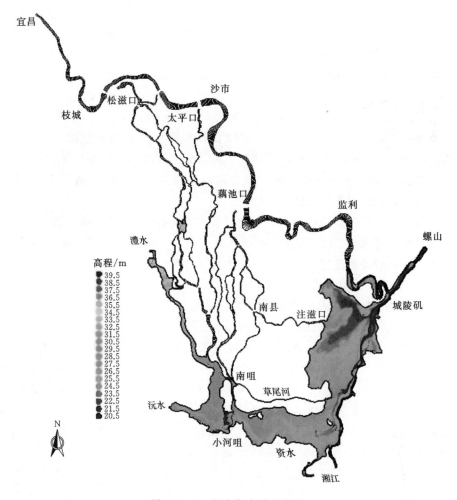

图 2.1-2　洞庭湖水系示意图

新中国成立后的几十年间,演变剧烈,现湖体已支离破碎,明显地分化为西洞庭湖、南洞庭湖和东洞庭湖 3 个湖区。

洞庭湖生物种类繁多,生物资源丰富。常见的水生与湿生高等植物有 100 余种,区系组成以禾本科、莎草科、菊科和眼子菜科为主,形成湿生、挺水、浮叶和沉水群落类型。尤其是广泛分布于洲滩上的荻、芦苇群落发育良好,分布面积逾 700km²,是洞庭湖的重要植被类型。湖中栖息鱼类 110 余种,其中中华鲟、白鲟、银鱼、鲥鱼、鳗鲡等为珍稀和名贵鱼类。白鱀豚（Lipotes vexillifer）是世界上仅存的 5 种淡水鲸之一,为中国所特有,在东洞庭湖、南洞庭湖均有发现,属国家一级保护动物。此外,湖区辽阔的洲滩还是迁徙水禽和涉禽的重要越冬地,种类繁多,有 130 余种;其中属国家一级保护的鸟类就有白鹤（Grus leucogeranus）、白头鹤（G. monacha）、白枕鹤（G. vipio）、白鹳（Ciconia ciconia）、黑鹳（C. nigra）、中华秋沙鸭（Mergus squamatus）、大鸨（Otis tarda）等 7 种。表明洞庭湖由于自然环境的多样性形成了生物的多样性,开展生物多样性保护研究具有重要价值和巨大潜力。

2.1.3　鄱阳湖区概况

鄱阳湖位于江西省北部的长江中下游南岸，现在是长江第一大湖，当湖口水位为21m时，湖泊水面面积达 3900km²，是我国第一大淡水湖。它汇集赣、抚、信、饶、修五大河流来水，经天然调蓄后，自湖口注入长江。整个水系集水面积为 16.2 万 km²，约占长江流域总面积的 9%。鄱阳湖多年平均入江水量为 1457 亿 m³，占大通站长江多年平均流量的 15.9%。鄱阳湖蓄水量为 259 亿 m³，对长江中下游起着蓄洪、排洪和调洪的作用。

鄱阳湖每年汛期五河洪水入湖，湖面扩张，冬春季节湖水落槽，滩地广为显露。洪、枯水位悬殊，具有"高水是湖，低水似河"的独特自然景观。鄱阳湖示意如图2.1-3 所示。

据多年水文资料统计，五河来水主要集中在 4—6 月，约占全年总入湖水量的54%。每年 2—6 月，鄱阳湖入湖水量大于出湖水量，每年 7 月至次年 1 月，入湖水量小于出湖水量。鄱阳湖水系一般自 4 月以后进入汛期，湖水上涨至高水位；7—10 月长江大汛，对湖口出流顶托，甚至倒灌，使鄱阳湖高水位自 4 月延至 9 月；10 月开始退水，长江水位不断降低，五河来水也迅速减少，湖水归槽，并顺着自南向北倾斜的湖床泄入长江。因此，鄱阳湖水位取决于五河与

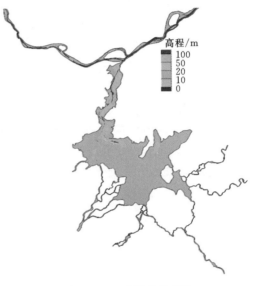

图 2.1-3　鄱阳湖示意图

长江的水情。经统计，鄱阳湖湖口多年平均水位为 12.82m，多年最高水位为 21.71m，多年最低水位为 5.9m，年内水位变幅为 9.79~14.04m；1 月、2 月、3 月和 4 月的多年平均水位分别为 7.79m、7.99m、9.36m 和 11.89m。

1956—1985 年数据统计，年平均入湖泥沙为 2406.3 万 t，其中由湖口输入的长江泥沙为 1104.8 万 t，湖区水系来沙为 1301.5 万 t。在年内分配上，4—6 月入湖泥沙占全年的 69.5%；7—9 月长江平均倒灌泥沙 104.5 万 t；11 月至次年 3 月，长江水位低，每年冲刷入江泥沙 392.8 万 t。汛期入湖泥沙首先在河流尾闾地区沉积，形成大面积三角洲前缘滩地；湖口段因江湖洪水顶托，甚至倒灌，加强北部淤积和"拦门沙"梅家洲的伸长。枯水期湖水退到河床深槽，水面比降大，导致湖床河道冲刷。

鄱阳湖有我国著名的草滩，其主要植被类型是苔草群落，面积约为 458km²，占洲滩面积的 72.3%，群落总生物量为 110 万 t；其次是芦苇＋荻群落，面积为 175.3km²，占洲滩面积的 27.7%，群落总生物量为 39 万 t。[96]

鄱阳湖湿地为许多物种提供了完成其生命循环所需的全部因子和复杂生命过程的一部分因子，形成了丰富的植物多样性和动物多样性。鄱阳湖湿地有高等植物约 600 种，其中

湿地植物 193 种，占高等植物总数的 32%；浮游植物约有 154 属，分隶于 8 门 54 科。此外，鄱阳湖区有鱼类 112 种，水生生物中兽类有江豚，爬行动物中游蛇科约 30 种，两栖动物约 30 种。

2.2　三峡水库下游水沙输移

2.2.1　年际变化

2.2.1.1　径流量的变化

表 2.2-1、表 2.2-2 及图 2.2-1、图 2.2-2 给出了三峡水库长江中下游主要控制水文站年均径流量的变化。三峡水库运行前，坝下游宜昌、汉口、大通站多年平均径流量分别为 4369 亿 m³、7111 亿 m³、9052 亿 m³。三峡水库运行后，2003—2016 年长江中下游各站除监利站径流量与运行前相比略有增大外（增大约 2%），其他各站水量减小 4%～8%，这也与该段时间内长江流域水量总体偏枯有关，三峡入库径流量也减小了 8% 左右。其中，2006 年和 2011 年各站径流量比运行前多年平均径流量明显偏枯，2006 年宜昌站、监利站、汉口站、大通站的减幅分别约为 34.8%、24.0%、24.9% 和 23.9%，2011 年分别约为 22.3%、28.0%、22.7% 和 26.3%；2005 年、2010 年、2012 年和 2016 年较运行前多年平均值略有增大，增幅均不超过 16%。

表 2.2-1　　　　三峡水库运行前后下游控制水文站多年平均径流量　　　　单位：亿 m³

项目	宜昌	枝城	沙市	监利	螺山	汉口	大通
三峡水库运行前	4369	4450	3942	3576	6460	7111	9052
2003—2016 年	4026	4123	3802	3659	6026	6776	8585
变化率	−8%	−7%	−4%	2%	−7%	−5%	−5%

注　三峡水库运行前统计年份：宜昌站为 1950—2002 年；枝城站为 1952—2002 年，其中 1960—1991 年采用宜昌站＋长阳站；沙市站为 1956—2002 年（1956—1990 年采用新厂站资料，缺 1970 年）；监利为 1951—2002 年（缺 1960—1966 年）；螺山站、汉口站、大通站为 1954—2002 年。

表 2.2-2　　　　　　三峡水库下游控制水文站年径流量　　　　　　单位：亿 m³

时间段	宜昌	枝城	沙市	监利	螺山	汉口	大通
运行前多年平均	4369	4450	3942	3576	6460	7111	9052
2003 年	4097	4232	3924	3663	6371	7380	9248
2004 年	4141	4218	3901	3735	5980	6773	7884
2005 年	4592	4545	4210	4036	6429	7443	9015
2006 年	2848	2928	2795	2718	4647	5341	6886
2007 年	4004	4180	3770	3648	5687	6450	7708
2008 年	4186	4281	3902	3803	6085	6727	8291
2009 年	3822	4043	3686	3648	5536	6278	7819

续表

时间段	宜昌	枝城	沙市	监利	螺山	汉口	大通
2010 年	4048	4195	3819	3679	6480	7472	10220
2011 年	3393	3583	3345	3329	4653	5495	6671
2012 年	4648	4717	4224	4046	6929	7566	10030
2013 年	3762	3833	3545	3473	5709	6370	7894
2014 年	4589	4573	4128	3995	6728	7237	8929
2015 年	3968	3963	3988	3596	6119	6762	9151
2016 年	4264	4427	3988	3853	6909	7487	10455

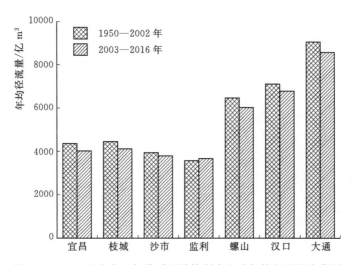

图 2.2-1　三峡水库运行前后下游控制水文站年均径流量变化图

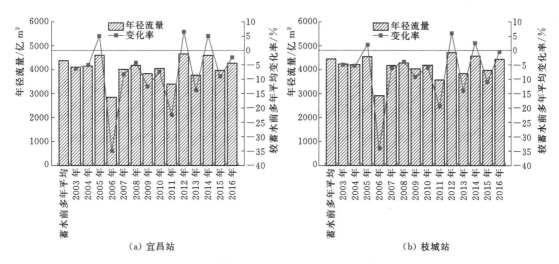

图 2.2-2（一）　三峡水库下游控制水文站年径流量及较运行前多年平均变化率

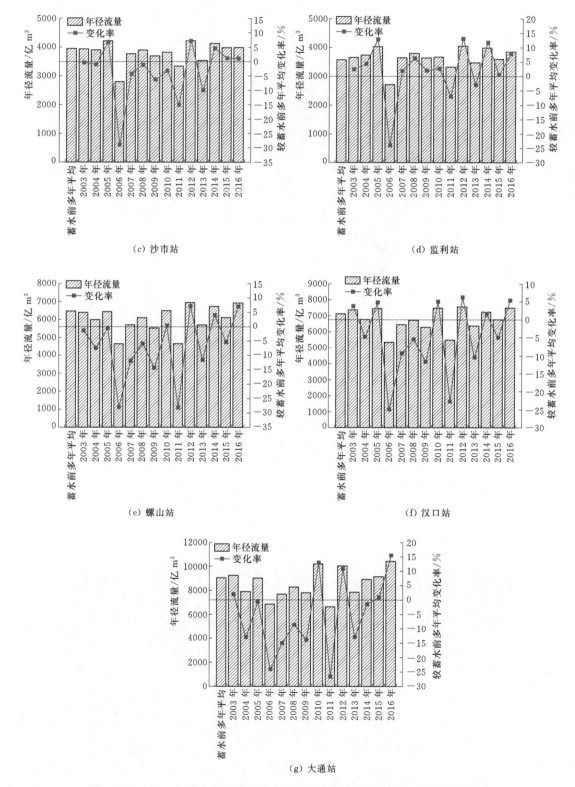

图 2.2-2（二） 三峡水库下游控制水文站年径流量及较运行前多年平均变化率

2.2.1.2　输沙量的变化

　　表2.2-3、表2.2-4及图2.2-3、图2.2-4给出了长江中下游主要控制水文站年均输沙量及悬移质中值粒径的变化。三峡水库运行前,坝下游宜昌、汉口、大通等站多年平均输沙量分别为49200万t、39800万t、42700万t。三峡水库运行后,受水库拦蓄泥沙影响,2003—2016年长江中下游各站输沙量沿程减小幅度为67%～92%,愈往下游减幅愈小。具体表现在以下几个方面。

表2.2-3　三峡水库运行前后下游控制水文站年均输沙量及悬移质中值粒径变化

项　目		宜昌	枝城	沙市	监利	螺山	汉口	大通
输沙量	三峡水库运行前/万t	49200	50000	43400	35800	40900	39800	42700
	2003—2016年/万t	3815	4610	5731	7223	8934	10333	13965
	变化率/%	-92	-91	-87	-80	-78	-74	-67
悬移质中值粒径/mm	三峡水库运行前	0.009	0.009	0.012	0.009	0.012	0.010	0.009
	2003—2015年	0.006	0.010	0.017	0.048	0.014	0.015	0.010

注　三峡水库运行前统计年份:宜昌站为1950—2002年;枝城站为1952—2002年,其中1960—1991年采用宜昌站+长阳站;沙市站为1956—2002年(1956—1990年采用新厂站资料,缺1970年);监利站为1951—2002年(缺1960—1966年);螺山、汉口站、大通站为1954—2002年。宜昌站、监利站悬移质泥沙中值资料统计年份为1986—2002年,枝城站为1992—2002年,沙市站为1991—2002年,螺山站、汉口站、大通站为1987—2002年。

表2.2-4　　　　　　　　三峡水库下游控制水文站年输沙量　　　　　　　　单位:万t

时间段	宜昌	枝城	沙市	监利	螺山	汉口	大通
三峡水库运行前多年平均	49200	50000	43400	35800	40900	39800	42700
2003年	9760	13100	13800	13100	14600	16500	20600
2004年	6400	8040	9560	10600	12300	13600	14700
2005年	11000	11700	13200	14000	14700	17400	21600
2006年	910	1200	2450	3890	5810	5760	8480
2007年	5270	6800	7510	9390	9520	11400	13800
2008年	3200	3900	4900	7600	9150	10100	13000
2009年	3510	4090	5060	7060	7720	8740	11100
2010年	3280	3790	4800	6020	8370	11100	18500
2011年	623	975	1810	4480	4500	6860	7180
2012年	4260	4830	6170	7440	9810	12800	16200
2013年	2997	3170	4024	5637	8396	9296	11727
2014年	940	1223	2760	5269	7363	8168	12041
2015年	372	568	2091	3319	5961	6309	11592
2016年	851	1130	2091	3295	6619	6793	15213

　　(1) 三峡水库运行以后,坝下各站输沙量总体上随时间推延而减少,相对于运行前多年平均值减幅在逐年增加,这在距离三峡大坝较近的宜昌河段、枝江河段的水文站表现尤为突出。

　　(2) 三峡水库运行以后,坝下各站悬移质沿程增加,主要是由于次饱和挟沙水流沿程从河道获取悬沙补给所造成的。运行前,悬沙输移总量宜昌至枝城段变化不大,枝城至监利段则是逐渐减少的;运行后,宜昌至监利段沿程增加。

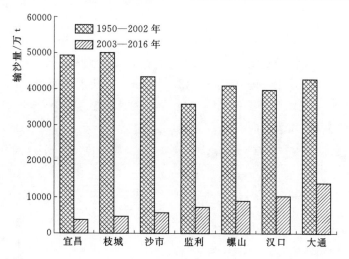

图 2.2-3　三峡水库运行前后下游控制水文站多年平均输沙量变化

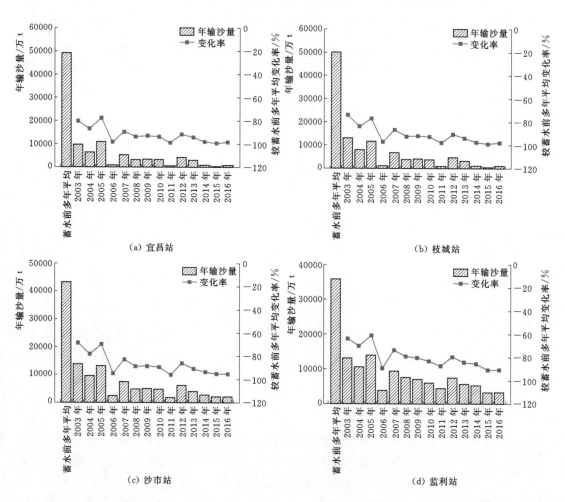

图 2.2-4（一）　三峡水库下游控制水文站年输沙量及较运行前多年平均变化率

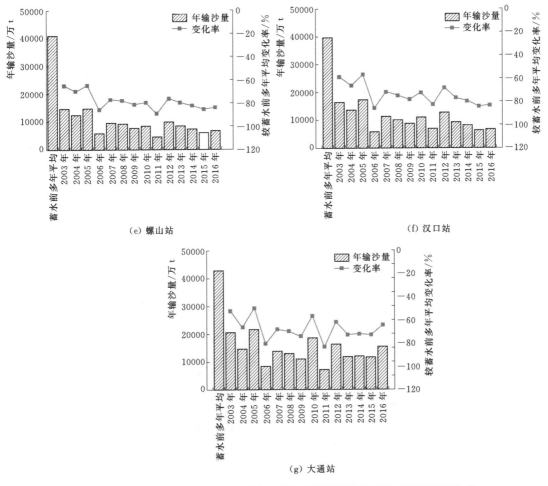

（e）螺山站　　　　　　　　　　　　（f）汉口站

（g）大通站

图 2.2-4（二）　三峡水库下游控制水文站年输沙量及较运行前多年平均变化率

（3）大水年悬沙输移量有所增加，但增加程度有限。如 2003 年、2004 年水量偏枯，2010 年水量偏丰，但是 2010 年、2012 年沿程各站（汉口站及以上）均未达到运行之初的水平。

三峡水库运行后（2003—2015 年），出库悬移质中值粒径明显变细，宜昌站由运行前的 0.009mm 变为 0.006mm；宜昌以下，由于河床沿程冲刷，悬移质得到补给，粒径沿程变粗，其中以荆江河段最为明显，沙市站悬移质中值粒径由运行前的 0.012mm 变为 0.017mm，监利站中值粒径由运行前的 0.009mm 变为 0.048mm。

2.2.2　年内变化

表 2.2-5 和图 2.2-5 给出了三峡水库运行前后宜昌站逐月平均径流量和平均输沙量的变化。图 2.2-6 给出了主要水文测站日均流量及含沙量过程线。根据实测资料统计，相比三峡水库运行前（1950—2002 年），2003—2016 年宜昌站 1—4 月水量偏丰 20%～41%，5—6 月略偏枯 5%～7%，7—10 月偏枯 11%～33%，11—12 月偏枯 3%～10%。考虑到

2003—2016 年时段内总水量偏枯 8%，可认为三峡水库调节后 12 月至次年 5 月水量要大于运行前，6—10 月水量小于运行前，反映了三峡水库调洪补枯的特点，即洪水期水量减小，枯水期水量增大。三峡水库运行后，宜昌站逐月输沙量均呈大幅减小的态势，减幅达 85%～99%，其中在 4—6 月和 10—12 月减幅最大。

表 2.2 - 5　　　　　　　　宜昌站逐月平均径流量和输沙量变化

项　　目	1月	2月	3月	4月	5月	6月	7月	8月	9月	10月	11月	12月	全年
1950—2002 年径流量/亿 m³	114	93	116	171	310	466	804	734	657	483	260	157	4369
2003—2016 年径流量/亿 m³	150	131	159	205	331	444	718	621	542	325	234	162	4026
径流量变化率/%	31	41	37	20	7	−5	−11	−15	−17	−33	−10	3	−8
1950—2002 年输沙量/万 t	55.6	29.1	81.2	449	2105	5235	15476	12436	8634	3448	968	198	49200
2003—2016 年输沙量/万 t	5.4	4.3	5.5	10.5	35.8	132.1	1462	1169	894	74.8	12.7	6.1	3812.2
输沙量变化率/%	−90	−85	−93	−98	−98	−97	−91	−91	−90	−98	−99	−97	−92

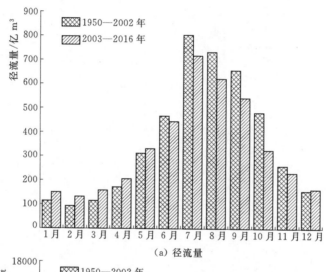

（a）径流量

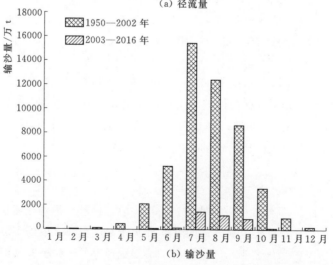

（b）输沙量

图 2.2 - 5　宜昌站逐月平均径流量和平均输沙量变化

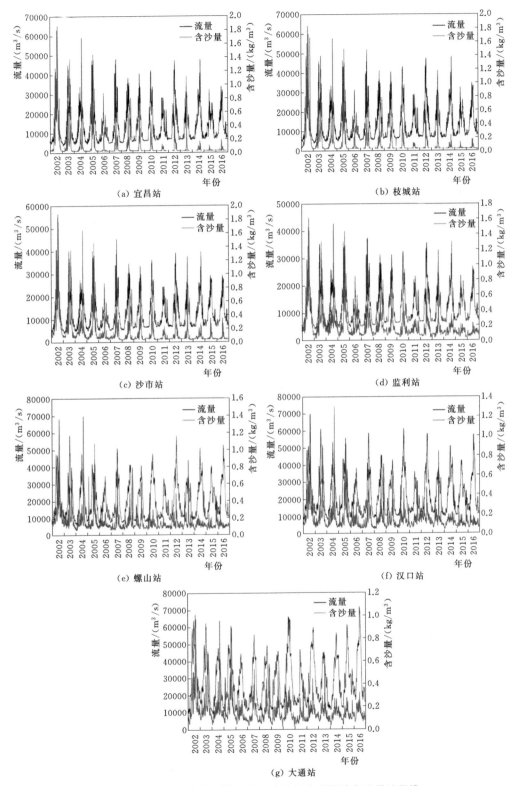

图 2.2-6　三峡水库下游主要水文站日均流量及含沙量过程线

2.3 三峡水库下游河道演变

2.3.1 沿程河道冲淤分布

三峡水库运行前，长江中游宜昌—湖口河段（宜湖河段）河床冲淤变化频繁。1975—1996 年宜湖河段一直呈持续淤积状态，累计淤积泥沙约为 1.79 亿 m^3，年均淤积量约为 0.085 亿 m^3；1996—1998 年，宜湖河段河床继续淤积，累计淤积量约为 1.99 亿 m^3，年均淤积量约为 0.99 亿 m^3；1998 年大洪水后，1998—2002 年宜湖河段呈冲刷态势，累计冲刷量约为 5.47 亿 m^3，年均冲刷量大幅增加，约为 1.37 亿 m^3。

三峡水库运行以来，受"清水"下泄的影响，长江中下游河道发生自上而下的冲刷。2002 年 10 月至 2014 年 10 月，宜湖河段平滩河槽累计冲刷泥沙约为 15.4 亿 m^3，年均冲刷量约为 1.28 亿 m^3，远大于运行前 1975—2002 年年均冲刷量 0.06 亿 m^3（表 2.3-1）。

表 2.3-1　　　　　　　　宜昌—湖口河段河床冲淤量对比（平滩河槽）

项目	时段	河　段							
		宜昌—枝城	上荆江	下荆江	荆江	城陵矶—汉口	汉口—湖口	城陵矶—湖口	宜昌—湖口
河段长度/km		60.8	171.7	175.5	347.2	251	295.4	546.4	954.4
总冲淤量/万 m^3	1975—1996 年	−13498	−23770	3410	−20360	27380	24408	51788	17930
	1996—1998 年	3448	−2558	3303	745	−9960	25632	15672	19865
	1998—2002 年	−4350	−8352	−1837	−10189	−6694	−33433	−40127	−54666
	2002—2014 年	−15786	−44589	−34407	−78996	−23368	−35416	−58784	−153569
年均冲淤量/(万 m^3/a)	1975—1996 年	−643	−1132	162	−970	1304	1162	2466	854
	1996—1998 年	1724	−1279	1652	373	−4980	12816	7836	9933
	1998—2002 年	−1088	−2088	−459	−2547	−1674	−8358	−10032	−13667
	2002—2014 年	−1316	−3716	−2867	−6583	−1947	−2951	−4899	−12797
年均冲淤强度/[万 m^3/(km·a)]	1975—1996 年	−10.6	−6.6	0.9	−2.8	5.2	3.9	4.5	0.9
	1996—1998 年	28.4	−7.4	9.4	1.1	−19.8	43.4	14.3	10.4
	1998—2002 年	−17.9	−12.2	−2.6	−7.3	−6.7	−28.3	−18.4	−14.3
	2002—2014 年	−21.6	−21.6	−16.3	−19.0	−7.8	−10.0	−9.0	−13.4

2.3.1.1　宜昌—城陵矶河段

2002 年 10 月至 2014 年 10 月，宜昌—枝城河段（宜枝河段）、荆江河段平滩河槽冲刷量分别约为 1.58 亿 m³、7.93 亿 m³，分别占全河段冲刷量的 17%、83%，其年均冲刷强度分别为 21.6 万 m³/(km·a)、19.0 万 m³/(km·a)。上、下荆江冲刷量分别约为 4.46 亿 m³ [年均冲刷强度为 21.6 万 m³/(km·a)] 和 3.44 亿 m³ [年均冲刷强度为 16.3 万 m³/(km·a)]，分别占荆江河段冲刷量的 56% 和 44%。

宜枝河段深泓纵剖面沿程呈锯齿状变化，起伏较大，存在多处枯水位控制性节点。受河道两岸边界条件的制约，三峡水库运行以来，宜枝河段河床冲淤形态调整均以垂向冲刷下切为主，因此深泓沿程有不同程度的刷低。2002 年 10 月至 2014 年 10 月，深泓纵剖面平均冲刷 3.9m，其中宜昌河段深泓平均下降为 1.7m，深泓累计下降最大为 5.4m；宜都河段深泓平均下降为 5.8m，深泓累计下降最大达 20.1m。三峡水库运行后宜枝河段深泓线沿程变化见图 2.3-1。

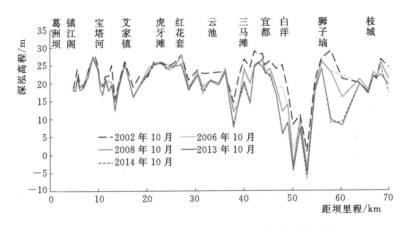

图 2.3-1　三峡水库运行后宜枝河段深泓线沿程变化

2002 年 10 月至 2014 年 10 月，荆江河段纵向深泓以冲刷为主，平均冲刷深度为 2.13m，最大冲刷深度为 16.5m，位于调关河段荆 120 断面；其次为石首河段向家洲荆 92 断面，冲刷深度为 15.5m。三峡水库运行后荆江河段深泓纵剖面冲淤变化见图 2.3-2。

2.3.1.2　城陵矶—汉口河段

从城陵矶—汉口河段冲淤量的沿程变化来看，2001 年 10 月至 2014 年 10 月，嘉鱼以上河段（长约 97.1km）河床冲刷强度相对较小，累计冲刷量为 0.442 亿 m³，占全河段冲刷总量的 20%（河长占比为 38.7%），特别是位于江湖汇流口下游的白螺矶河段（城陵矶—杨林山，长约 21.4km）和陆溪口河段（赤壁—石矶头，长约 24.6km），2001 年 10 月和 2014 年 10 月河床平滩河槽冲刷量分别为 729 万 m³、1033 万 m³；界牌河段（杨林山—赤壁）平滩河槽冲刷量则为 2659 万 m³。嘉鱼以下河床冲刷强度相对较大，平滩河槽冲刷量为 1.749 亿 m³，占全河段冲刷总量的 80%，嘉鱼、簰洲和武汉河段上段平滩河槽冲刷量分别为 0.418 亿 m³、0.548 亿 m³、0.784 亿 m³。

城陵矶—汉口河段 2001 年 10 月至 2014 年 11 月深泓纵剖面变化表明（见图 2.3-3），

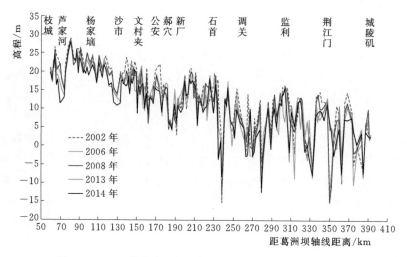

图 2.3-2　三峡水库运行后荆江河段深泓纵剖面冲淤变化

河床形态均未发生明显变化，河床深泓纵剖面总体略有冲刷，深泓平均冲深为 0.97m。其中城陵矶—石矶头段深泓平均冲深约 0.93m；石矶头—汉口段深泓平均冲深约 1.13m。

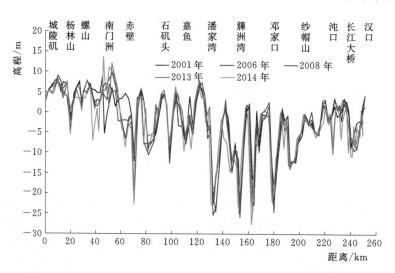

图 2.3-3　三峡水库运行后城陵矶—汉口河段深泓纵剖面冲淤变化

2.3.2　不同类型河道演变规律

长江中游河道按照河型可分为顺直微弯、弯曲、分汊河道 3 类，不同类型河道滩槽格局不同，滩群演变特征也有所差异。顺直微弯河段主要包括周天河段、大马洲河段、铁铺水道、界牌河段等。顺直微弯河道两岸一般均交错分布有边滩，构成上下、左右互相影响的滩群。弯曲河道在下荆江分布较为密集，如调关水道、莱家铺水道、反咀水道、尺八口水道等，该类河段凸岸有较大规模的边滩，凹岸一般没有边滩或边滩规模很小。分汊河道在长江中下游分布尤为广泛，如芦家河河段、瓦口子—马家咀河段、窑监河段、陆溪口河段、嘉鱼—燕子窝河段、天兴洲河段、马当河段等，绝大多数分汊河道均分布有凹岸边滩、凸岸边滩及洲头低滩等。

　　三峡工程运行后，由于清水下泄，坝下不同类型河道演变规律发生较大调整，分别选取三峡水库下游典型的顺直微弯河道（大马洲河段）、弯曲河道（熊家洲—城陵矶河段）和分汊河道（关洲河段、窑监河段、陆溪口河段）分析不同类型河道在三峡水库蓄水运行后的演变规律。

2.3.2.1　顺直微弯河道

　　以大马洲河段为例分析顺直微弯河道的演变规律。大马洲河段位于下荆江中部，上起顺尖村，下至集成垸，全长约 10.5km，河道宽度为 1000m 左右（图 2.3-4）。三峡工程蓄水运行以来，下荆江大马洲河段枯水流量、多年平均流量及平滩流量下河床整体均表现为冲刷，其中枯水河槽、低滩及高滩均表现为冲刷，且三者冲刷幅度差别不大。从时间分

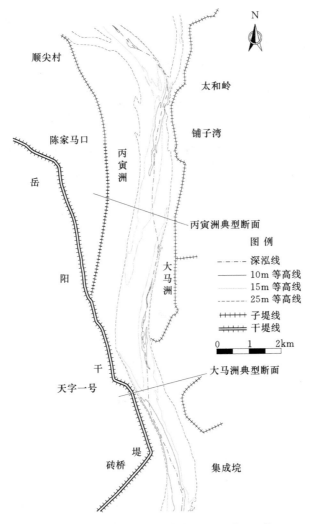

图 2.3-4　大马洲河段河势图（2011 年 11 月）

布来看，下荆江大马洲河段整体表现为冲淤交替，其中 2002—2004 年表现为微淤，2004—2006 年表现为微冲，2006—2008 年冲刷幅度较大，冲刷量达到 1513.6 万 m³，2008—2011 年又表现为微淤。从不同流量条件下冲淤分布特点来看，不同年份间枯水河槽表现为冲淤交替，而低滩及高滩则始终表现为冲刷。

对于缺少控制节点的顺直河段，上游进口深泓变化往往引起下游边滩、深泓等一连串的变化，进而引起河势的调整。大马洲河段演变与上游窑监河段的来流条件息息相关。三峡水库运行后，特别是窑监河段相关航道整治工程实施以来，主支汊关系较为稳定，为大马洲河道提供了一个相对稳定的来流条件。近年来，河道深泓平面位置较平顺，摆幅也变小，但过渡段深泓摆动，依然变化较频繁，丙寅洲、大马洲边滩的变化也相对复杂，这些都为未来河势调整提供了不稳定的因素，同时也对航道条件产生不利影响。

大马洲河段来沙量大幅减少，河流在自我调整中为寻求泥沙补给，冲刷边滩使河道展宽，同时增大了过水面积，降低水流流速，促使河道达到新的平衡。新的河床形态迫使主流摆动，造成新的冲淤变化。三峡水库的蓄水拦沙作用使汛期大马洲河段洪水概率大大降低，有利于河势稳定，同时枯水期三峡水库下泄流量增大，这对维持航道稳定是有利的。但清水下泄导致边滩与高滩冲刷，使部分泥沙落淤在深槽，造成局部河段由偏 V 形向偏 U 形发展，趋于宽浅化；蓄水期出库流量下降导致汛后冲刷能力有所降低，可能来不及冲刷航槽泥沙，对航槽稳定性产生不利影响。

因此，现阶段应当对该类型河段中的边滩与高滩进行守护，维护现有河势并促进航道的稳定。

2.3.2.2 弯曲河道

以下荆江盐船套—城陵矶弯曲河段为例，分析弯曲河道的演变规律。下荆江河道是在江汉平原古云梦泽的消亡过程中逐渐发育形成的。大致可分为分汊河型、单一顺直河型和蜿蜒河型 3 个类型。盐船套—城陵矶弯曲河段就是在下荆江历史演变的大背景下形成的，该河段在历史上发生多次自然裁弯，平面变幅较大，横向摆幅达 20～30km。从 1906 年开始先后发生白水套自然裁弯、尺八口自然裁弯，1912 年在尺八口下游出现下河湾，即观音洲弯道的前身，随着河道不断发展，最终形成现在熊家洲、七弓岭和观音洲 3 个反向弯道的平面形态（图 2.3-5）。

三峡水库蓄水运行后，该河段在高水位下表现为冲刷，主要集中在上段和中段，下段江湖汇流区则出现明显淤积。深槽主要在 2006—2008 年出现冲刷，其余年份均表现为淤积。凹岸未被守护前，弯道主要表现为凹岸不断崩退及凸岸的不断淤长、弯顶逐渐下移，河道向下游蠕动。受三峡工程影响，输沙量急剧减少，如监利站年输沙量由运行前的3.58 亿 t 减少为 2016 年的 0.33 亿 t，水沙条件的变化引起了该段河势的较大调整。该河段主要的演变特点表现为：主流出熊家洲弯道后不再过渡到右岸，而是直接沿八姓洲西岸下行，七弓岭和观音洲弯道发生"撤弯切滩"，凸岸边滩冲退，凹岸弯顶深槽内淤积形成水下潜洲，呈现特殊的"凸冲凹淤"现象，凹岸下段冲刷并向下游方向延伸。三峡水库的削峰作用减少了大洪水流量发生概率，从而降低了该段发生自然裁弯的可能性，对通航条件有利。同时，由于上游水库群的联合作用，长江中下游河势变化的影响越来越大，八姓

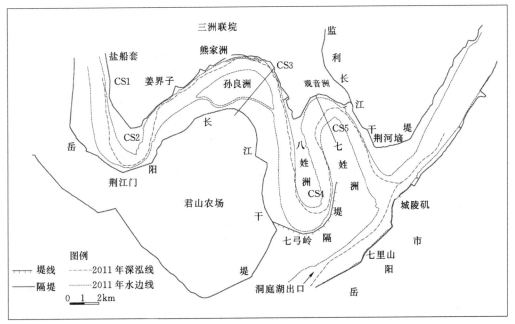

图 2.3-5　熊家洲—城陵矶河段河势图

洲岸线的持续崩退将导致七弓岭弯道弯曲半径减小，主流顶冲七弓岭凹岸，严重威胁岸坡稳定。在不利水文年条件下，八姓洲有可能发生自然裁弯，引起下游河势和江湖关系的急剧变化，给长江中下游防洪、航运带来一定影响。

因此，三峡水库下游弯曲型河道受到上游河势变化的影响明显，一旦上游河势发生调整，从而造成该类型河段的"一弯变、弯弯变"的趋势，受到长期清水冲刷的影响，急弯河段甚至出现"撇弯切滩"的趋势，并在凹岸形成潜心洲。现阶段应当加强该类型河段的岸滩守护，以维护现有的河势稳定。

2.3.2.3　分汊河道

以关洲卵石夹沙分汊河段、监利沙质河床分汊河段和陆溪口沙质河床鹅头型分汊河段为例，分析分汊河段的演变规律。

关洲河段（图 2.3-6）近 50 年来，河势格局基本稳定，主流线遵循"大水取直、小水走弯"的变化规律。近坝段卵石夹沙分汊河段经过十多年的清水冲刷，左、右汊均发生大规模的冲刷下切，边滩局部冲淤变形，但并未出现明显主支汊易位的趋势。由于河床表层基本形成卵石夹沙保护层，虽然在清水冲刷条件下，该类型河段河势仍基本稳定，但非法采砂严重影响了该类型河段的河床承受力，在一定程度上影响了河道的形态发展，甚至造成河势格局的改变。

窑监河段（图 2.3-7）位于下荆江河段，属于弯曲分汊型沙质河段，在历史上以汊道周期性兴衰交替和主流摆动为主要特点。无论是以左汊或者右汊为主的相对稳定时期，还是在两汊交替的过程中，监利河段的演变都较为剧烈，水沙运动规律极为复杂，碍航问题也较为突出。三峡工程蓄水运行后，主流一直以右汊为主，但随着乌龟洲洲头低滩的不断冲刷，口门放宽使得深泓在口门处摆动频繁，乌龟洲右缘也逐年崩退，左汊则处于微冲

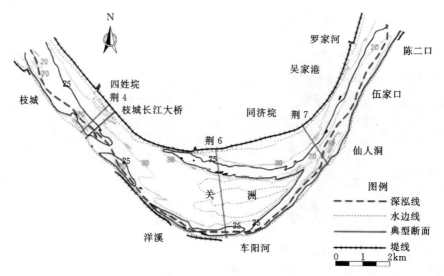

图 2.3-6　关洲分汊段河势图

态势。2010 年以来对乌龟洲洲头及右缘上段实施守护工程后，现阶段监利河段主支汊维持相对稳定的状态。

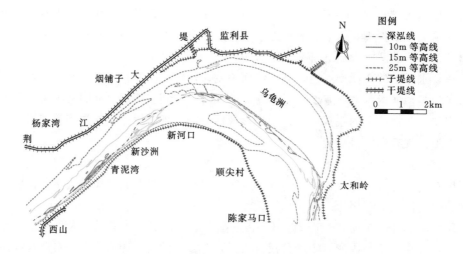

图 2.3-7　窑监河段河势图（2011 年 11 月）

　　沙质弯曲型分汊河道的主支汊历史上往往出现周期性兴衰交替的特点。三峡工程运行后，长期的清水冲刷使得主支汊冲刷幅度较大，江心洲的洲头、洲尾及靠近主汊边滩也处于冲刷崩退的状态。主支汊的长期冲刷的状态将会增大横向比降，可能引起局部边滩或高滩发生不同程度的崩塌，对已实施的整治工程造成不利影响，应当提前对这些区域进行加固处理。在汛期，由于水库拦洪削峰的作用，出现大洪水的概率将会大幅度的减少，也大大降低了大洪水对该类型河段的冲刷塑造作用，从而对该类型河势稳定较为有利；在汛后蓄水期，由于三峡及上游梯级水库蓄水，导致汛后退水时间大大提前，退水过程加快，在一定程度上不利于航槽的冲刷，进而影响通航条件。枯水期进入该类型河段的径流量有一定程度的增加，有利于通航条件的改善。

陆溪口河段属于典型的鹅头型分汊河道（图 2.3-8），具有凸岸新汊生成—新汊弯曲发展为主汊—主汊衰退—新汊重新生成的一般性演变规律。三峡水库蓄水运行后，陆溪口河段河床冲刷部位主要集中在弯道段的凹岸近岸河床和低滩区域。受到赤壁山自然节点和老湾、套口、陆溪口、邱家湾段护岸工程，以及陆溪口航道整治工程的控制，该段河势较为稳定。同一水文年的不同时期，主流在新洲左右汊道的交替变化，直接影响了冲刷区域的年内调整变化，总的趋势是近岸河床冲刷调整，水下岸坡变陡，局部地段可能出现岸坡滑挫或崩岸险情。

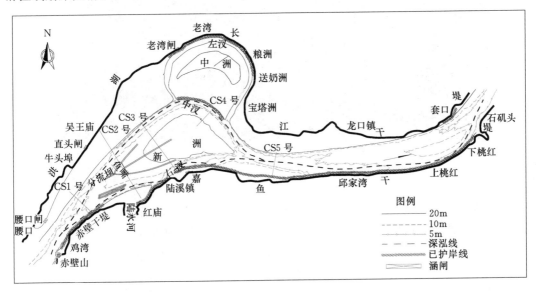

图 2.3-8　陆溪口河段河势示意图

对于鹅头型分汊河段，其受到上游主流摆动影响程度较大。由于坝下河段的长期治理，该类型上游河段河势较为稳定，长期清水冲刷条件下，该类型河段左、中、右三汊均出现不同程度的冲刷下切，局部边滩则出现不同程度的崩退，现有的护岸及航道整治工程在一定程度上维护了该类型河段河势格局的稳定，但仍然存在对汊道河势的不利影响，应及时进行洲滩守护。上游河势通过调整进口主流走向，使节点的挑流作用变化而影响下游汊道的演变，一般在中高水流量条件下，上游节点的挑流作用使主流走中汊，而中小水流量条件下，节点挑流作用减弱，主流坐弯走右汊。长期遭受清水冲刷的影响，可能引起局部洲滩与边滩崩塌，导致汊道河势不稳，宜提前进行工程加固与实施护岸工程等。

2.4　洞庭湖水沙运动与洲滩演变

2.4.1　洞庭湖水沙运动

利用声学多普勒流速剖面仪测量了洞庭湖全湖 30 余个测点的水深、水深平均流速、流向及流速垂线分布。图 2.4-1 为 2012 年及 2013 年丰水期洞庭湖不同测点的流速流向。

受长江三口来水影响，水流自西向东由西洞庭湖流入南洞庭湖，并由南洞庭湖注入东洞庭湖，于城陵矶处出湖入江。从时均流速的空间分布上看，西洞庭湖、南洞庭湖及湘江时均流速较大，东洞庭湖水流较为滞缓。

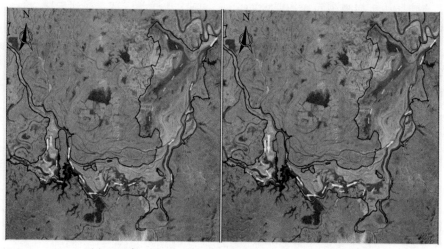

(a) 2012 年   (b) 2013 年

图 2.4 - 1 洞庭湖 2012 年及 2013 年丰水期流场分布

为表征风浪对水体的影响，选取测点流速的平均相对标准差为指标，将测点不同水深处的流速标准差用时均流速进行无量纲化，再求取水深平均值即可得到测点的平均相对标准差。

图 2.4 - 2 和表 2.4 - 1 分别给出了 2012 年丰水期洞庭湖 12 个测点流速垂线分布和每个测点的时均流速及平均相对标准差。从表 2.4 - 1 和图 2.4 - 2 中可以看出，西洞庭湖与南洞庭湖的 6 个测点流速的相对标准差较小，均低于 25%，水体受风浪影响较小，时均流速的垂线分布呈对数型。东洞庭湖测点 7 与测点 8 位于泄流通道，测点的平均流速较大，相对标准差较小，且时均流速呈对数分布；而位于东洞庭湖的测点 9、测点 10、测点11 和测点 12，位置偏离泄流通道，水体运行滞缓，加之受风浪影响较大，使得测点的平均相对标准差较大（均在 45% 以上），流速垂线分布偏离对数型。

表 2.4 - 1   2012 年丰水期洞庭湖测点基本信息

测点号	湖区	位置		时均流速 /(m/s)	流速标准差 /(m/s)	平均相对标准差 /%
		东经/(°)	北纬/(°)			
1	西洞庭	112.34	28.96	0.62	0.14	22.6
2	西洞庭	112.23	29.01	0.53	0.03	5.7
3	西洞庭	112.19	28.88	0.30	0.03	10.0
4	南洞庭	112.68	28.82	0.35	0.07	20.0
5	南洞庭	112.61	28.83	0.47	0.05	10.6
6	南洞庭	112.40	28.86	0.24	0.02	8.3
7	东洞庭	113.14	29.43	0.69	0.10	14.5
8	东洞庭	112.90	28.86	0.19	0.06	31.6

续表

测点号	湖区	位　置		时均流速 /(m/s)	流速标准差 /(m/s)	平均相对标准差 /%
		东经/(°)	北纬/(°)			
9	东洞庭	112.78	29.11	0.20	0.10	50.0
10	东洞庭	112.87	29.45	0.26	0.12	46.2
11	东洞庭	112.95	29.33	0.23	0.13	56.5
12	东洞庭	112.86	29.23	0.24	0.11	45.8

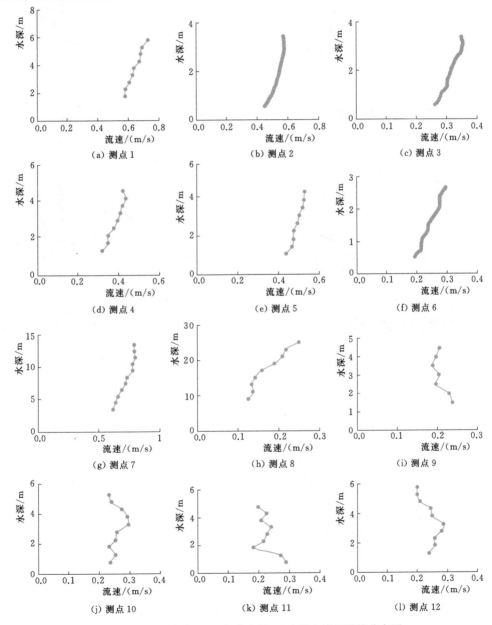

图 2.4-2　洞庭湖 2012 年丰水期 12 个测点流速垂线分布图

2.4.2 近期洞庭湖洲滩演变特征

枯水期，洞庭湖的水体主要集中在南洞庭湖南部河道、东洞庭湖东湖河道及东洞庭湖北部低洼地区，2000 年以后洞庭湖的洲滩和水体格局总体变化不大（图 2.4-3）。从遥感

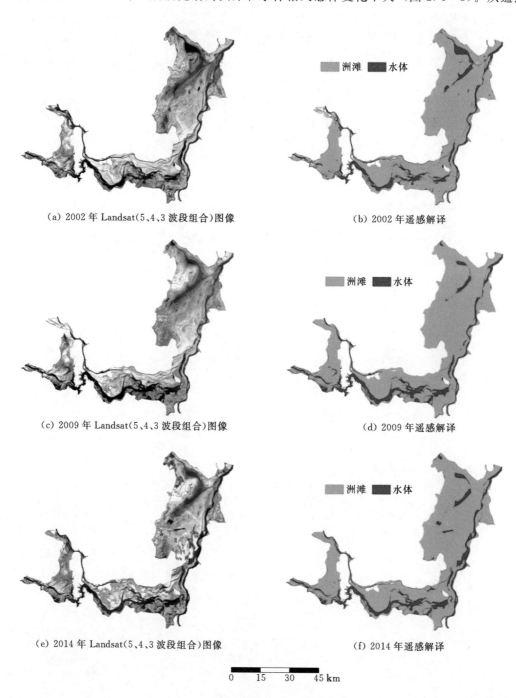

（a）2002 年 Landsat(5、4、3 波段组合)图像 　　（b）2002 年遥感解译

（c）2009 年 Landsat(5、4、3 波段组合)图像 　　（d）2009 年遥感解译

（e）2014 年 Landsat(5、4、3 波段组合)图像 　　（f）2014 年遥感解译

图 2.4-3　洞庭湖不同时期湿地格局

图片解译结果来看（图 2.4-4），2009
年洞庭湖湿地洲滩面积较 2002 年略有增
加（13.42km²），2014 年洲滩面积较
2019 年略有减小（46.50km²）。相对于
整个湿地而言，综合考虑影像差异及解
译误差，洞庭湖洲滩面积变化不显著，
且各个区域的变化趋势并不一致。整体
而言，2000—2014 年洞庭湖湿地上

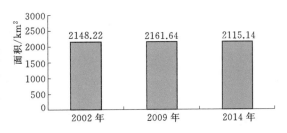

图 2.4-4　洞庭湖湿地洲滩面积变化

游（南洞庭湖及东洞庭湖南部河漫滩）水体面积有所增加，而下游（东洞庭湖北部洼地）
则有局部旱化的现象且主要发生在 2002—2009 年。

2.5　鄱阳湖水沙运动与洲滩演变

2.5.1　鄱阳湖水沙运动

　　图 2.5-1 给出了鄱阳湖 2012 年和 2013 年丰水期流速流向的现场测量结果。受五
河（赣江、抚河、信江、饶河和修水）来水的影响，鄱阳湖水流流向基本呈从南向北趋
势，在北部湖口处注入长江。鄱阳湖时均流速分布存在明显的空间差异，大湖区除个别测
点受湖底地形影响，时均流速较小，北部入江水道时均流速较大。

(a) 2012 年

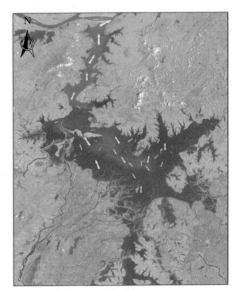

(b) 2013 年

图 2.5-1　鄱阳湖 2012 年和 2013 年丰水期流场分布

　　图 2.5-2 与表 2.5-1 给出了 2012 年丰水期（7 月）鄱阳湖 12 个测点水流时均流速
的垂线分布和每个测点的水深平均流速及平均相对标准差。从图 2.5-2 和表 2.5-1 可以
看出，除测点 6 和测点 10 外，测点的平均相对标准差较小，均在 40% 以下，水体受风浪

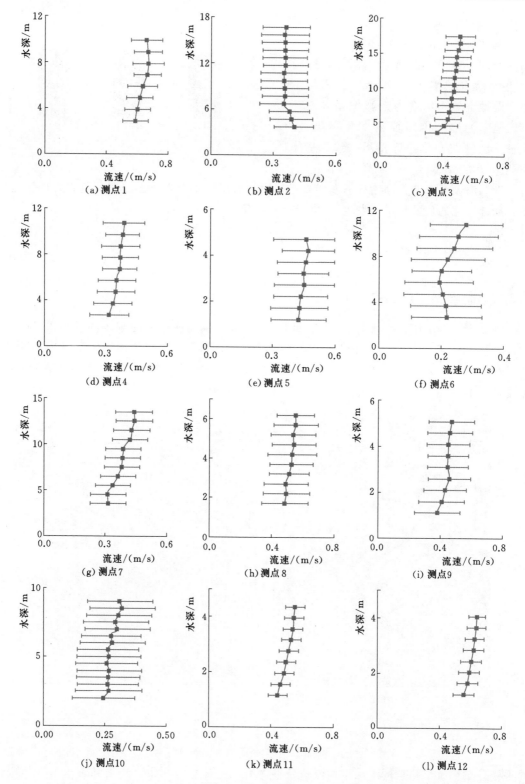

图 2.5-2　鄱阳湖不同测点时均流速垂线分布（横线代表标准差）

影响较小，测点时均流速基本呈对数分布。测点 6 与测点 10 平均相对标准差均在 50% 以上，测点受风浪影响较大，时均流速分布偏离对数型。

表 2.5 - 1　　　　　鄱阳湖 2012 年丰水期测点平均流速及平均相对标准差

测点号	平均流速/(m/s)	平均相对标准差/%	测点号	平均流速/(m/s)	平均相对标准差/%
1	0.685	18.4	7	0.426	23.4
2	0.358	35.8	8	0.501	21.1
3	0.549	14.6	9	0.452	33.2
4	0.383	33.2	10	0.252	56.1
5	0.459	35.7	11	0.504	8.1
6	0.253	55.1	12	0.623	8.9

2.5.2　近期鄱阳湖洲滩演变特征

枯水期，鄱阳湖湿地的水体主要分布在南部湖湾（如军山湖和青岚湖）、东部湖湾和深水河道区域（图 2.5 - 3）。三峡工程运行以后（2009 年和 2014 年平均值）枯水期洲滩面积较三峡工程运行前的 2002 年增加约 200km² （图 2.5 - 4）。洲滩演变是导致鄱阳湖干旱的不可忽略因素，主要表现为赣江中支入湖三角洲的出露及东部湖湾面积的萎缩。

从演变特征来看，鄱阳湖湿地在 2002—2009 年枯水期以局部旱化为主。与 2002 年相比，2009 年赣江中支入湖三角洲大面积出露，东部湖湾及南部河道水体萎缩。同时，分布在鄱阳湖国家自然保护区内的大湖池及中湖池等及北部河道水体面积有所增加。但是，总体上水体转变为洲滩的区域面积（341.69km²）大于洲滩转变为水体的区域面积（150.46km²）。与第一阶段（2002—2009 年）演变特征相反的是，2009—2014 年西北部碟形洼地的蚌湖、中湖池及徐洲湖等旱化现象明显。水体转变为洲滩的区域占研究区的比例和洲滩转变为水体的比例基本相同。整体上，2002—2014 年，鄱阳湖湿地以水体转变为洲滩的旱化现象为主，旱化面积达到 394.49km²，占整个湿地面积的 11%。

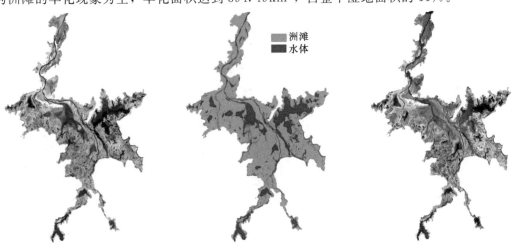

（a）2002 年 Landsat(5、4、3 波段组合)图像　　　（b）2002 年遥感解译　　　（c）2009 年 Landsat(5、4、3 波段组合)图像

图 2.5 - 3 （一）　鄱阳湖不同时期湿地格局

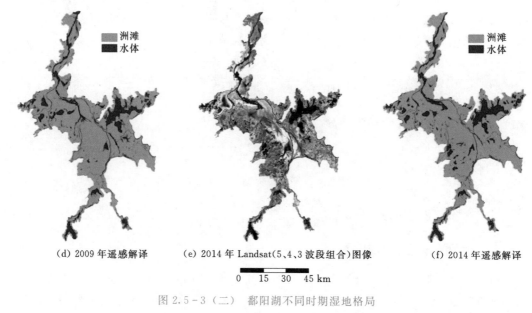

(d) 2009 年遥感解译　　　(e) 2014 年 Landsat(5、4、3 波段组合)图像　　　(f) 2014 年遥感解译

图 2.5-3（二）　鄱阳湖不同时期湿地格局

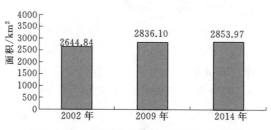

图 2.5-4　鄱阳湖湿地洲滩面积变化特征

2.6　长江与两湖交汇区河床演变

2.6.1　长江与洞庭湖交汇河段河床演变

长江与洞庭湖交汇河段为长江中游下荆江与洞庭湖交汇处，长江段上起尺八口水道的瓦湾，下讫道人矶水道的道人矶，河段全长为 35km，其中洞庭湖入汇口上游长 23km，交汇口下游长 12km；洞庭湖段长 15km。河段自上而下按河道平面形态分为尺八口水道、八仙洲水道、观音洲水道、仙峰水道和道人矶水道五段。河道平面形态交汇口上游河段为弯曲型河道，交汇口下游河段为一长顺直放宽河道，见图 2.6-1。

实测资料表明，三峡水库运行前，该河段交汇口以上的弯曲河道以冲刷为主，交汇口以下河道及洞庭湖河床冲淤变化较小，基本处于微淤状态。图 2.6-2 和图 2.6-3 给出了三峡水库运行以来典型断面变化及冲淤分布情况。江湖交汇口上游弯道变化较大，其中尺八口水道河床以冲滩淤槽为主，左侧边滩冲刷成槽的同时，右侧深槽淤积，过渡段河床趋于宽浅、弯道段出现枯水双槽的局面；八仙洲水道弯道段凸岸滩地冲刷成槽，凹岸深槽淤积，顺直段右岸冲刷崩岸；观音洲水道弯道段凹岸深槽淤积，凸岸滩地冲刷，深泓在河道中部左右摆动，出弯道进入顺直段后，左岸受窑咀矶头控制，河道相对较稳定。

　　江湖交汇口河段河床地形变化较大，左岸观音洲冲刷成槽，主流偏左；右岸泥滩咀一侧河槽淤积，使江湖汇流点下移，水流顶冲擂鼓台。观音洲下侧回流区泥沙落淤，形成边滩，使得交汇口河床阻水作用增大，江、湖出流不畅，长江和洞庭湖交汇口发生泥沙淤积。

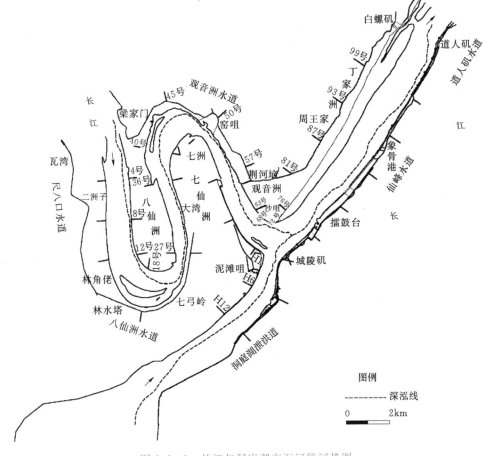

图 2.6-1　长江与洞庭湖交汇河段河势图

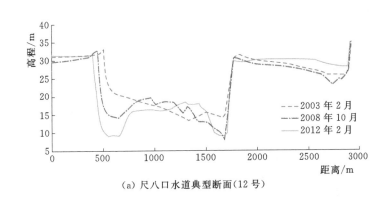

(a) 尺八口水道典型断面(12 号)

图 2.6-2 (一)　长江与洞庭湖河段汇流河段典型断面变化图

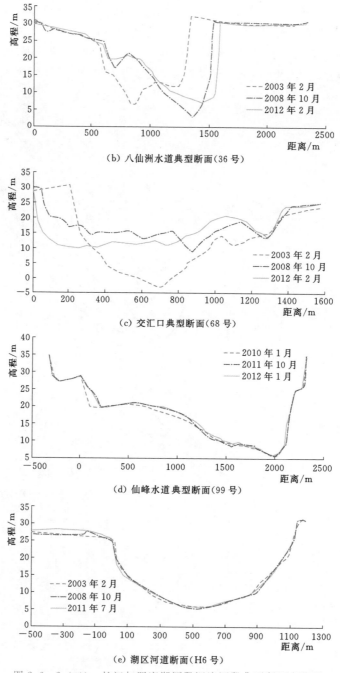

（b）八仙洲水道典型断面（36 号）

（c）交汇口典型断面（68 号）

（d）仙峰水道典型断面（99 号）

（e）湖区河道断面（H6 号）

图 2.6-2（二） 长江与洞庭湖河段汇流河段典型断面变化图

江湖交汇口下游仙峰水道河床冲淤变化较小，基本处于微淤状态，断面河道宽度、平均水深、过水面积略有减小，宽深比略有增大。

洞庭湖泄洪道河段，由于洞庭湖来水来沙量较小，河床相对较稳定，左岸滩地泥沙淤积相对稍多，其他部位冲淤变化甚小，河床普遍处于微淤状态，河道断面宽度、平均水深、过水面积、宽深比变化较小。

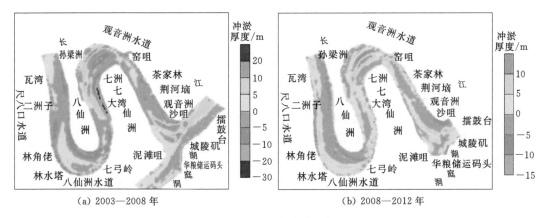

(a) 2003—2008 年　　　　　　　　　　　　(b) 2008—2012 年

图 2.6-3　河床冲淤分布图

2.6.2　长江与鄱阳湖交汇河段河床演变

长江与鄱阳湖交汇河段位于长江张家洲水道，张家洲水道上起锁江楼，下止八里江口，全长约为 32km。张家洲将河道分为南、北两汊。其中南汊称为南港，河道顺直，内有官洲、新洲等洲滩，上口右岸有拦江矶礁石群，现为通航主航道，右岸下端的湖口系鄱阳湖出口处；北港弯曲狭长有浅滩，已封闭；南、北两港在洲尾八里江处汇合（图 2.6-4）。

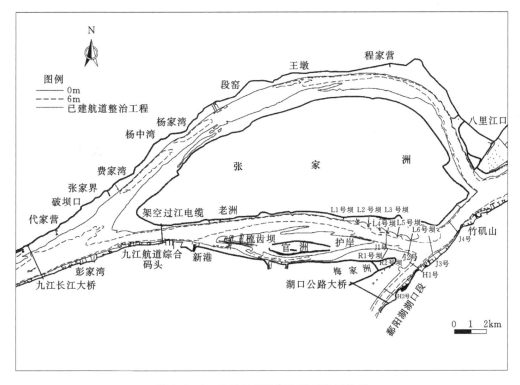

图 2.6-4　长江与鄱阳湖交汇河段河势图

长江与鄱阳湖交汇口长江侧张家洲水道建有整治工程。张家洲南港下浅区航道整治于2007年3月完工，工程位于新洲一侧，六条丁坝起到护滩导流、束水攻沙作用，限制新洲（扁担洲）夹槽发育。在丁坝对岸官洲尾部进行护岸，在梅子洲边滩建有两条护滩带，近岸采用联锁混凝土排护岸。

长江张家洲水道南港平面形态较为顺直，但水道中下部出现次一级分汊，自上而下有官洲、新洲两江心洲，下段有鄱阳湖自右岸汇入。

南港滩槽形态的变化与北港形成了鲜明的此消彼长的特点，20世纪90年代以前，南港内官洲左缘的低滩延伸范围广阔，以致4m等深线时有中断。90年代以后，随着整个南港的分流比逐渐增加，贴靠张家洲右缘深槽也开始持续发育冲深，与此同时，官洲高滩逐渐成形，官洲夹也形成了相对明显的汊道。

近年来，南港的滩槽形态总体上较为稳定，已建梳齿坝稳定了官洲头部低滩，而左槽内的6m深槽则逐步冲通并展宽，这既有整治工程的功效，也有南港分流比增加所产生的效果，鄱阳湖出流也是南港浅滩演变的主要影响因素之一。而下浅区整治工程的实施，也较好地稳定了工程区的滩槽形态。

相对而言，官洲左缘中下段滩体的变化较为明显。左缘中段低滩0m线最大宽度约750m，而2016年年初的测图显示，0m线宽度仅500m左右，滩体外沿出现了被切割的现象，官洲左缘下段滩体出现了萎缩。梅家洲左缘下段沙滩也出现了冲刷、萎缩，其萎缩的方式主要表现为深槽逐渐贴靠冲刷，对整个下段的滩槽稳定性有一定的不利影响［图2.6-5（a）］；2010年后，新洲丁坝头部出现了回淤，深泓逐渐右移［图2.6-5（b）］；江湖汇流口及下游长江侧出现大冲大淤现象，2010—2016年发生大幅冲刷，2016—2018年发生大幅淤积，最大冲淤幅度达15m左右（图2.6-6）；鄱阳湖湖口段冲淤变化不大（图2.6-7）。

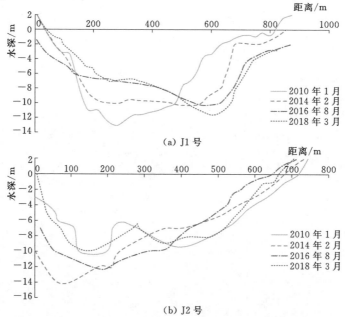

图2.6-5 长江与鄱阳湖交汇口上游长江河段典型断面

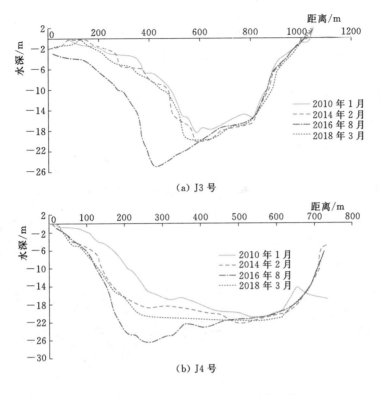

(a) J3 号

(b) J4 号

图 2.6 - 6　长江与鄱阳湖交汇口下游典型断面

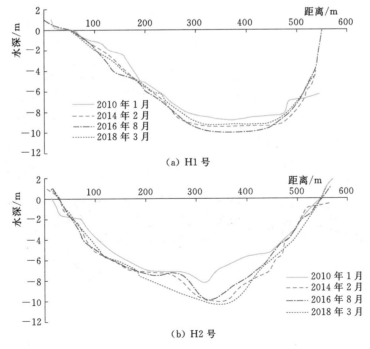

(a) H1 号

(b) H2 号

图 2.6 - 7　鄱阳湖湖口河段典型断面

从近期冲淤分布（图2.6-8）来看，2010—2016年，张家洲南、北港进口河槽冲刷，张家洲洲头低滩呈淤积态势。北港内河床有冲有淤，淤积为主，王墩至程家营冲淤幅度不大。南港内部有冲有淤，已建工程至老官厂有一道横跨左槽的斜向淤积区，淤积幅度在4m左右，下浅区整治工程前沿也呈现淤积状态。与此对应的，已建工程对岸侧、官洲左缘低滩及尾部均呈现冲刷状态。官洲夹内和鄱阳湖湖口段基本呈现微冲微淤的状态。

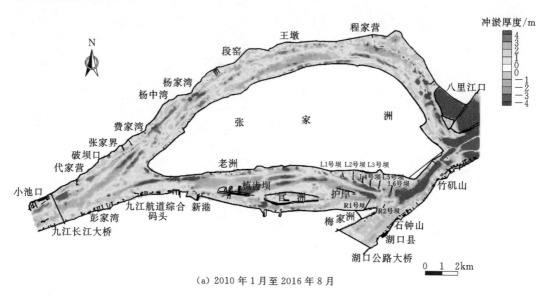

（a）2010年1月至2016年8月

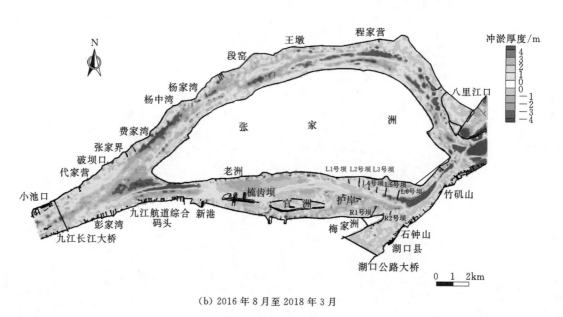

（b）2016年8月至2018年3月

图2.6-8　张家洲水道实测河床冲淤变化

　　2016—2018 年，河道总体呈现冲刷状态，北港进口段及张家洲头部低滩区域有相对明显的冲刷，北港王墩至程家营闸址区域河道中部形成一条淤积带，淤积幅度在 3m 左右。张家洲头部右缘 2010—2016 年冲刷区域发生较大的回淤，下浅区整治工程前沿淤积区域有所下移，淤积幅度在 4m 左右，官洲左缘低滩及尾部仍呈冲刷状态，官洲夹内未见明显冲刷，鄱阳湖湖口段呈微冲微淤的状态。

第 3 章

江湖水沙运动数值模拟与物理模拟关键技术

数学模型和物理模型是认识水沙运动规律和整治工程方案比选的两种重要手段，在水利水电、港口航道、桥梁等涉水工程建设、洪水灾害评价与决策等方面得到了越来越广泛的应用。数学模型成本低，边界条件、初始条件等相对容易给定和修改，可以迅速试算和便于多方案比选等优点，在工程实践中越来越受到重视。水流数学模型的发展可以追溯到20世纪50年代，1952—1954年的 Isaclcson 和 Twesch 首次建立了俄亥俄河、密西西比河的部分河段洪水工程的数值模型[97]。经过几十年的发展，从研究现状来看，除局部复杂的水流现象数值方法还不能满足要求外，其他描述水体的宏观运动，数值模拟技术及其对水流运动的模拟已基本满足工程要求。现代泥沙数学模型是到20世纪六七十年代才发展起来的，比许多学科数学模型的发展要晚10年甚至20年[98]。经过几十年的发展，一维、二维水流泥沙数学模型日臻成熟，在工程领域得到了广泛的应用。比较有代表性的一维数学模型有美国的 HEC - 6[99]、英国 Wallingford、丹麦 MIKE 21[100] 等和国内的韩其为等[101]、李义天等[102]、Zhou 等[103]、长江科学院等开发出的一维河流泥沙数学模型。比较有代表性的二维泥沙数学模型包括国外知名软件 Delft 3D[104]、MIKE 21[100]、CCHE 2D[105] 等，国内代表性的有窦国仁等[106]、韩其为[107]、李义天[108]、陆永军等[109-112]、张华庆[113]、张红武等[114]、周建军等[115]、钟德钰等[116]、江恩惠等[117] 开发的二维河流泥沙数学模型。三维水流泥沙数学模型正在迅速发展[118-124]，如 Delft 3D[125]、MIKE 3[126]、SSIIM[127] 等，三维模型可以给出详细的水流泥沙特征，在模拟局部复杂水流泥沙方面具有一定优势，随着三维模拟技术的日臻成熟，已在局部整治建筑物、三维特征明显的河段得到应用。

水利和航道整治工程中有许多问题，由于复杂的几何边界，已有理论不能够解释所有的现象，以往的经验也难以全部解决实际的问题。这时，利用物理模型试验来获得相关的认识，寻求解决方案是可行且非常有效的方法之一。在物理模型中，将原型复杂边界缩小尺度进行模拟，对水流流态、泥沙运动等进行直接观察。可靠地重演原型水沙特性是对物理模型的首要要求，只有在完全掌握模型相似律的基础上，才能根据模型试验的结果，定量研究原型水沙的运动规律并探讨工程措施和效果。

3.1 长江中游大型江湖系统水动力泥沙数学模型

长江中下游地区湖泊密布，我国最大的两个淡水湖泊洞庭湖和鄱阳湖即位于其中，与长江保持着自然连通的状态。长江干流的水沙通过三口分流（即松滋口分流、太平口分流、藕池口分流）进入洞庭湖，同时洞庭湖接纳湘、资、沅、澧四河来水经调蓄后由城陵矶汇入长江；而鄱阳湖为吞吐型湖泊，承接修、抚、信、饶、赣五河来水后由湖口汇入长江。长江干流与通江湖泊相互影响关系密切，任何一方的改变均会引起连锁反应，导致江湖关系发生变化。为研究长江江湖关系的演变，构建了江湖河一体的水沙数学模型。

3.1.1　模型原理与构建

3.1.1.1　基本方程

水深平均的二维浅水方程可以简写为

$$\frac{\partial h}{\partial t}+\frac{\partial hu}{\partial x}+\frac{\partial hv}{\partial y}=0 \tag{3.1-1}$$

$$\frac{\partial hu}{\partial t}+\frac{\partial}{\partial x}\left(hu^2+\frac{1}{2}gh^2\right)+\frac{\partial huv}{\partial y}=S_x \tag{3.1-2}$$

$$\frac{\partial hu}{\partial t}+\frac{\partial hvu}{\partial x}+\frac{\partial}{\partial y}\left(hv^2+\frac{1}{2}gh^2\right)=S_y \tag{3.1-3}$$

式中：h 为水深；u 为 x 方向的流速；v 为 y 方向的流速；S_x、S_y 为源项。

S_x、S_y 表达式为

$$\begin{cases} S_x=-\dfrac{h}{\rho}\dfrac{\partial p_a}{\partial x}-gh\dfrac{\partial z_b}{\partial x}+\dfrac{\tau_{ax}-\tau_{bx}}{h}+c_x \\[3mm] S_y=-\dfrac{h}{\rho}\dfrac{\partial p_a}{\partial y}-gh\dfrac{\partial z_b}{\partial y}+\dfrac{\tau_{ay}-\tau_{by}}{h}+c_y \end{cases} \tag{3.1-4}$$

式中：p_a 为水面大气压力；z_b 为床面高程；τ_{ax}、τ_{ay} 为风载的作用力。

τ_{ax}、τ_{ay} 表达式为

$$\begin{cases} \tau_{ax}=\rho_a C_{Ds}|\bar{\omega}_{ax}|\bar{\omega}_{ax} \\[2mm] \tau_{ay}=\rho_a C_{Ds}|\bar{\omega}_{ay}|\bar{\omega}_{ay} \end{cases} \tag{3.1-5}$$

式中：ρ_a 为空气密度；$\bar{\omega}_{ax}$、$\bar{\omega}_{ay}$ 为水面以上 10m 处的风速；C_{Ds} 为拖曳系数。

c_x、c_y 为地转科氏力，其在北半球表达式为

$$\begin{cases} c_x=fv \\[2mm] c_y=-fu \end{cases} \tag{3.1-6}$$

式中：f 为科氏系数，$f=2\bar{\omega}\sin\varphi$；$\bar{\omega}$ 为地球的转动角速度，$\bar{\omega}=7.29\times10^{-5}$ rad/s；φ 为纬度。

τ_{bx}、τ_{by} 为河底阻力，表达式为

$$\begin{cases} \tau_{bx}=\dfrac{n^2 u\sqrt{u^2+v^2}}{h^{1/3}} \\[4mm] \tau_{by}=\dfrac{n^2 v\sqrt{u^2+v^2}}{h^{1/3}} \end{cases} \tag{3.1-7}$$

式中：n 为糙率。

式（3.1-1）、式（3.1-2）和式（3.1-3）的向量形式为

$$(\boldsymbol{U})_t+\boldsymbol{E}(\boldsymbol{U})_x+\boldsymbol{H}(\boldsymbol{U})_y=\boldsymbol{S}_0+\boldsymbol{S} \tag{3.1-8}$$

式中：$(\cdot)_t$、$(\cdot)_x$、$(\cdot)_y$ 分别为对时间、空间平面 x、y 方向的偏导数。

$$\begin{cases} \boldsymbol{U}= \begin{bmatrix} h \\ hu \\ hv \end{bmatrix} & \boldsymbol{E}= \begin{bmatrix} hu \\ hu^2+\dfrac{1}{2}gh^2 \\ huv \end{bmatrix} & \boldsymbol{H}= \begin{bmatrix} hv \\ huv \\ hv^2+\dfrac{1}{2}gh^2 \end{bmatrix} \\[2em] \boldsymbol{S}_0= \begin{bmatrix} 0 \\ -h\dfrac{\partial z_b}{\partial x} \\ -h\dfrac{\partial z_b}{\partial y} \end{bmatrix} & \boldsymbol{S}= \begin{bmatrix} 0 \\ -\dfrac{h}{\rho}\dfrac{\partial p_a}{\partial x}+\dfrac{\tau_{ax}-\tau_{bx}}{h}+c_x \\ -\dfrac{h}{\rho}\dfrac{\partial p_a}{\partial y}+\dfrac{\tau_{ay}-\tau_{by}}{h}+c_y \end{bmatrix} \end{cases} \quad (3.1-9)$$

悬移质不平衡输沙控制方程为

$$\frac{\partial(hs)}{\partial t}+\frac{\partial(hus)}{\partial x}+\frac{\partial(hvs)}{\partial y}=\frac{\partial}{\partial x}\left(h\varepsilon_s\frac{\partial s}{\partial x}\right)+\frac{\partial}{\partial y}\left(h\varepsilon_s\frac{\partial s}{\partial y}\right)+E-D \quad (3.1-10)$$

式中：s 为含沙量；E 为泥沙的冲刷通量；D 为泥沙的沉降通量。

3.1.1.2　模型的数值离散

空间采用非结构网格系统离散克服复杂边界和计算尺度悬殊所引起的困难，并可以进行局部加密。采用有限体积方法和交错网格变量布置，即把标量定义在单元的中心，矢量定义在边的中心，见图 3.1-1。

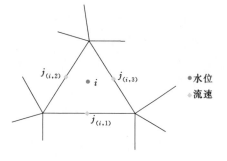

图 3.1-1　二维模型变量的定义

半隐式方法用于模型离散，动量方程在边上可离散为

$$\frac{(hU)^{n+1}-(hU)^n}{\Delta t}=\frac{1}{2}(3F_j^n-F_j^{n-1})-(1-\theta)gh\frac{\partial\eta}{\partial n}\bigg|_n-\theta gh\frac{\partial\eta}{\partial n}\bigg|_{n+1}$$

$$-g\frac{n^2\sqrt{u^2+v^2}}{h^{4/3}}(hU)^{n+1} \quad (3.1-11)$$

其中，$U_j=\boldsymbol{u}_j\boldsymbol{n}_j$，$\boldsymbol{u}_j=(u,v)_j$ 为流速矢量，$\boldsymbol{n}_j=(n_x,n_y)_j$ 为边的法向单位向量，F 为对流项、耗散项和科氏力项的显式有限体积离散

$$F_j^n=-adv((hU)_j)+diff((hU)_j)+fhvn_x-fhun_y \quad (3.1-12)$$

式中，$adv(\cdot)$ 和 $diff(\cdot)$ 分别为对流项和耗散项的积分离散。

式（3.1-11）中的水位梯度项也采用积分方式离散。

连续方程式（3.1-1）在单元上采用半隐式积分离散有

$$A_i\frac{h^{n+1}-h^n}{\Delta t}\bigg|_i+\sum_{l=1}^{E_i}N_{j(i,l)}^e\left[(1-\theta)(hU)^n+\theta(hU)^{n+1}\right]_{j(i,l)}l_{j(i,l)}=0 \quad (3.1-13)$$

将离散动量方程式（3.1-12）代入式（3.1-13）可以获得水位的求解方程为

$$A_i h_i^{n+1} - g(\theta \Delta t)^2 \sum_{j=1}^{E_i} k N_{j(i,l)}^e \left(h \frac{\partial \eta}{\partial n} \bigg|_{n+1} \right)_j l_j$$

$$= A_i h_i^n - \Delta t \sum_{j=1}^{E_i} (1-\theta) N_{j(i,l)}^e (hU)_j^n l_j - \Delta t \sum_{j=1}^{E_i} k\theta N_{j(i,l)}^e (EX_m)_j l_j = EX_c$$

$$(3.1-14)$$

泥沙输运模型采用隐式求解，含沙量定义在单元的中心。

在单元 i 上积分方程式（3.1-10）有

$$A_i \frac{(hs)_i^{n+1} - (hs)_i^n}{\Delta t} + \sum_{j=0}^{E_i} Q_{ij} s_{ij}^{n+1} - \sum_{j=0}^{E_i} h\varepsilon_s l_{ij} \left(\frac{\partial s}{\partial n} \right)_{ij}^{n+1} = A_i (E-D)_i \quad (3.1-15)$$

式中：Q_{ij} 为单元边上的流量，由二维水动力模型提供；s_{ij}^{n+1} 为边上的含沙量，采用稳定的一阶迎风格式求解；l_{ij} 为边的长度；$\frac{\partial s}{\partial n}$ 为边上在外法线方向的含沙量梯度，采用相邻单元中心值差值得到。

3.1.1.3　定解条件

1. 初始条件

二维模型给定各计算网格点上水位、流速初值：

$$\begin{cases} h(x,y)|_{t=0} = h_0(x,y) \\ v(x,y)|_{t=0} = v_0(x,y) \\ u(x,y)|_{t=0} = u_0(x,y) \\ s(x,y)|_{t=0} = s_0(x,y) \end{cases} \quad (3.1-16)$$

2. 边界条件

固壁边界为

$$\frac{\partial u}{\partial n} = 0 \quad (3.1-17)$$

开边界给定水位过程线：

$$H = H(t) \quad (3.1-18)$$

3.1.2　长江中游江河湖一体的水沙模型构建

江河湖耦合水沙模型范围示意见图 3.1-2，研究范围从宜昌至大通，长江干流、两湖湖区及入湖支流尾闾均采用二维网格，共有计算节点 160927 个、单元 166108 个。

3.1.2.1　边界条件

上游来流过程采用三峡水库调度后的宜昌站流量过程。采用大通站多年水位流量关系作为下游边界条件，大通站的水位流量关系相对较为稳定。

对于汇入洞庭湖的支流：湘江来水，给定湘潭站流量和含沙量过程边界；资水来水，给定桃江站流量和含沙量过程边界；沅水来水，给定桃源站流量和含沙量过程边界；澧水来水，给定津市站流量和含沙量过程边界。

对于汇入鄱阳湖的支流：修水来水，给定永修站流量和含沙量过程边界；赣江来水，给定外洲站流量和含沙量过程边界；信江来水，给定梅港站流量和含沙量过程边界；昌江

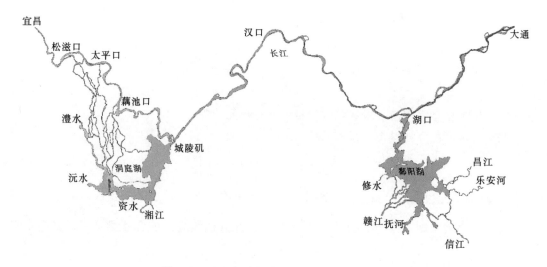

图 3.1-2　江河湖耦合水沙模型范围示意图

来水，给定渡峰坑站流量和含沙量过程边界；乐安河来水，给定虎山站流量和含沙量过程边界。

3.1.2.2　加速模式

由于区域范围大且地貌形态复杂，网格尺度为 2～300m，网格单元数量较多，若采用传统的 CPU 计算程序，计算效率较低。对于很多大规模数值模拟来说，稀疏线性系统的求解占据了大部分的计算时间和资源，以采用有限单元法进行结构静力分析为例，稀疏线性方程组的求解通常要占到整个分析时间的 70％以上。

传统的大规模计算普遍采用 CPU 的并行模式，但受 CPU 的低效率和高能耗的影响，使得 CPU 核心架构的效率和核心数量都很难有较大的提高。自从 2006 年 NVIDIA 正式发布了用于通用计算的统一计算架构（Compute Unified Device Architecture，CUDA）平台后，图像处理器的架构得到了迅速的发展和完善，使得基于 GPU 的通用计算在高性能计算领域得到了广泛的研究，成了重要的计算平台之一[128]。

在 CUDA 平台上实现了用预条件共轭梯度法（PCG）求解大规模稀疏线性方程组。分别利用已有 CUDA 函数库和自编的 Kernel 函数完成了求解大规模稀疏线性方程组的相关程序，并最后通过求解由有限体积法离散的二维浅水方程，测试了程序的性能，方程求解加速比可达 2.3。

3.1.3　水动力模型率定与验证

根据 2013 年实测水沙和地形资料，对长江干流和两湖的水位过程进行了率定和验证。其中长江干流的水位过程验证见图 3.1-3，洞庭湖湖区和三口河道水位过程验证见图 3.1-4，鄱阳湖湖区水位过程验证见图 3.1-5（限于篇幅，这里仅给出主要站点的验证结果）。可见，江河湖一体化模型对水动力过程的验证结果较好，计算值与实测值相比误差较小且均符合相关模拟技术规范要求，可用于对中下游江湖关系中的水动力分析。

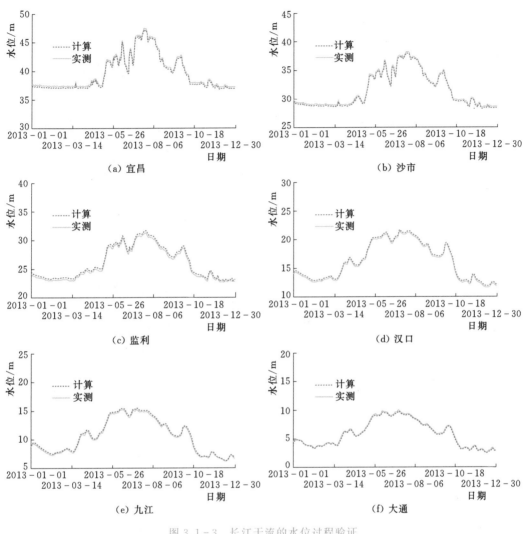

图 3.1-3　长江干流的水位过程验证

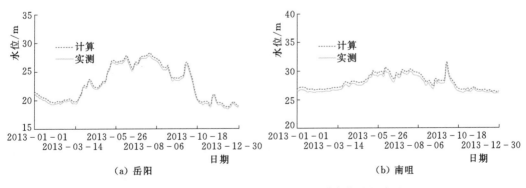

图 3.1-4（一）　洞庭湖湖区和三口河道水位过程验证

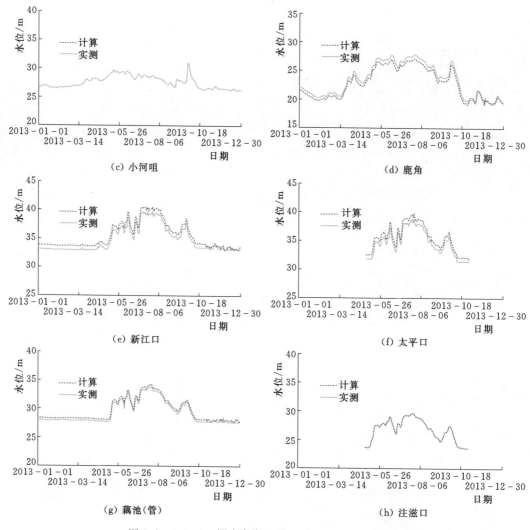

图 3.1-4（二） 洞庭湖湖区和三口河道水位过程验证

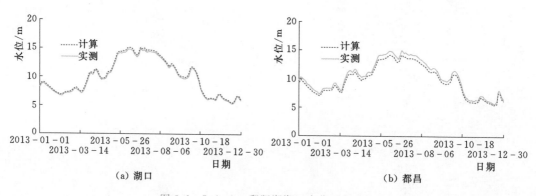

图 3.1-5（一） 鄱阳湖湖区水位过程验证

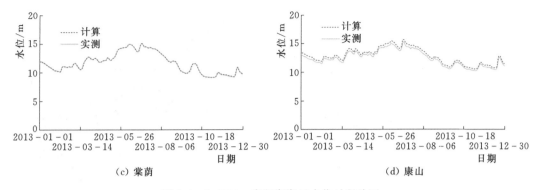

(c) 棠荫　　　　　　　　　　　　　　　　(d) 康山

图 3.1-5（二）　鄱阳湖湖区水位过程验证

2013 年长江中下游主要水文控制站宜昌、沙市、汉口和大通等各站的径流量主要集中在 5—10 月，占全年的 67%～86%，与干流站点的水位过程一致，可见长江干流的流量过程仍然是影响干流河道水动力过程的主导因素。洞庭湖区湘潭站和城陵矶站径流量主要集中在 3—8 月，径流量分别占全年的 72% 和 69%，与东洞庭湖站点的高水位时期一致，说明东洞庭湖的水位主要受湘江流量过程的影响。2013 年城陵矶站的最大流量为 5 月 19 日的 17500 m^3/s，最小流量为 12 月 11 日的 2050 m^3/s，分别选取为典型洪水和枯水流量。2013 年东洞庭湖典型枯水和洪水时的水深分布见图 3.1-6。可见，典型枯水时东洞庭湖呈河相，水域面积大幅减少，注滋口处基本断流，主要流量来自湘江及草尾河，水动力较弱，江河湖系统处于"湖补江"状态；典型洪水时东洞庭湖呈湖相，湘江河槽水动力增幅不大，而受三口分流影响的注滋口及草尾河的入流流量大幅增加，江河湖系统处于"江补湖"状态。

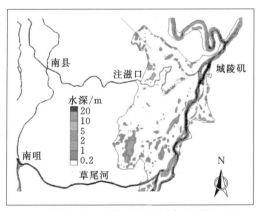
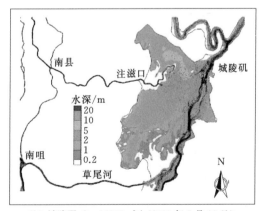

(a) 城陵矶 $Q = 2050 m^3/s$（2013 年 12 月 11 日）　　　(b) 城陵矶 $Q = 17500 m^3/s$（2013 年 5 月 19 日）

图 3.1-6　2013 年东洞庭湖典型枯水和洪水时的水深分布图

但目平湖（西洞庭湖）和南洞庭湖的水位却主要受三口分流和沅水的影响（图 3.1-7）。典型枯水时，由于三口分流和沅水流量较小，目平湖和南洞庭湖水域面积较小，呈"河相"，水动力较弱；典型洪水时，三口分流和沅水流量大幅增加，湖区水动力增强，洲滩淹没，呈"湖相"。可见，洪枯交替时洞庭湖内的滩槽格局发生了显著变化。

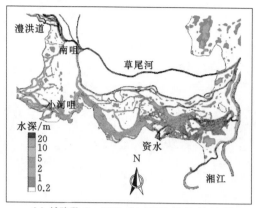
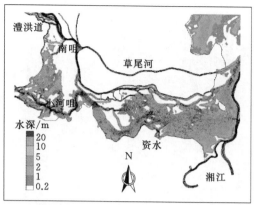

(a) 城陵矶 $Q=2050\text{m}^3/\text{s}$(2013年12月11日)　　　(b) 城陵矶 $Q=17500\text{m}^3/\text{s}$(2013年5月19日)

图 3.1-7　2013年目平湖、南洞庭湖典型枯水和洪水时的水深分布图

鄱阳湖区外洲站和梅港站径流量主要集中在3—8月，期间两站径流量分别占全年的72%和79%，湖口站径流量主要集中在1月和3—7月，占全年的73%，这表明湖口的水位过程受长江和五河的共同作用。2013年内湖口站的最大流量为7月3日的13000m³/s，最小流量为10月1日的—297m³/s，分别选取为典型洪水和枯水时刻。2013年鄱阳湖典型枯水和洪水时的水深和流速分布见图3.1-8。可见，典型枯水时鄱阳湖呈明显"河相"，水域面积大幅较少，湖区内水动力较弱，而长江仍处于水动力较强的洪季，在湖口处易发生倒灌，江河湖系统处于"江补湖"；典型洪水时鄱阳湖呈"湖相"，水域面积大幅提升，湖区水动力较强，而长江干流受三峡工程的汛后蓄水影响水动力较弱，江河湖系统处于"湖补江"状态。

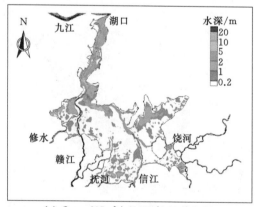
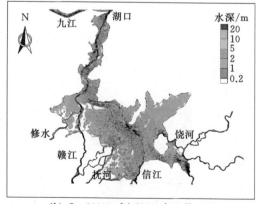

(a) $Q=-297\text{m}^3/\text{s}$(2013年10月1日)　　　(b) $Q=13000\text{m}^3/\text{s}$(2013年7月3日)

图 3.1-8　2013年鄱阳湖典型枯水和洪水时的水深分布图

3.1.4　泥沙输移模拟验证

根据2013年实测水沙和地形资料，对长江干流和两湖的含沙量过程进行了计算和验证。采用非均匀沙计算模式，泥沙的分组粒径为0.004mm、0.008mm、0.016mm、0.031mm、0.062mm、0.125mm、0.25mm、0.5mm、2mm共9组，可以完整覆盖研究

区域的悬沙和床沙组成。图 3.1-9 和图 3.1-10 给出了长江干流和两湖湖区含沙量过程验证。可见，江河湖一体化模型对泥沙过程的模拟结果较好，计算值与实测值较为一致且偏差较小，可用于对中下游江湖关系中的泥沙运动分析。

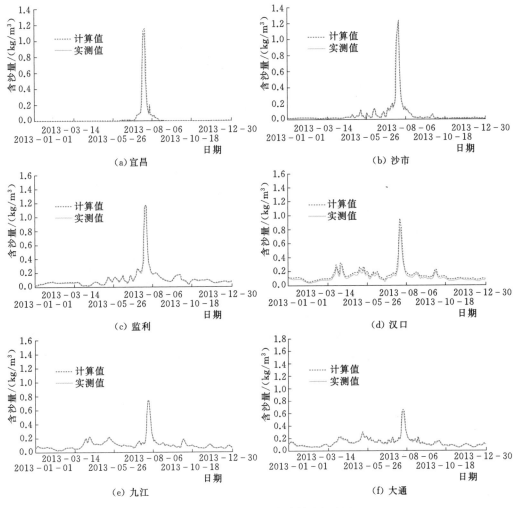

图 3.1-9　长江干流含沙量过程验证

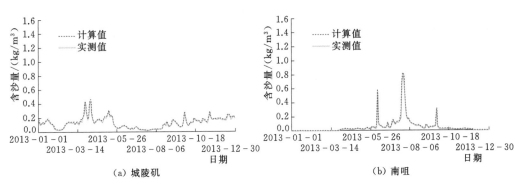

图 3.1-10（一）　两湖湖区含沙量过程验证

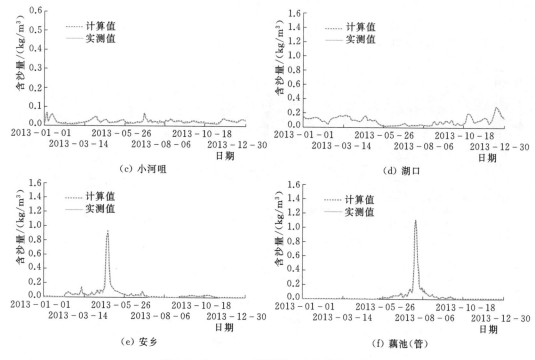

图 3.1-10（二） 两湖湖区含沙量过程验证

三峡水库运行后，由于清水冲刷导致河道下切，三口分沙量减少，同时城陵矶水位下降加大了湖区的出水和输沙能力，不少研究表明洞庭湖将处于持续冲刷状态。2013年洞庭湖湖区冲淤变化和出入湖输沙率变化见图3.1-11。由图3.1-11（a）可见，洞庭湖整体确实处于偏冲刷状态，年平均冲深为0.3m左右。东洞庭湖由于受城陵矶顶托影响，流速较小，滩地基本不发生冲淤变化，主要的冲淤变化发生在枯水河槽中；而南洞庭湖由于流速较大，处于滩槽均冲的状态。因此东洞庭湖和南洞庭湖交汇区域，处于淤积状态，年均淤厚0.2m左右。以洞庭湖作为研究对象，入湖沙量来自三口（新江口、太平口、藕池

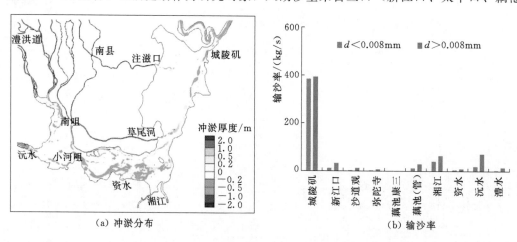

图 3.1-11 2013年洞庭湖湖区冲淤分布和出入湖输沙率变化

口）和四水（湘、资、沅、澧），出湖沙量主要经由城陵矶站，通过不同粒径泥沙出入

湖输沙量分析可以发现，出湖沙量远大于入湖沙量，说明湖区整体处于冲刷状态。虽然出湖泥沙中 $d<0.008$mm 的细沙和 $d>0.008$mm 的粗沙各占 50% 左右，但入湖泥沙中粗沙含量远大于细沙，这说明湖区中冲刷的泥沙主要是湖盆中淤积层中 $d<0.008$mm 的细沙。

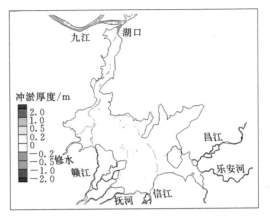

图 3.1-12　2013 年鄱阳湖湖盆年冲淤变化

由于沿程河床和支流的泥沙补给，九江以下的河道含沙量已逐渐恢复至运行前的水平，河床冲淤变化较小，因此鄱阳湖的冲淤变化较小。2013 年鄱阳湖湖盆年冲淤变化见图 3.1-12，湖区主河槽处于冲刷状态，年平均冲深 0.2m 左右，滩地并无显著冲淤变形。

3.2　长江中游干流河道长河段二维水沙运动数学模型

随着国家对长江航道通过能力提升的需求越来越高，航道治理已由局部河段整治转向长河段的系统整治。模拟对象将涉及不同类型河段，各类河段的演变特点存在较大差异，这无疑增加了水流泥沙运动规律的模拟难度。在三峡水库调节的新水沙条件下，河床演变更趋复杂，对枢纽下游河道演变的数值模拟精度要求越来越高。针对长江中游泥沙运动特点，在文献 [109]、[111]、[129-131] 的基础上，建立了基于非均匀非平衡输沙理论的长河段长历时的二维水沙数值模型，重点模拟受水库调控的长河段河床演变和航道整治效应[132]。

3.2.1　基本原理

贴体曲线网格可以较好地模拟河道边界，并且计算效率高。计算模型包括水流模块、泥沙输移模块和地形更新模块。

3.2.1.1　水流模块

水流模块控制方程包括水流连续方程和动量方程。

水流连续方程：

$$\frac{\partial H}{\partial t}+\frac{1}{C_\xi C_\eta}\frac{\partial}{\partial \xi}(huC_\eta)+\frac{1}{C_\xi C_\eta}\frac{\partial}{\partial \eta}(hvC_\xi)=0 \qquad (3.2-1)$$

ξ 方向动量方程：

$$\frac{\partial u}{\partial t}+\frac{1}{C_\xi C_\eta}\left[\frac{\partial}{\partial \xi}(C_\eta u^2)+\frac{\partial}{\partial \eta}(C_\xi vu)+vu\frac{\partial C_\xi}{\partial \eta}-v^2\frac{\partial C_\eta}{\partial \xi}\right]$$

$$=-g\frac{1}{C_\xi}\frac{\partial H}{\partial \xi}+fv-\frac{u\sqrt{u^2+v^2}\,n^2g}{h^{4/3}}+\frac{1}{C_\xi C_\eta}\left[\frac{\partial}{\partial \xi}(C_\eta \sigma_{\xi\xi})+\frac{\partial}{\partial \eta}(C_\xi \sigma_{\eta\xi})+\sigma_{\xi\eta}\frac{\partial C_\xi}{\partial \eta}-\sigma_{\eta\eta}\frac{\partial C_\eta}{\partial \xi}\right]$$

$$(3.2-2)$$

η 方向动量方程：

$$\frac{\partial v}{\partial t}+\frac{1}{C_\xi C_\eta}\left[\frac{\partial}{\partial \xi}(C_\eta vu)+\frac{\partial}{\partial \eta}(C_\xi v^2)+uv\frac{\partial C_\eta}{\partial \xi}-u^2\frac{\partial C_\xi}{\partial \eta}\right]$$

$$=-g\frac{1}{C_\eta}\frac{\partial H}{\partial \eta}-fu-\frac{v\sqrt{u^2+v^2}\,n^2 g}{h^{4/3}}+\frac{1}{C_\xi C_\eta}\left[\frac{\partial}{\partial \xi}(C_\eta \sigma_{\xi\eta})+\frac{\partial}{\partial \eta}(C_\xi \sigma_{\eta\eta})+\sigma_{\eta\xi}\frac{\partial C_\eta}{\partial \xi}-\sigma_{\xi\xi}\frac{\partial C_\xi}{\partial \eta}\right]$$

$$(3.2-3)$$

式中：ξ、η 分别为正交曲线坐标系中两个正交曲线坐标；u、v 分别为沿 ξ、η 方向的流速；h 为水深；H 为水位；C_ξ、C_η 为正交曲线坐标系中的拉梅系数：

$$C_\xi=\sqrt{x_\xi^2+y_\xi^2}$$

$$C_\eta=\sqrt{x_\eta^2+y_\eta^2}$$

$\sigma_{\xi\xi}$、$\sigma_{\xi\eta}$、$\sigma_{\eta\xi}$、$\sigma_{\eta\eta}$ 表示紊动应力：

$$\sigma_{\xi\xi}=2\upsilon_t\left(\frac{1}{C_\xi}\frac{\partial u}{\partial \xi}+\frac{v}{C_\xi C_\eta}\frac{\partial C_\xi}{\partial \eta}\right)$$

$$\sigma_{\eta\eta}=2\upsilon_t\left(\frac{1}{C_\eta}\frac{\partial v}{\partial \eta}+\frac{u}{C_\xi C_\eta}\frac{\partial C_\eta}{\partial \xi}\right)$$

$$\sigma_{\xi\eta}=\sigma_{\eta\xi}=\upsilon_t\left[\frac{C_\eta}{C_\xi}\frac{\partial}{\partial \xi}\left(\frac{v}{C_\eta}\right)+\frac{C_\xi}{C_\eta}\frac{\partial}{\partial \eta}\left(\frac{u}{C_\xi}\right)\right]$$

式中：υ_t 为紊动黏性系数，一般情况下，$\upsilon_t=\alpha u_* h$，$\alpha=0.5\sim1.0$，u_* 为摩阻流速；对于不规则岸边、整治建筑物、桥墩作用等引起的回流，采用 $k-\varepsilon$ 紊流模型 $\upsilon_t=C_\mu k^2/\varepsilon$，$k$ 为紊动动能，ε 为紊动动能耗散率。

3.2.1.2 泥沙输移模块

1. 贴体坐标系下的悬移质不平衡输移方程

非均匀悬移质按其粒径大小可分成 n_0 组，用 S_L 表示第 L 组粒径含沙量，P_{SL} 表示此粒径组悬沙含沙量在总输沙量中所占的比例。

针对非均匀悬移质中第 L 组粒径的含沙量，二维悬移质不平衡输沙基本方程为

$$\frac{\partial hS_L}{\partial t}+\frac{1}{C_\xi C_\eta}\left[\frac{\partial}{\partial \xi}(C_\eta huS_L)+\frac{\partial}{\partial \eta}(C_\xi hvS_L)\right]$$

$$=\frac{1}{C_\xi C_\eta}\left[\frac{\partial}{\partial \xi}\left(\frac{\varepsilon_\xi}{\sigma_s}\frac{C_\eta}{C_\xi}\frac{\partial hS_L}{\partial \xi}\right)+\frac{\partial}{\partial \eta}\left(\frac{\varepsilon_\eta}{\sigma_s}\frac{C_\xi}{C_\eta}\frac{\partial hS_L}{\partial \eta}\right)\right]+\alpha_L\omega_L(S_L^*-S_L) \quad (3.2-4)$$

式中：S_L^* 为第 L 组泥沙的挟沙能力，$S_L^*=P_{SL}^*S^*(\omega)$，$P_{SL}^*$ 为第 L 组泥沙的挟沙能力在总挟沙能力中所占比例；ω_L 为第 L 组泥沙的沉速；α_L 为第 L 组泥沙的含沙量恢复饱和系数。

2. 贴体坐标系下的推移质不平衡输移方程

非均匀推移质按其粒径大小可分成 n_b 组，推移质不平衡输移基本方程为[133]

$$\frac{\partial hS_{bL}}{\partial t}+\frac{1}{C_\xi C_\eta}\left[\frac{\partial}{\partial \xi}(C_\eta huS_{bL})+\frac{\partial}{\partial \eta}(C_\xi hvS_{bL})\right]$$

$$=\frac{1}{C_\xi C_\eta}\left[\frac{\partial}{\partial \xi}\left(\frac{\varepsilon_\xi}{\sigma_{bL}}\frac{C_\eta}{C_\xi}\frac{\partial hS_{bL}}{\partial \xi}\right)+\frac{\partial}{\partial \eta}\left(\frac{\varepsilon_\eta}{\sigma_{bL}}\frac{C_\xi}{C_\eta}\frac{\partial hS_{bL}}{\partial \eta}\right)\right]+\alpha_{bL}\omega_{bL}(S_{bL}^*-S_{bL}) \quad (3.2-5)$$

式中：S_{bL}^* 为第 L 组推移质的挟沙能力，$S_{bL}^* = g_{bL}^* / (\sqrt{u^2 + v^2}\, h)$，$g_{bL}^*$ 为单宽推移质输沙率；S_{bL} 为床面推移层的含沙浓度，$S_{bL} = g_{bL} / (\sqrt{u^2 + v^2}\, h)$；$\alpha_{bL}$ 为第 L 组推移质泥沙的恢复饱和系数；ω_{bL} 为第 L 组推移质的沉速；$\sigma_{bL} = 1$。

3．床沙级配方程

$$\gamma_s \frac{\partial E_m P_{mL}}{\partial t} + \alpha_L \omega_L (S_L - S_L^*) + \alpha_{bL} \omega_{bL} (S_{bL} - S_{bL}^*)$$

$$+ [\varepsilon_1 P_{mL} + (1 - \varepsilon_1) P_{mL0}] \gamma_s \left(\frac{\partial Z_L}{\partial t} - \frac{\partial E_m}{\partial t} \right) = 0 \qquad (3.2-6)$$

此式是将 CARICHAR 混合层一维模型扩展到二维模型[109]。其中，P_{mL}、P_{mL0} 分别表示该时刻床面混合层内及混合层以下初始床沙级配；左端第四项的物理意义为混合层下界面在冲刷过程中将不断下切河床以求得床沙对混合层的补给，进而保证混合层内有足够的颗粒被冲刷而不致亏损，当混合层在冲刷过程中波及原始河床时 $\varepsilon_1 = 0$，否则 $\varepsilon_1 = 1$[134]。

3.2.1.3　地形更新模块

地形更新采用实时更新的方法，即计算水流后调用泥沙模块计算河床冲淤变化，反馈到地形中，代入下一时刻的水流计算。

河床变形方程：

$$\gamma_s \frac{\partial Z_L}{\partial t} = \alpha_L \omega_L (S_L - S_L^*) + \alpha_{bL} \omega_{bL} (S_{bL} - S_{bL}^*) \qquad (3.2-7)$$

式中：γ_s 为泥沙干容重。

河床总冲淤厚度：

$$Z = \sum_{L=1}^{n} Z_L$$

3.2.1.4　边界条件及动边界技术

闭边界采用岸壁流速为零；水边界（开边界）采用水位或流速过程，沿边界上网格线方向求得 ξ 及 η 方向的流速分量 u 和 v 后纳入求解；当边界处（岸边）有支流时，应取支流入汇或分流口以上数千米处为水边界。

当边滩及心滩随水位升降使边界发生变动时，采用动边界技术。即根据结点处水深（水位）和河底高程，可以判断该网格单元是否露出水面，若不露出，糙率 n 取正常值；反之，n 取一个接近于无穷大（如 10^{30}）的正数。在用动量方程计算露出单元四边流速时，其糙率采用相邻结点糙率的平均值。无论相邻单元是否露出，平均阻力仍然是一个极大值。因而动量方程式中其他各项与阻力项相比仍然为无穷小，计算结果露出单元四周流速一定是趋于零的无穷小量。为使计算进行下去，在露出单元水深点给定微小水深（0.005m）。

3.2.2　泥沙模型中关键问题的处理

3.2.2.1　挟沙能力

挟沙能力与水流条件及床沙边界条件密切相关，反映悬移质与床沙交换机理。不同底质类型河段悬移质与床沙交换机理不同，水流有效挟沙能力的表达形式也不尽相同。长江上游河段床沙多为卵石和沙卵石。三峡水库运行前，悬移质几乎不与床沙交换；在中下游河段，床沙大都由沙质组成，悬移质中的粗颗粒部分会落淤到床面并与床沙交换。因此，有必要研究不同床沙组成河段的水流有效挟沙能力[98]。

1. 卵石夹沙河床水流的有效挟沙能力[109,111]

长江中游的宜昌—大埠街河段为沙卵石河床，河床组成级配宽。卵石或卵石夹沙河床悬移质与床沙的交换从累计效果看是单向的，即仅从床沙中冲起细颗粒泥沙和悬沙中粗颗粒泥沙几乎不落淤，这样挟沙能力 S_L^* 由两部分组成：一部分是悬移质来沙全部计入挟沙能力，另一部分是床沙中可冲颗粒部分地掀起后计入挟沙能力，即[135]

$$S_L^* = P_{SL}S + \left[1 - \frac{S}{S^*(\omega)}\right]P_1 P_{SL1}^* S^*(\omega_{11}^*)$$

式中：P_1 为床沙中可悬颗粒所占百分数；$S^*(\omega_{11}^*)$ 为床沙中可悬浮部分的挟沙能力；P_{SL1}^* 为与第 L 组 $S^*(\omega_{11}^*)$ 相应的挟沙能力占总挟沙能力的比例。

以上是 $S_L \leqslant S_L^*$ 时，即含沙量小于挟沙能力时的情况；而当 $S_L > S_L^*$ 时，挟沙能力为 S_L^*，$S_L^* = P_{SL}S^*(\omega)$。

2. 沙质河床水流的有效挟沙能力[109,111]

长江中游大埠街以下属沙质河床，床沙中参与悬沙交换的床沙质与不参与悬移质交换的分界粒径为 $0.025 \sim 0.18\text{mm}$，而这正是悬移质中的主体。这表明，悬移质中粗颗粒与床沙中细颗粒在不断发生交换，悬移质中粗颗粒部分落淤，而床沙中细颗粒被掀起。根据韩其为[135]的研究，此时挟沙能力由三部分组成：①悬移质中细颗粒部分，它从累计效果看，不参与床沙交换，即常说的冲泻质部分 SP_s^n；②悬移质中粗颗粒部分落淤到床面后与床沙发生交换后再部分地掀起后计入挟沙能力 $SP_s'' S^*(\omega_2^*)/S^*(\omega_1^*)$；③从床沙中可冲颗粒中部分地掀起后计入挟沙能力 $\left[1 - \dfrac{P_s'S}{S^*(\omega_1)} - \dfrac{P_s''S}{S^*(\omega_1^*)}\right]P_1 S^*(\omega_{11}^*)$。则挟沙能力为

$$S_L^* = SP_s' P_{SL1} + SP_s'' P_{SL2}\frac{S^*(L)}{S^*(\omega_1^*)} + \left[1 - \frac{P_s'S}{S^*(\omega_1)} - \frac{P_s''S}{S^*(\omega_1^*)}\right]P_1 P_{SL1}^* S^*(\omega_{11}^*)$$

其中

$$P_{SL1} = \begin{cases} \dfrac{P_{SL}}{P_s'} & (L \leqslant k) \\ 0 & (L > k) \end{cases}$$

$$P_{SL2} = \begin{cases} 0 & (L \geqslant k) \\ \dfrac{P_{SL}}{P_s''} & (L > k) \end{cases}$$

$$P_s' = \sum_{L=1}^{k} P_{SL}$$

$$P_s'' = \sum_{L=k+1}^{n_0} P_{SL}$$

式中：k 为冲泻质与床沙质的分界粒径；n_0 为悬移质的分组数；$S^*(\omega_1) = \left[\sum_{L=1}^{n} \dfrac{P_{SL1}}{S^*(L)}\right]^{-1} =$

$K_0 \left(\dfrac{V^3}{h} \right)^m \left[\sum\limits_{L=1}^{n} P_{SL1} \omega_L^m \right]^{-1}$；全部床沙挟沙能力 $S^*(\omega_1^*) = \sum\limits_{L=1}^{n_b} P_{mL} S^*(L) = K_0 \left(\dfrac{V^3}{h} \right)^m \sum\limits_{L=1}^{n_b} \dfrac{P_{mL}}{\omega_L^m}$；

$S^*(\omega_{11}^*)$ 为床沙中能够悬浮的那部分挟沙能力。

以上是 $S_L \leqslant S_L^*$，即含沙量小于挟沙能力时的情况，而当 $S_L > S_L^*$ 时，挟沙能力为

$$S_L^* = P_{SL} S^*(\omega)$$

3. 挟沙能力公式系数 K_0 及指数 m

悬移质挟沙能力公式系数 K_0 及指数 m 根据含沙量饱和河段含沙量 S 与 $[Q^3 B / A^4 w]^m$ 之间的关系确定。长江中游冲淤验证计算表明，$K_0 = 0.014 \sim 0.017$，指数 m 采用韩其为得到的值，$m = 0.92$[101]。

3.2.2.2　非均匀沙起动概率及非均匀沙推移质输沙率

1. 非均匀沙起动概率

非均匀床沙起动悬移过程中，大小颗粒在床面的暴露程度不一样，使得大小颗粒之间的相互影响十分复杂。颗粒处在床面上位置不同，则颗粒所受水流作用力也不同。位于平均床面以上的粗颗粒暴露于平均床面之上，所受水流作用力相对要大一些；位于平均床面以下的细颗粒，处于大颗粒的尾流区，受到大颗粒的荫蔽作用。采用参数 ξ 来反映颗粒的暴露和荫蔽作用，并用床沙几何平均粒径 D_m 作为床沙的代表粒径，经 Little - Mayer、Gessler、Ashida - Michiue、刘兴年、陆永军等试验资料及 San Lus 河资料回归得到荫暴参数表达式[137-138]

$$\xi_L = \begin{cases} 10^{0.55 \lg^2 \left(\frac{D_L}{D_m} \right) - 0.204 \left(\frac{D_L}{D_m} \right) - 0.112} & (D_L \leqslant 0.5 D_m) \\[2mm] 0.895 \left(\dfrac{D_L}{D_m} \right)^{-0.16} & (D_L > 0.5 D_m) \end{cases}$$

粒径为 D_L 组泥沙的临界 Shields 数为

$$\theta_{crL} = 0.031 \xi_L$$

代入 Gessler 的泥沙停留在床面不动概率公式得到第 L 组泥沙的起动概率为

$$p_L = 1 - q_L = 1 - \dfrac{1}{\sigma \sqrt{2\pi}} \int_{-\infty}^{\frac{0.031(\gamma_s - \gamma) D_L}{\tau} \xi_L} \exp \left(-\dfrac{t^2}{2\sigma^2} \right) dt$$

2. 非均匀沙推移质输沙率

采用陆永军从水流功率理论出发导出的非均匀沙推移质输沙率公式[139-140]：

$$g_{bL} = K_b \dfrac{\gamma_s}{\gamma_s - \gamma} \tau_0 u_* P_{mL} \left(1 - 0.7 \sqrt{\dfrac{\theta_{crL}}{\theta_L}} \right) (1 - q_L)$$

式中：τ_0 为水流拖曳力，$\tau_0 = \gamma RJ$；$u_* = \sqrt{\tau_0} / \rho$；$P_{mL}$ 为第 L 组床沙输沙量占总输沙量的比例；q_L 为第 L 组泥沙停留在床面的概率，可由修正后的 Gessler 公式算得；$\theta_L = \tau_0 / [(\gamma_s - \gamma) D_L]$。

$$K_b = \begin{cases} 11.6 & (\theta > 0.25) \\[2mm] 10^{0.2256 - 2.5348 \lg \theta - 1.896 (\lg \theta)^2} & (0.06 < \theta < 0.25) \\[2mm] 10^{12.8719} \theta^{10.1319} & (\theta \leqslant 0.06) \end{cases}$$

当床沙为均匀沙时

$$g_b = K_b \frac{\gamma_s}{\gamma_s - \gamma} \tau_0 u_* \left(1 - 0.7\sqrt{\frac{\theta_{cr}}{\theta}}\right)(1-q)$$

3.2.2.3　恢复饱和系数 α 的选取[109]

若各种粒径组恢复饱和系数 α 取不同值，验证计算工作量很大，数值试验表明，不饱和输沙公式中恢复饱和系数 α 可以不随粒径变化。一般情况下，悬移质中各粒径组泥沙均发生冲淤时，$\alpha = 0.25$；悬移质中粗颗粒不落淤，床沙中可冲颗粒部分均发生冲刷时，$\alpha = 1.0$；悬移质中粗颗粒落淤而床沙中细颗粒被冲刷时，$\alpha = 0.5$。

3.2.2.4　混合层厚度 E_m[109]

E_m 与床沙特性有关，计算表明，对于卵石夹沙河床，冲刷初期 $E_m = 1.0 \sim 2.0\text{m}$，冲刷后期，$E_m = 0.5 \sim 1.0\text{m}$；对于沙质河床，$E_m$ 相当于沙波波高，一般取为 $2.0 \sim 3.0\text{m}$。

3.2.2.5　不冲区域的设置

在有护滩、护底等整治建筑物或基岩河床区域，即存在硬底条件，底床是不可活动的，只有单向的淤积。在此区域修改挟沙能力为[140]

$$S_L^* = \min(S_L^*, S_L)$$

$$S_{bL}^* = \min(S_{bL}^*, S_{bL})$$

这样，在硬底区域就实现了泥沙输运和底床变形的有效模拟。

3.2.3　长河段模拟的关键问题处理

单滩数学模型在研究上下游河势相互影响时存在不足，因此需要考虑建立较长河段的数学模型来实现滩群之间演变的模拟。这里的长河段并非距离的长短，而是从滩群相互影响角度来定义，研究河段若受上游河势影响较大则需把上游河段也考虑进来，形成一个河段系统。从计算的角度出发，在建立某河段数学模型时需选择合适的进口边界，即存在控制节点或窄深河段能控制进口的边界条件，不受上游河势影响或影响较小。所谓长河段模型也是针对单滩模型而言，是一个相对的概念。对有些受上游河势影响较大的浅滩段，需延长模型至控制节点，使得计算域比单滩模型较长；对于进出口有控制边界的某些滩段，演变规律受上游河势影响较小，演变规律相对独立，即使物理长度相对不大仍属于长河段模型的定义。

长河段模型在研究滩群互动、宏观演变等方面具有优势，因此随着航道系统整治理念的提出，长河段数学模型也引起人们的关注。王虹等[141]在长河段水流计算中，对无量纲涡黏性系数的选择等进行了比较计算；郭阳等[142]则针对长河段计算耗时较长的特点，就并行计算方面进行了探讨。而这些探讨对单滩模型也是适用的，仍无法有效区分单滩模型和长河段模型在计算方面的差异。从原理上来说，长河段水沙数值模拟在控制方程、数值离散、初始边界条件等方面并无特别之处，长河段模型的难点主要在于边界条件比较复杂，包括水流条件、泥沙条件和河床边界条件等。

（1）流量实地校正。单滩计算时选择邻近的控制站流量作为进口流量控制。而长河段计算时，如果涉及两个或两个以上水文控制站，受各种因素的影响，如流域入汇、渗流、非恒定流传播等，各站日均流量并非完全相等，即存在流量不封闭的问题，在计算时就不能像单滩计算那样用进口流量来控制全段。除了考虑支流流量外，根据测站流量，采用实地校正的方法处理流量不封闭的问题，即下一个控制站所控制河段断面采用该站流量，给定类似支流入汇或分汇流量进行校正。对于差别较大的流量，考虑对区间来水进行插值。以荆江河段为例，该段有枝城、沙市、监利、螺山等控制站，区间还有松滋口、太平口、藕池口分流和城陵矶汇流，从流量封闭的角度考虑，$Q_{枝城}-Q_{松滋口}-Q_{太平口}=Q_{沙市}$，$Q_{沙市}-Q_{藕池口}=Q_{监利}$，$Q_{监利}+Q_{城陵矶}=Q_{螺山}$，从图 3.2-1 各站流量对应关系来看，存在一定的流量差，计算时则根据测站控制区间进行实地校正。

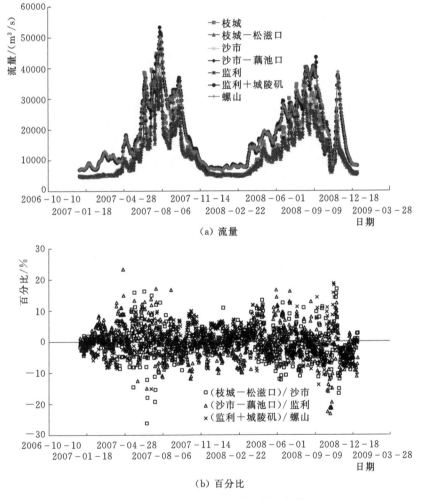

图 3.2-1　枝城—螺山各站流量过程关系

（2）长河段泥沙的组成复杂，不同河段的床沙级配差异较大，若采用统一的泥沙级配可能造成很大偏差。根据实际资料，分区分滩段（滩槽）给定床沙级配。

（3）长河段不同洲滩、不同底质条件下，阻力不同，在具体计算中需根据验证资料分滩段分滩槽给定糙率。

3.2.4　长时段水沙过程的处理

在长时段泥沙冲淤计算时，水流模块提供水力因子代入泥沙模块和地形更新模块进行计算，然后再反馈给水流模块迭代计算，直至循环结束。如果流量接近，则不必重复计算水流而采用同流量级计算的水力因子直接计算泥沙模块即可，这样可以大大提高计算效率。尤其是枯水期日均流量相差很小，河床冲淤变化不大，不至于使水流结构发生较大变化，该方法可以大大提高计算效率。在保证对地貌影响不大的前提下，引入流量加速因子 R_Q 来实现加速计算效果：

记 $Q_0 = Q_{t-1}$；

当 $(Q_t - Q_0)/Q_0 \leqslant R_Q$ 时，跳过水流模块而直接运行泥沙模块；

$t = t + 1$；

直至 $(Q_t - Q_0)/Q_0 > R_Q$，重新调用水流模块计算。

以长江中游某河段为例，分析流量加速因子引起的泥沙冲淤偏差及合理的取值。图 3.2-2 给出了不同 R_Q 计算冲淤体积过程，随着流量加速因子越来越大，偏离实际流量过程就越大，引起泥沙冲淤偏差也越来越大。根据 R_Q 与偏离实际冲淤过程的百分比（图 3.2-3），冲淤偏差与 R_Q 基本呈指数相关关系，随着 R_Q 的增大，偏差百分比越来越大。图 3.2-3 还给出了对应的流量加速百分比与 R_Q 的关系，可见，给定流量加速因子后，计算效率迅速提高，进一步增大 R_Q 后，增加幅度已越来越小，边际效应明显。相应的，图 3.2-4 给出了不同 R_Q 后的冲淤分布，可见，当 $R_Q > 0.05$ 时冲淤分布逐渐呈现差异。综合加速比和偏差比，$R_Q = 0.02$ 时即可实现流量加速 50% 的效果，$R_Q = 0.04$ 时加速 65%，进一步增加 R_Q，加速比增幅逐渐减小，但带来的误差逐渐增大，建议 R_Q 取值在 0.04 以下。

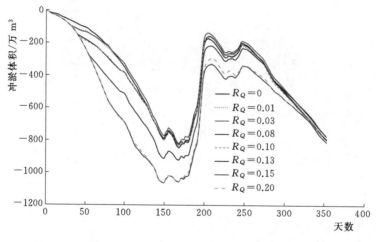

图 3.2-2　不同 R_Q 计算冲淤体积过程

需要说明的是，冲淤偏差统计的是一年冲淤过程的平均偏差。流量加速因子影响年内"涨淤落冲"过程，汇总到一年后的冲淤变化影响则不大。因此，若仅研究年际间的变化，可以采取较大的加速因子，但研究年内冲淤过程则建议不采用加速算法。R_Q 与流量分配

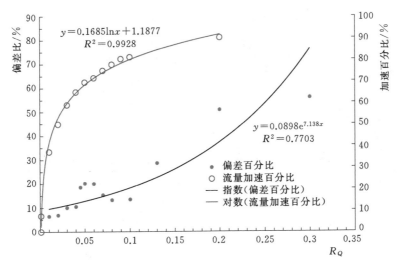

图 3.2 - 3　不同 R_Q 平均偏差百分比和加速百分比

过程、河段冲淤性质等均有关系，在使用时需注重分析河床演变规律。地形更新后引起流场结构变化，即使同流量下的流场也可能发生变化，这也是造成误差的原因之一，但总体上单步冲淤幅度较小，不至于对流场结构造成较大变化。在使用时应注重水流泥沙特性分析，合理选用 R_Q 值，达到提高计算效率而尽量减小误差的目的。

3.2.5　长江中游长河段水沙与河床冲淤验证模拟

笔者开展了长江中游长河段水沙过程模拟，复演了三峡水库运行以来长江中游河床演变过程。长江中游上起宜昌下讫湖口，长约 955km，根据边界条件和河段特性，由上至下分为近坝段、荆江河段、城陵矶—湖口河段。

宜昌—城陵矶河段全长约为 400km，包括宜昌—枝城河段和枝城—城陵矶河段（荆江河段）。根据河床组成，宜昌—大埠街河段为沙卵石河床、大埠街—城陵矶河段为沙质河床。宜昌—枝城河段为三峡水库出口段，长为 60.8km，是山区河流向平原河流的过渡段，属于顺直微弯河型。枝城—城陵矶为荆江河段，长为 347.2km，根据边界条件及河型的不同以藕池口为界，分为上荆江、下荆江。荆江河段是距离三峡水库最近的沙质河段，受三峡水库影响较为明显，冲刷最为剧烈。同时，荆江河段受洞庭湖影响较大，上部有松滋口、太平口、藕池口三口分流分沙，下部有城陵矶洞庭湖口的调蓄，计算时需考虑长江与洞庭湖的相互作用，边界条件较为复杂。

3.2.5.1　枝城—城陵矶河段（荆江河段）

根据收集到的 2007—2011 年资料进行了荆江河段水面线、流速分布等水流资料的验证。河床冲淤变形计算中，受资料限制，以芦家河河段为例计算了上荆江沙卵石河段 2008—2014 年河床冲淤变化规律；以沙市—瓦口子—马家咀—周天河段为例计算分析了上荆江连续弯曲分汊—顺直河段 2002—2014 年冲淤变化规律；以窑监河段为例计算分析了下荆江弯曲分汊河段 2007—2008 年冲淤变化规律。21 世纪初，长江中游陆续开展了航道整治工程建设，计算时根据建设时间考虑了航道工程的作用与效果。

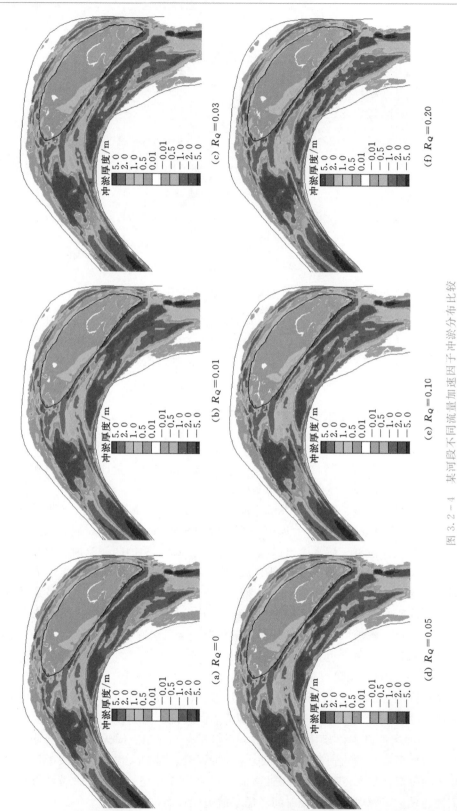

图 3.2-4　某河段不同流量加速因子冲淤分布比较

1. 水流验证

根据 2007—2011 年荆江河段沿程测站水位资料进行了水位过程和水面线验证。图 3.2-5 为不同流量级水面线验证，图 3.2-6 为沿程水文（水位）站水位过程的验证。限于篇幅仅给出部分验证成果，详细验证可参见文献 [143]。总体上计算值与实测值较为吻合，计算的各站水位为日均值，局部偏差略大，但整体偏差小于 5cm。限于篇幅，图 3.2-7 给出了流量为 11800m³/s 时的流场，反映了该河段流态情况。

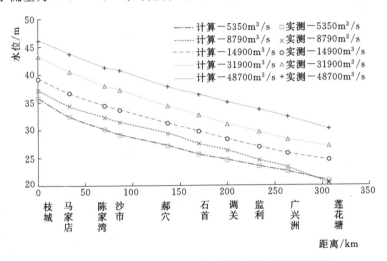

图 3.2-5　枝城—城陵矶河段不同流量级水面线验证

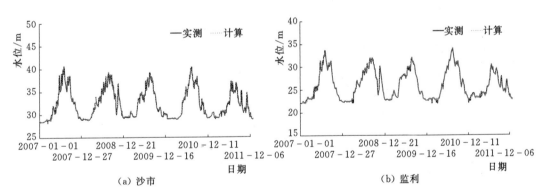

(a) 沙市　　　　　　　　　　　　　　(b) 监利

图 3.2-6　枝城—城陵矶河段部分主要测站水位过程验证

流速分布的验证采用芦家河河段、沙市河段、窑监河段和长江-洞庭湖交汇段水文资料进行了验证，限于篇幅这里仅给出部分验证结果。图 3.2-8 给出了窑监河段断面流速分布计算与实测的对比，垂线位置示于图 3.2-7。可见，计算断面流速分布与实测流速分布吻合较好。

2. 荆江河段 2002—2014 年总体河床冲淤变形验证

收集三峡水库运行后实测资料，对荆江河段（枝城—湖口）2002 年 10 月至 2014 年 2 月河床冲淤变化进行了验证计算。计算时段从 2002 年 10 月至 2014 年 2 月，每天划分一个流量级，流量加速因子取为 0.05，进口断面悬移质级配采用枝城站实测平均悬移质级

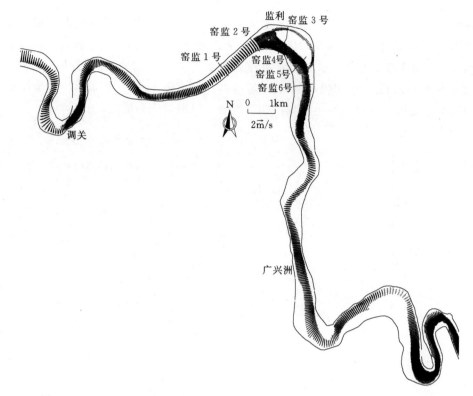

图 3.2-7　石首—城陵矶河段流场图（$Q_{监利}=11800\mathrm{m}^3/\mathrm{s}$，$Q_{七里山}=6960\mathrm{m}^3/\mathrm{s}$）

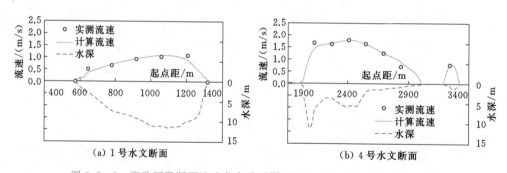

图 3.2-8　窑监河段断面流速分布验证图（$Q=5280\mathrm{m}^2/\mathrm{s}$，2006 年 1 月）

配，含沙量过程采用枝城站含沙量日均值，床沙级配分段处理，枝城—大埠街为沙卵石级配，以下为沙质级配，含沙量的计算包括 9 个粒径组。

图 3.2-9、表 3.2-1 给出了荆江总体河段及各分河段 2002 年 10 月至 2014 年 2 月冲淤分布实测与计算值的比较。可见，总体来说，计算的冲淤部位、冲淤量值均与实测值吻合较好，基本反映了三峡水库运行后荆江河段的冲淤变化。三峡水库运行后，2002—2014 年上荆江河段（枝城—藕池口）实测冲刷量为 35090 万 m^3，计算值为 39275 万 m^3，偏差为 11.9%；下荆江河段（藕池口—城陵矶）实测冲刷量为 19966 万 m^3，计算值为 20778 万 m^3，偏差为 4.1%；合计荆江总体冲刷量为 55056 万 m^3，计算值为 60054 万 m^3，偏差为 9.1%。

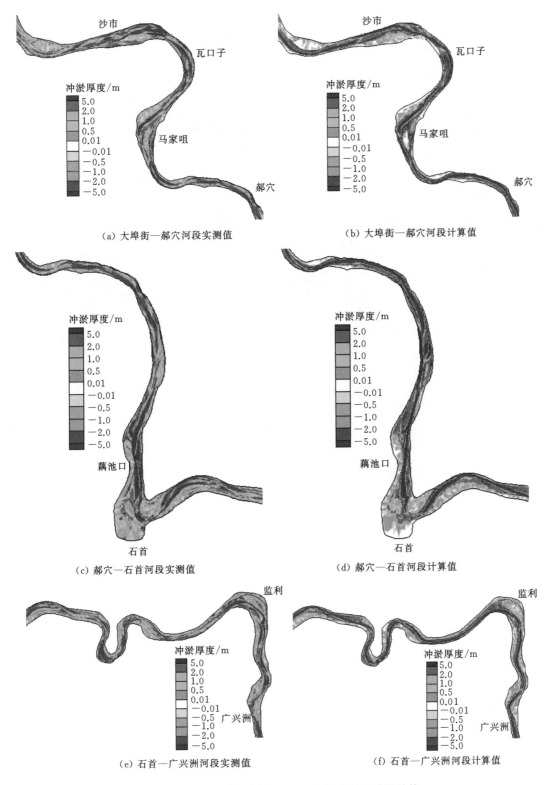

（a）大埠街—郝穴河段实测值

（b）大埠街—郝穴河段计算值

（c）郝穴—石首河段实测值

（d）郝穴—石首河段计算值

（e）石首—广兴洲河段实测值

（f）石首—广兴洲河段计算值

图 3.2 - 9（一）　荆江河段 2002—2014 年冲淤验证计算

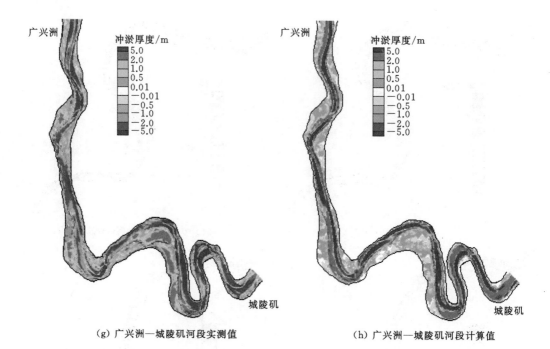

（g）广兴洲—城陵矶河段实测值　　　　　（h）广兴洲—城陵矶河段计算值

图 3.2-9（二）　荆江河段 2002—2014 年冲淤验证计算

表 3.2-1　　　　　　　荆江河段 2002 年 10 月至 2014 年 2 月冲淤验证

编号	河　段	距离 /km	河宽 /m	实测		计算		偏差 /%
				冲淤量 /万 m³	冲淤厚度 /m	冲淤量 /万 m³	冲淤厚度 /m	
1	芦家河水道 （枝城—昌门溪）	27.5	1663	−11229	−2.5	−15969	−3.6	42.2
2	枝江—江口水道 （昌门溪—大埠街）	24.9	1373	−3396	−1.0	−2971	−0.9	−12.5
3	涴市水道 （大埠街—陈家湾）	19.1	2291	−4488	−1.0	−3112	−1.1	−30.7
4	太平口水道 （陈家湾—沙市）	16.1	2333	−3521	−0.9	−3855	−1.2	9.5
5	瓦口子水道 （沙市—冯家台）	12.2	1659	−2692	−1.3	−1931	−1.1	−28.3
6	马家咀水道 （冯家台—青龙庙）	16.5	2245	−1938	−0.5	−1902	−0.6	−1.9
7	斗湖堤—马家寨水道 （青龙庙—郝穴）	21.3	1295	−3669	−1.3	−5738	−2.4	56.4
8	周天河段 （郝穴—古长堤）	25.4	1903	−4157	−0.9	−3799	−0.9	−8.6
9	石首河段 （古长堤—冯家塘）	14.2	3295	−3164	−0.7	−3214	−0.8	1.6
10	碾子湾水道 （冯家塘—鲁家湾）	13.2	2056	−1910	−0.7	−2115	−0.8	10.7

编号	河　段	距离 /km	河宽 /m	实测		计　算		偏差 /%
				冲淤量 /万 m³	冲淤厚度 /m	冲淤量 /万 m³	冲淤厚度 /m	
11	调莱河段 （鲁家湾—塔市驿）	31.4	1554	−5374	−1.1	−6430	−1.5	19.6
12	窑监河段 （塔市驿—太和岭）	17.8	2580	−3079	−0.7	−2595	−0.6	−15.7
13	大马洲河段 （太和岭—黄家潭）	8.2	2167	−839	−0.5	−850	−0.5	1.3
14	砖桥—铁铺水道 （黄家潭—盐船套）	16.8	1899	−2728	−0.9	−1851	−0.6	−32.2
15	反咀—熊家洲水道 （盐船套—熊市）	20.9	2608	−1059	−0.2	−1595	−0.3	50.6
16	尺八口水道 （熊市—林角佬）	4.6	2478	−1033	−0.9	−1095	−1.1	6.0
17	八仙洲水道 （林角佬—上泥滩）	6.3	1711	−159	−0.1	−303	−0.3	90.9
18	观音洲水道 （上泥滩—城陵矶）	13.0	1692	−620	−0.3	−731	−0.4	18.0
19	上荆江合计 （枝城—藕池口）	16.3	—	−35090	—	−39275	—	11.9
20	下荆江合计 （藕池口—城陵矶）	14.6	—	−19966	—	−20778	—	4.1
21	荆江合计 （枝城—城陵矶）	309.2	—	−55056	—	−60054	—	9.1

3.2.5.2　城陵矶—湖口（马当）长河段水沙与河床冲淤验证模拟

城陵矶—湖口河段长约为 547km，属于平原河段，河道平面形态呈宽窄相间的藕节状，河道窄段一般有节点控制。据统计该段中可分为分汊型、弯曲型、顺直微弯型 3 种河型，分别占总河长的 63%、25%、12%[92]。该河段河道宽阔，水流分散，江中多滩，常形成两支或多支分汊河道，汊道繁多，如陆溪口、天兴洲、罗湖洲、戴家洲、张家洲、马当等河段。

根据收集到的 2006—2009 年资料进行了水面线、水位过程验证。在河床冲淤变形计算中，以界牌河段为例计算分析城陵矶—汉口顺直河段 2009—2010 年冲淤变化规律，以戴家洲河段为例计算分析汉口—湖口微弯分汊河段 2010—2011 年冲淤变化规律，重点进行了马当河段 2005—2014 年河床冲淤验证计算。

1. 水流验证

根据 2007—2009 年沿程测站水位资料进行了水位过程和水面线验证。图 3.2-10 给出了不同流量级水面线验证，图 3.2-11 给出了沿程主要测站水位过程验证。限于篇幅仅给出部分验证成果，详细验证可参见文献［143］。总体上计算值与实测值吻合较好，计算的各站水位为日均值，局部偏差略大，但整体偏差小于 5cm。限于篇幅，图 3.2-12 给出了流量为 20900m³/s 时局部河段的流场，反映了该河段水流流态分布。

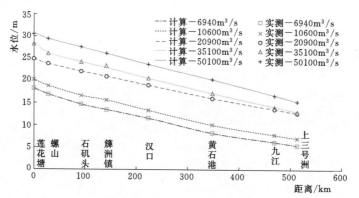

图 3.2-10　城陵矶—湖口河段不同流量级水面线验证

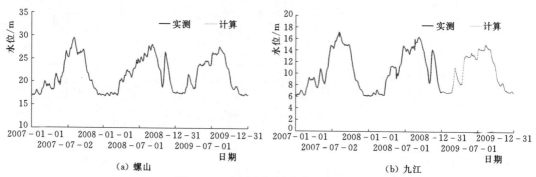

（a）螺山　　　　　　　　　　　　　　　　（b）九江

图 3.2-11　主要测站水位过程验证

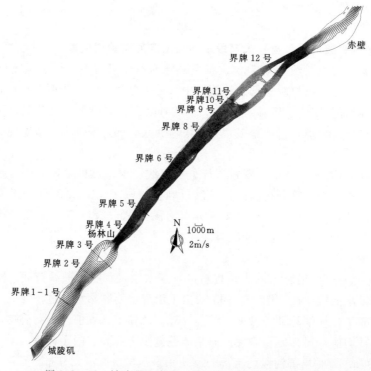

图 3.2-12　城陵矶—赤壁河段流场图（$Q=20900\text{m}^3/\text{s}$）

断面流速分布采用界牌河段水文测验资料进行了验证，示于图 3.2-13，可见，计算的流速分布与实测值吻合较好。

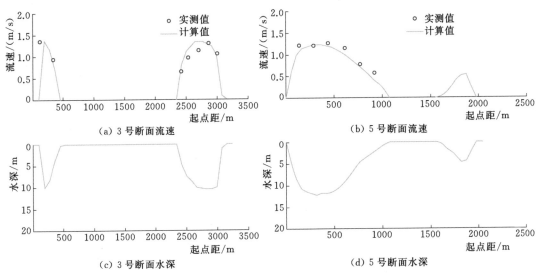

图 3.2-13　界牌断面流速分布验证（$Q=8450\text{m}^3/\text{s}$）

2. 城陵矶—九江河段 2008—2014 年总体冲淤变形验证

收集三峡水库运行后实测资料，对城陵矶—九江河段 2008 年 10 月至 2014 年 2 月河床冲淤变化进行了验证计算。每天划分一个流量级，R_Q 取为 0.05，进口断面悬移质级配采用螺山站实测平均悬移质级配，含沙量过程采用螺山站含沙量日均值，含沙量的计算包括 9 个粒径组。

表 3.2-2、图 3.2-14 给出了城陵矶—九江河段及各分河段 2008 年 10 月至 2014 年 2 月冲淤分布实测与计算值的比较。可见，总体来说，计算的冲淤部位、冲淤量值均与实测值吻合较好，基本反映了三峡水库运行后该河段的冲淤变化。三峡水库运行后，城陵矶—九江河段（道人矶—鲤鱼山）实测冲刷量为 18390 万 m^3，计算值为 20614 万 m^3，偏差为 12.1%。虽然总体为冲刷态势，但各河段泥沙冲淤不平衡，局部河段存在一定淤积。

表 3.2-2　　城陵矶—九江河段 2008 年 10 月至 2014 年 2 月冲淤验证

编号	河　段	距离/km	河宽/m	实测		计算		偏差/%
				冲淤量/万 m^3	冲淤厚度/m	冲淤量/万 m^3	冲淤厚度/m	
1	道人矶水道（蜈蚣山—杨林山）	8.5	2289	785	0.4	809	0.4	3.0
2	界牌上段（杨林山—下复粮洲）	23.8	1849	1640	0.4	1209	0.3	-26.3
3	界牌下段（下复粮洲—赤壁）	23.4	1886	-1619	-0.4	-973	-0.2	-39.9

续表

编号	河 段	距离/km	河宽/m	实测		计算		偏差/%
				冲淤量/万 m³	冲淤厚度/m	冲淤量/万 m³	冲淤厚度/m	
4	嘉鱼水道 （石矶头—天门堤）	20.5	2869	−2351	−0.5	−2950	−0.5	25.5
5	燕子窝 （天门堤—殷家角）	12.4	2726	−3852	−1.6	−4143	−1.2	7.6
6	沌口—白沙洲水道 （王家湾—省船）	18.5	1983	94	0.0	70	0.0	−25.3
7	武桥—汉口水道 （省船—佘家头）	12.5	1517	457	0.2	585	0.3	28.1
8	青山夹水道 （佘家头—王家屋）	21.8	3185	2425	0.3	2122	0.4	−12.5
9	阳逻水道 （王家屋—周阳港）	10.4	1808	−165	−0.1	−110	−0.1	−33.3
10	牧鹅洲—湖广水道 （周阳港—泥矶）	18.5	2065	643	0.2	506	0.1	−21.4
11	罗湖洲水道 （泥矶—三江口）	14.5	4050	582	0.1	295	0.1	−49.3
12	沙洲水道 （三江口—大脚石）	20.9	2118	−7020	−1.6	−7803	−2.3	11.2
13	巴河水道 （大脚石—燕矶）	9.6	1935	−1520	−0.8	−1906	−1.1	25.4
14	戴家洲水道 （燕矶—廻风矶）	18.7	2813	−3302	−0.6	−3473	−0.8	5.2
15	黄石水道 （廻风矶—西塞山）	13.6	1250	−1128	−0.6	−1106	−0.7	−2.0
16	牯牛沙水道 （西塞山—棋盘洲）	16.9	1563	−3481	−1.2	−2402	−0.9	−31.0
17	蕲春水道 （棋盘洲—黄颡口）	12.9	1968	−2552	−0.9	−3483	−1.4	36.5
18	搁排矶水道 （黄颡口—半边山）	16.9	1130	1082	0.5	1006	0.5	−7.0
19	鲤鱼山水道 （半边山—仙姑山）	10.3	1864	892	0.4	1133	0.6	26.9
20	合计	304.6	—	−18390	—	−20614	—	12.1

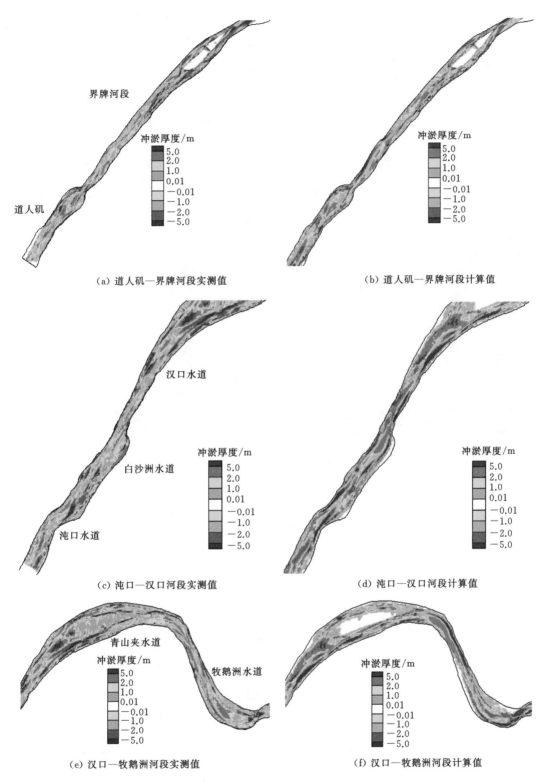

（a）道人矶—界牌河段实测值

（b）道人矶—界牌河段计算值

（c）沌口—汉口河段实测值

（d）沌口—汉口河段计算值

（e）汉口—牧鹅洲河段实测值

（f）汉口—牧鹅洲河段计算值

图 3.2 - 14（一） 城陵矶—九江河段 2008—2014 年河床冲淤变形验证

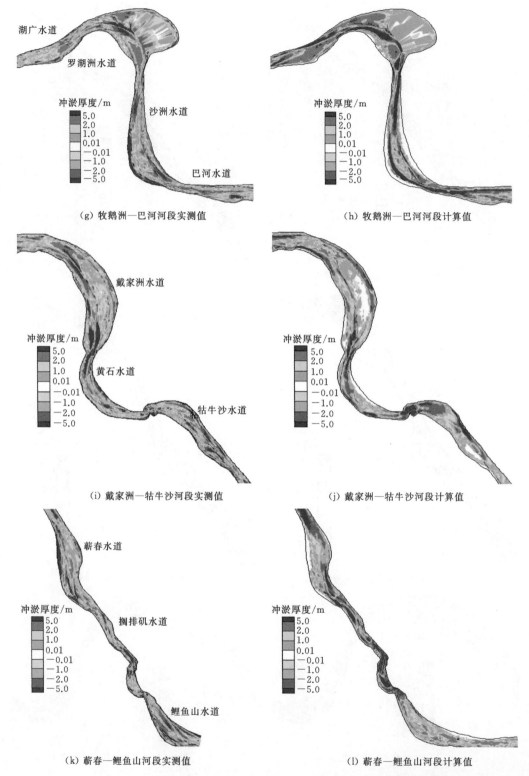

（g）牧鹅洲—巴河河段实测值　　　　　　（h）牧鹅洲—巴河河段计算值

（i）戴家洲—牯牛沙河段实测值　　　　　　（j）戴家洲—牯牛沙河段计算值

（k）蕲春—鲤鱼山河段实测值　　　　　　（l）蕲春—鲤鱼山河段计算值

图 3.2-14（二）　城陵矶—九江河段 2008—2014 年河床冲淤变形验证

3.3　长江中游江湖交汇段物理模型

3.3.1　江湖交汇段水沙运动特点及模拟难点

3.3.1.1　江湖交汇段水沙运动特点

长江干流主要受重力作用自高处向低处流动，流速较大，河床冲淤变化较为频繁。与河流不同，湖泊是陆地上洼地积水而成，水域宽广、自然流动性较弱，湖泊水流是一种缓慢的运动过程。江湖动力不同，水沙分布特性和运动特性均不相同，交汇区江湖两相流又相互顶托、往复交流，使得江湖交汇段的水沙变化具有较大的复杂性。

洞庭湖和鄱阳湖是长江中游两大重要的通江湖泊，两湖分别在城陵矶和湖口与长江干流交汇。江湖两者自身动力特点的不同，江湖泥沙组成差别较大。另外，洞庭湖入湖、出湖径流主要集中在5—7月，鄱阳湖出湖径流集中在4—7月，但长江干流径流集中在7—9月，江湖洪峰交错、在汇流口相互影响，水沙交互作用下交汇区干流与湖泊出口河床冲淤特性也有明显不同。

在洞庭湖区，绝大部分粒径大于0.05mm的泥沙沉积在湖区。在三口分流入湖水流挟带的悬沙中，大于0.05mm的泥沙占一多半，泥沙粒径较粗，而七里山出口处泥沙粒径多小于0.025mm，同四水泥沙粒径差别不大。可见三口来沙量大，粒径较出湖泥沙粗，大部分泥沙淤积在湖区；四水来沙量少，粒径较细，沉速较小，多被水流携带从洞庭湖出口七里山排出。根据实测资料（图3.3-1和图3.3-2），长江干流汇流口上下游悬移质中值粒径为0.08～0.10mm，洞庭湖出湖悬移质中值粒径仅为0.01～0.02mm；床沙质组成方面，长江干流汇流口上下游中值粒径约为0.18mm，洞庭湖口床沙质中值粒径约为0.04～0.08mm。洞庭湖出湖泥沙很细，洞庭湖悬沙和床沙中值粒径大小仅为长江干流的1/3～1/6，泥沙组成相差

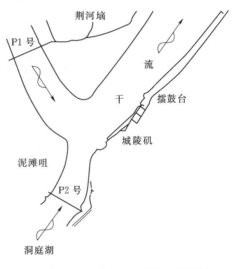

图3.3-1　长江与洞庭湖交汇段泥沙测量断面位置示意图

悬殊，也间接反映出江湖两相的泥沙输移和造床作用差异显著。

根据前文长江—洞庭湖交汇区河床演变分析，交汇区河床变化的差异也反映出江湖水沙动力的差别（图2.6-3）。交汇区的长江干流河道冲刷展宽，滩槽冲淤变化，宽深比有所增大，局部冲淤变幅可达5～10m；而洞庭湖出口段由于湖内来沙量较小，河床相对稳定，与长江干流相比冲淤变化较小。

3.3.1.2　江湖两相水沙运动物理模型模拟难点

河工物理模型试验中，以模拟河道干流居多，也有部分模拟干支流交汇河段和枢纽库

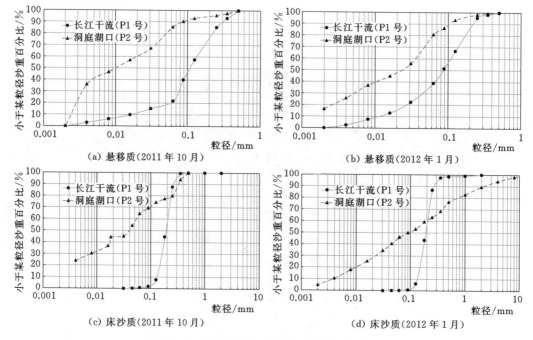

图 3.3-2 长江干流与洞庭湖口泥沙级配曲线对比

区。这 3 种类型的河工模型数量较多,成果和经验相对丰富,但针对江湖汇流区的模拟甚少,也没有形成相对成熟的技术可供参考,需要进行深入探讨。

悬移质和推移质泥沙是河床冲淤变化的主要影响因素。对于长江中下游干流的模拟,由于推移质输沙量远较悬移质为少,且参与造床的泥沙以悬移质中的床沙质为主,冲泻质基本不参与造床,因此在河工模型设计中大多考虑悬移质中的床沙质部分。这种方法是可行的,在众多的模型试验中也得到了检验。对于河道干支流交汇的模拟,由于干流、支流的水沙动力特点一般差别不大,故一般仍沿用干流模拟的方法。

对于江湖交汇区这种水沙组成和动力差别均较明显的模拟,以往通常将河流和湖泊分离开来或者将两者作为一体简单考虑,这样的简化不仅无法描述江和湖的响应关系,也难以反映江湖交汇区的河床演变过程。因此,如何针对河、湖水沙动力的差异将两者作为一个整体加以模拟和分析,是江湖交汇区模拟的难点。

具体而言,模拟关键技术包括以下两点。

1. 采用全沙模拟技术,统一考虑悬移质和推移质

在江湖交汇区,干流与湖泊水动力、泥沙组成和输移均不相同,江湖相互影响、相互作用;加之三峡水库运行以来,年内消落期和蓄水期,干流水沙变化较大,交汇区江湖两相水沙输移过程的变化也更加复杂。与长江干流不同,湖区泥沙粒径较细、受江水顶托、流速较小,细颗粒泥沙极易在湖区淤积和参与造床。因此,考虑江湖两相造床泥沙的不同,江湖交汇区的动床模型需考虑全部悬移质、推移质参与造床运动,即采用全沙模拟,才能较好地模拟交汇区水沙相互作用和河床变形的情况。

江湖交汇河段运用全沙模拟尚未见报道,现有的全沙模拟理论主要应用在水利枢纽尤

其是库区，如葛洲坝库区、三峡库区等，主要模拟库区泥沙运动。库区的水深较大、动力相对较弱，重点模拟异重流的发生和淤积，所采用的模型变率也相对很小，而当前河道物理模型变率一般在 3～5，如何在变态河工模型上较好地运用全沙模拟技术来实现江湖两相水沙模拟尚待探索实践。

2. 采用重力偏离技术，满足变态模型阻力相似

全沙模拟已有的工程实例多应用在库区，水深较大，存在异重流现象，对阻力相似的要求可放宽。但在河道当中，重力相似和阻力相似是水流运动相似的重要准则，即使偏离也要在一定范围之内。动床模型模拟中，模型沙选定后，糙率基本确定，若满足重力相似就不能保证模型中各级流量的阻力相似，泥沙运动的相似也难以保证，因此，需要允许重力相似适当偏离，来满足阻力相似准则。在工程实践中，重力相似偏离已有很多应用，但对于重力相似偏离的允许范围和适用范围等研究很少。

在长江与洞庭湖交汇段，长江干流东南向流至城陵矶，后折向东北，呈弯曲状，洞庭湖正是在此弯曲河段处汇入长江。因此，要模拟长江与洞庭湖交汇区，在重力相似偏离的研究中，需首先明晰弯曲河道转折角对重力相似偏离的影响，研究弯道河段模型重力相似偏离对水沙运动及河床冲淤的影响，提出重力相似偏离技术的适用范围，以便更为精确地模拟长江与洞庭湖交汇段水沙运动和河床变形。

3.3.2　江湖两相水沙动力物理模型相似律

江湖交汇区泥沙粒径分布很广，大多介于 0.005～10mm。这些泥沙的运动形式也很不相同，有悬沙输移，也有推移质输移。在河道中各种粒径泥沙的冲淤是统一的整体，互相影响、互相制约。为了更好地解决江湖交汇区泥沙模拟难题，需要在一个模型上同时复验各种粒径泥沙的运动，即在一个模型上进行悬沙和底沙的综合试验。

全沙模型相似律最早由窦国仁[144]提出，并成功运用于葛洲坝和三峡库区泥沙物理模型试验。由于该全沙模型相似律是针对枢纽工程泥沙而提出的，直接运用于江湖交汇河段不一定合适。因此，笔者依据该全沙模型相似律，针对江湖交汇段自身水流泥沙运动特性进行了部分改进，提出了江湖两相水沙运动模型相似律。

3.3.2.1　水流条件的相似

在研究长河段泥沙淤积问题时，首先必须保证水流在平面上的相似，即垂线平均流速沿程和沿河宽分布的相似，主流和回流的相似。至于流速沿水深的分布，虽然严格说来在模型上会有所偏离，但对于变率较小（变率小于 5）的模型来说，其偏离程度是很小的，基本在误差范围之内。

河道平面水流运动方程可以写为以下形式：

$$v_x \frac{\partial v_x}{\partial x} + v_y \frac{\partial v_x}{\partial y} = g i_x - \frac{v_x^2}{C_0^2 H} \qquad (3.3-1)$$

$$v_x \frac{\partial v_y}{\partial x} + v_y \frac{\partial v_y}{\partial y} = g i_y - \frac{v_y^2}{C_0^2 H} \qquad (3.3-2)$$

式中：v 为垂线平均流速；g 为重力加速度；i 为水面比降；C_0 为谢才系数；x 和 y 分别为纵向和横向坐标轴。

根据水流运动的连续性方程，由式（3.3-1）和式（3.3-2）可求得其相似的比尺条件：

$$\lambda_v = \lambda_H^{1/2} \qquad (3.3-3)$$

$$\lambda_{C_0} = (\lambda_L/\lambda_H)^{1/2} \qquad (3.3-4)$$

式中：λ_v 为流速比尺；λ_H 为垂直比尺；λ_L 为平面比尺；λ_{C_0} 为无尺度谢才系数比尺。

如果利用曼宁公式确定无量纲谢才系数，即

$$C_0 = \frac{1}{\sqrt{g}} \frac{1}{n} H^{\frac{1}{6}}$$

则有

$$\lambda_n = \lambda_H^{\frac{1}{6}} \left(\frac{\lambda_H}{\lambda_L} \right)^{\frac{1}{2}}$$

式中：n 为曼宁糙率系数。

然而应当指出，不是在任何阻力形态的模型中都能真正同时满足重力相似和阻力相似的。如果原型水流处于阻力平方区，模型中的水流也必须处于阻力平方区，否则就不可能真正满足重力相似和阻力相似。

窦国仁采用尼古拉兹和杰格什达等的研究数据，认为明渠水流进入阻力平方区的条件是[145]：

$$\frac{v_* \Delta}{v} \geqslant 60$$

式中：v_* 为摩阻流速；Δ 为壁面糙率凸起高度；v 为水流的运动黏滞系数。

由此可得最小水深比尺如下：

$$\lambda_H \leqslant \left(\frac{v_\rho \Delta_\rho}{\kappa_{c_{0p}} v_m} \right)^{\frac{1}{5}} \lambda_l^{\frac{7}{10}} \qquad (3.3-5)$$

综上所述，确定水流相似的条件是式（3.3-3）、式（3.3-4）和式（3.3-5）。

3.3.2.2 底沙运动的相似

根据能量守恒原理，单位时间内在单位面积上水流具有的能量为

$$\rho g i H$$

式中：ρ 为密度；g 为重力加速度；i 为比降；H 为水深。

水流的能量在运动过程中一部分消耗于克服河床阻力，一部分通过脉动能量悬浮泥沙，另一部分则用以输移底沙。用 K 表示总能量中用以输移底沙的部分，则有单位时间在单位面积上作用于底沙的能量 $E_底$：

$$E_底 = K\rho g H i v \qquad (3.3-6)$$

式中：v 为流速。

当 v 小于临界起动流速 v_K 时，水流能量不足以冲动床沙，因而底沙输移量为零。只有当水流能量超过 $K\rho g H i v$ 时才有底沙输移。

当讨论河床某一范围，其中具有 n_1 颗沙粒，则其面积为 $\frac{n_1}{m} \frac{\pi}{4} d^2$（其中 m 为沙粒平面密实度系数，d 为粒径）。如果从讨论范围的床面上移走的泥沙颗粒数目用 n_2 表示，跳离

床面时的速度用 v_s 表示，则可以写出

$$K\rho gHi(v-v_K)\frac{n_1}{m}\frac{\pi}{4}d^2 = n_2\frac{\pi}{6}d^3(\rho_s-\rho)gv_s \qquad (3.3-7)$$

式中：ρ_s 为沙粒密度。

当底沙平衡输移时，即床面不发生冲刷和淤积时，单位时间内从床面上冲起的泥沙数量应等于同时间内落在床面上的数量，即

$$n_2v_s = n_3\omega \qquad (3.3-8)$$

如果用 K_1v 表示运动着的底沙的移动速度，则底沙单宽输沙量应为

$$q_{sb} = \gamma_s\frac{n_3}{\dfrac{n_1}{m}\dfrac{\pi}{4}d^2}\frac{\pi}{6}d^3K_1v \qquad (3.3-9)$$

式中：γ_s 为沙粒容重。

联解式 (3.3-7)、式 (3.3-8) 和式 (3.3-9)，化简后得到底沙单宽输移量公式如下：

$$q_{sb} = KK_1\frac{\gamma_s\gamma}{\gamma_s-\gamma}\frac{giH(v-v_K)v}{g\omega} \qquad (3.3-10)$$

或者写作

$$q_{sb} = \frac{K_0}{C_0^2}\frac{\gamma_s\gamma}{\gamma_s-\gamma}(v-v_K)\frac{v^3}{g\omega} \qquad (3.3-11)$$

式中：K_0 为综合系数，$K_0=KK_1$；C_0 为无量纲谢才系数；γ_s 和 γ 分别为泥沙颗粒和水的容重；v 为平均流速；v_K 为用平均流速表示的泥沙起动临界流速；ω 为泥沙颗粒沉速。

窦国仁采用盖伯特和岗恰洛夫等的水槽试验资料，得到了较好的结果，根据资料得到式中综合系数 $K_0=0.1^{[144]}$。

由底沙引起的河床变形方程式为

$$\frac{\partial q_{sb}}{\partial x} = -\gamma_0\frac{\partial Z}{\partial t} \qquad (3.3-12)$$

式中：γ_0 为泥沙的干容重；x 为沿程坐标；Z 为床面高程；t 为变形时间。

由式 (3.3-11) 和式 (3.3-12) 得底沙运动的相似条件为

$$\lambda_{q_{sb}} = \frac{\lambda_{\gamma_s}\lambda_v^4}{\lambda_{\gamma_s-\gamma}\lambda_{C_0}^2\lambda_\omega} \qquad (3.3-13)$$

$$\lambda_v = \lambda_{v_K} \qquad (3.3-14)$$

底沙冲淤时间比尺为

$$\lambda_{t_1} = \frac{\lambda_{\gamma_0}\lambda_H\lambda_L}{\lambda_{q_{sb}}} \qquad (3.3-15)$$

综上所述，确定底沙相似的基本条件为起动相似式 (3.3-14)、输沙量相似式 (3.3-13) 和冲淤时间相似式 (3.3-15)。由于沙质底沙有可能处于半悬浮状态，最好能够满足落淤部位相似，即 $\lambda_\omega = \lambda_v\lambda_H/\lambda_L$。

3.3.2.3　悬沙运动的相似

由于悬移质泥沙在运动过程中有超饱和及不饱和问题，它的挟沙能力与真实输沙量之

间往往有很大差别。因此在模拟悬沙运动时，单纯模拟挟沙能力是不够的。根据恒定流的悬沙输移方程式，有

$$\frac{\partial(QS)}{\partial x}=\alpha\omega S_* B-\alpha\omega SB \qquad (3.3-16)$$

$$\frac{\partial(QS)}{\partial x}=-\gamma_0 B \frac{\partial z}{\partial t} \qquad (3.3-17)$$

式中：Q 为流量；S 为含沙量；α 为沉降概率；S_* 为挟沙能力；B 为河宽。

由式（3.3-16）和式（3.3-17）可得比尺关系如下：

$$\lambda_\omega=\frac{\lambda_v\lambda_H}{\lambda_a\lambda_L} \qquad (3.3-18)$$

$$\lambda_s=\lambda_{s_*} \qquad (3.3-19)$$

前者称为沉降相似，后者可称为挟沙能力相似。

窦国仁[144]认为，沉降相似和挟沙能力相似，只是悬沙相似的必要条件，还不是充分条件。为了使得模型与原体运动相似，还必须满足扬动相似。扬动相似是指原型中泥沙能够悬浮时，模型中泥沙也应当悬浮。如果用 v_f 表示扬动流速，则扬动相似条件为

$$\lambda_{v_f}=\lambda_v \qquad (3.3-20)$$

扬动流速 v_f 可由下述二式之一确定，采用其中数值较大的一个：

$$\begin{cases} \lambda_{v_f}=1.5\left(\ln 11 \frac{H}{\Delta}\right)\sqrt{\frac{\gamma_s-\gamma}{\gamma}gd} \\ \lambda_{v_f}=0.408\left(\ln 11 \frac{H}{\Delta}\right)\sqrt{\frac{\gamma_s-\gamma}{\gamma}gd+0.19\frac{\varepsilon_k+gH\delta}{d}} \end{cases} \qquad (3.3-21)$$

在通常遇到的河道输沙情况下，沉降概率 α 在模型中与在原体中接近，即 $\lambda_a \approx 1$，因此多数情况下式（3.3-18）可以写为

$$\lambda_\omega=\frac{\lambda_v\lambda_H}{\lambda_L}$$

由式（3.3-17）可以得到悬沙冲淤时间比尺 λ_{t_2} 为

$$\lambda_{t_2}=\frac{\lambda_{\gamma_0}\lambda_L}{\lambda_v\lambda_s} \qquad (3.3-22)$$

关于悬移质挟沙能力相似问题，根据维利卡诺夫和巴连布拉特的悬沙理论，得到确定悬沙挟沙能力的比尺为

$$\lambda_{s_*}=\frac{\lambda_{\gamma_s}}{\lambda_{\gamma_s-\gamma}} \qquad (3.3-23)$$

综上所述，确定悬沙相似的基本条件为沉降相似式（3.3-18）、扬动相似式（3.3-20）、挟沙能力相似式（3.3-23）和冲淤时间相似式（3.3-22）。

3.3.2.4 悬沙与底沙的统一问题

悬沙与底沙，能否在一个模型中复演，关键在于各种泥沙的冲淤时间比尺能否一致。

将式（3.3-13）代入式（3.3-15），在满足重力相似情况下，$\lambda_H=\lambda_v^2$，在满足阻力相似条件下

$$\lambda_{\gamma_0}^2 = \frac{\lambda_L}{\lambda_H}$$

则底沙的冲淤时间比尺可以写作

$$\lambda_{t_1} = \frac{\lambda_{\gamma_0} \lambda_{\gamma_{s-\gamma}} \lambda_L}{\lambda_{\gamma_s} \lambda_v} \cdot \frac{\lambda_\omega \lambda_L}{\lambda_v \lambda_H} \tag{3.3-24}$$

当悬沙的含沙量比尺用式（3.3-23）确定时，则悬沙的冲淤时间比尺为

$$\lambda_{t_2} = \frac{\lambda_{\gamma_0} \lambda_{\gamma_{s-\gamma}} \lambda_L}{\lambda_{\gamma_s} \lambda_v} \tag{3.3-25}$$

从式（3.3-24）和式（3.3-25）对比中可以看出，如果底沙的沉降比尺也同悬沙比尺式（3.3-18）一样，即 $\lambda_\omega = \lambda_v \lambda_H / \lambda_L$，则底沙和悬沙的冲淤时间比尺就完全一致。

由此可见，只要同时满足上述各相似条件，就可以在一个模型中同时复演全部泥沙及其冲淤情况。

3.3.2.5　重力相似偏离

由于模型沙一旦选定之后，糙率就已确定，这样就不能保证模型中各级流量的水位均满足水流运动相似，泥沙运动的相似也无法保证，通常只尽可能满足一级流量的水流运动相似，对其他流量，允许重力相似偏离，但求满足阻力相似准则。对于重力相似偏离的允许范围，李昌华等[146] 认为平原河流的断面沿程变化不大，因此只要水流的曲率不是很大，重力相似偏离是允许的，现有经验允许 50%的偏离；《内河航道与港口水流泥沙模拟技术规程》（JTS/T 231—4—2018）认为偏离在 30%以内为宜。在工程实践中，重力相似偏离有很多应用，但对于不同河型采用重力相似偏离的影响及允许偏离的幅度等研究，鲜见报道。

考虑与洞庭湖交汇的长江干流为一弯道段，弯道水流自身具有一定的三维特性，不能简单沿用一般河段的模拟经验来确定重力相似偏离的幅度。因此，为研究全沙模拟在弯道段的适用，需要研究重力相似偏离对弯道段水流和泥沙运动的影响及允许幅度。故而设计了 3 个中心角分别为 30°、60°及 120°的弯道概化模型，对不同曲率下弯道河段模型重力相似偏离对水流运动特征及河床地形冲淤变化进行了试验研究，研究了不同重力相似偏离程度对不同曲率弯道产生的影响。

重力相似偏离对弯道水流的影响试验结果表明，在同一弯道中，弯道水位、最大流速、最大横比降和纵比降随着重力相似偏离程度的增大而增大；在相同重力相似偏离程度下，弯道水位、最大流速、最大横比降和纵比降随着弯道中心角的增大而增大。根据测量结果，就水流运动相似而言，中心角为 30°、60°及 120°的弯道模型，重力相似偏离在 20%以内，均能够满足相关规范的要求。

重力相似偏离对河床变形的影响试验结果表明，不同重力相似偏离幅度下，河床冲淤分布基本一致，主要偏差在河床变形程度上，重力相似偏离程度越大，河床变形程度越大（图 3.3-3）；相同偏离程度下，弯道中心角越大，河床变形程度越大。综合考虑重力相似偏离程度对水流泥沙运动及河床变形的影响，并参照相关规程规范，弯道段模型对重力相似进行小幅度偏离后，能够满足规范要求，可保证模型模拟满足精度要求。

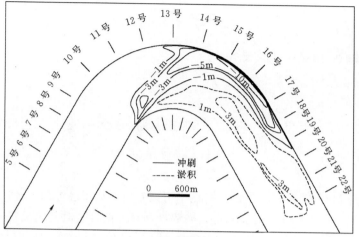

(a) 不偏离

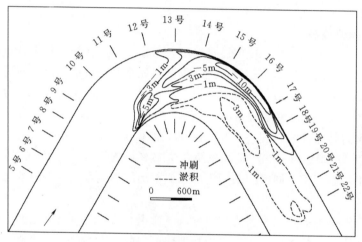

(b) 偏离 20%

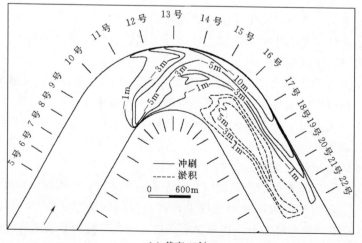

(c) 偏离 40%

图 3.3-3　中心角 120°弯道冲淤等值线

3.3.3　长江干流与洞庭湖交汇段物理模型设计与验证

3.3.3.1　物理模型设计

研究区域位于长江与洞庭湖江湖交汇区域，河道弯曲多变，边界条件的控制是模型试验的难点之一。模型范围覆盖汇流河段全长 35km，其中交汇口上游 23km（黄家门），交汇口下游 12km（道人矶），洞庭湖汇入段约 15km（图 3.3-4）。长江段入口采用监利站水文资料，洞庭湖入口段采用城陵矶站水文资料，交汇口下游汇流后长江河道采用螺山站水文资料，尾门控制水位采用实测水位流量关系内插得到。

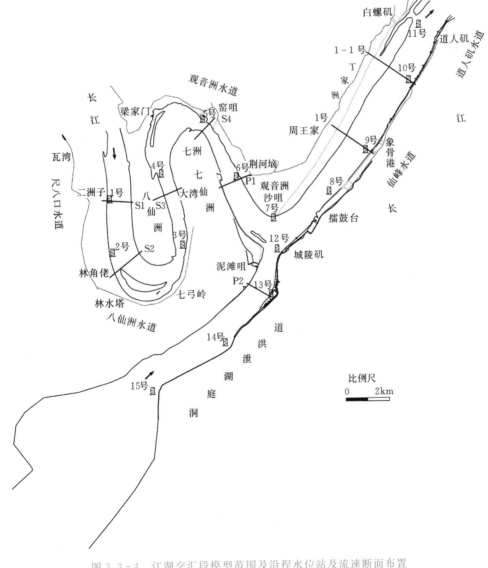

图 3.3-4　江湖交汇段模型范围及沿程水位站及流速断面布置

1. 定床模型设计

根据河段平面尺寸及试验场面积，并保证工作段流态不受影响，采用平面比尺为 1：400。为保证模型水流位于阻力平方区，最小水深比尺应满足式（3.3 - 26）：

$$\lambda_H \leqslant 4.22 \left(\frac{V_P H_P}{\nu} \right)^{\frac{2}{11}} \alpha_P^{\frac{8}{11}} \lambda_H^{\frac{8}{11}} \quad\quad\quad (3.3 - 26)$$

其中

$$\alpha_P = \frac{2g n_P^2}{h_P^{\frac{1}{3}}}$$

根据实测资料，在枯水期流量 $Q = 8836 \mathrm{m^3/s}$ 时，长江与洞庭湖交汇河段断面平均流速 $V_P = 0.87 \mathrm{m/s}$，平均水深 $h_P = 8.4 \mathrm{m}$，糙率取 $n_P = 0.024$，则有：$\alpha_P = 0.005554$，$\lambda_H \leqslant 133$。

模型比尺同时应满足水流雷诺数、模型变率、表面张力等方面的限制条件，为此宜采用垂直比尺为 100，模型变率为 4。

为达到模型与原型的水流运动相似，应同时满足相似条件式（3.3 - 3）和式（3.3 - 4）：

$$\lambda_n = \frac{\lambda_H^{\frac{2}{3}}}{\lambda_L^{\frac{1}{2}}} = 1.08 \quad\quad\quad (3.3 - 27)$$

$$\lambda_Q = \lambda_L \lambda_H \lambda_V = 400000 \quad\quad\quad (3.3 - 28)$$

河道天然糙率 $n_P = 0.024$ 左右，求得模型糙率 $n_\mathrm{m} = 0.022$，水泥砂浆粉面糙率为 $0.011 \sim 0.015$，因此模型需加糙，采用 $d = 15 \mathrm{mm}$、间距为 10cm 的梅花形加糙，采用唐存本糙率公式可得[147]

$$n_\mathrm{m} = c d^{\frac{1}{6}} = 0.014 \times 15^{\frac{1}{6}} \approx 0.022 \quad\quad\quad (3.3 - 29)$$

2. 动床模型设计

动床模型是在定床基础上制作完成的，动床范围：长江与洞庭湖汇流口上游为 5km，下游为 5km，洞庭湖河段为 3km，总长为 13km。

动床模型理论上仍需同时满足相似条件：弗劳德数相似和阻力相似。

由式（3.3 - 3）得到流速比尺 $\lambda_v = 10$。根据验证可知，河床平均糙率 $n_P = 0.024$，木屑模型沙糙率为 $0.014 \sim 0.021$，其糙率比尺为 1.33，根据水流相似条件式（3.3 - 4）：

$$\lambda_v = \frac{1}{1.33} \times 100^{\frac{1}{6}} \times \left(\frac{100 \times 100}{400} \right)^{\frac{1}{2}} = 8.1$$

当模型沙一旦确定，模型的动床糙率基本确定，因此一般仅满足相似条件式（3.3 - 4），而弗氏条件项偏差为

$$\delta_\mathrm{F} = \left(1 - \frac{\lambda_V}{\lambda_H^{\frac{1}{2}}} \right) = 19.0\%$$

对于平原细沙河流，水流流速水头的沿程变化项较沿程阻力的变化项小得多，因此上述偏差是允许的。

（1）泥沙粒径级配。长江与洞庭湖汇合口下游约 29km 为螺山水文站，距模型试验河

段较近，三峡水库蓄水运行以来，螺山站悬移质多年平均级配 d_{50} 约为 0.019mm。螺山水文站为长江中游控制水文站，实测的悬移质级配资料齐全，代表性较强，因此，模型设计中悬移质级配采用三峡水库蓄水运行以来螺山站实测的多年平均悬移质级配。

三峡水库蓄水运行以来螺山水文站 2003—2010 年实测悬移质多年平均级配情况见表3.3-1 和图 3.3-5。

表 3.3-1　　　　　螺山水文站 2003—2010 年实测悬移质平均级配统计表

小于某粒径之沙重百分数/%										d_{50}
0.5mm	0.35mm	0.25mm	0.125mm	0.088mm	0.063mm	0.031mm	0.016mm	0.008mm	0.004mm	
100	97.3	95.6	72.2	66.4	62.4	57.4	48.0	42.1	29.2	0.019mm

从 2011 年 10 月和 2012 年 1 月实测的河床质级配来看，该河段河床质中值粒径 $d_{50}=0.16\sim0.20$mm，平均中值粒径为 0.186mm，粒径在 $0.5\sim0.05$mm 的中细沙约占总沙重的 95% 以上，该河段为沙质河床，见表 3.3-2 和图 3.3-6。

（2）模型沙的选择。该模型研究江湖交汇河段，由于洞庭湖区泥沙粒径较细，洞庭湖区受长江水流顶托，流速较小，细颗粒泥沙极易在洞庭湖区淤积。尽管在河

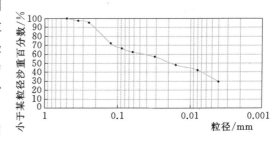

图 3.3-5　螺山水文站 2003—2010 年
实测悬移质平均级配

床质级配中中值粒径小于 0.063mm（分界粒径约为 0.063mm）的冲泻质沙量仅占总沙重的 7.14%，参与造床作用的绝大部分是床沙质部分，但在悬移质中中值粒径小于0.063mm 的冲泻质沙量占总沙重的 62.4%，因此模型中需模拟全部悬移质泥沙颗粒运动。泥沙粒径范围较宽、粒径较细，为模型沙的选择提出了一定的要求。现根据试验需要，选用木屑轻质沙，经测定其容重 $\gamma_s=1.16$t/m^3，干容重 $\gamma_0=0.43\sim0.46$t/m^3。

表 3.3-2　　　　　长江与洞庭湖交汇河段实测河床质平均级配统计表

小于某粒径之沙重百分数/%											d_{50}
2mm	1mm	0.5mm	0.355mm	0.25mm	0.18mm	0.125mm	0.09mm	0.062mm	0.045mm	0.031mm	
100.00	99.41	98.74	97.94	88.59	46.11	9.63	3.56	2.42	1.81	0.00	0.186mm

（3）悬沙比尺。模型悬沙应满足沉降相似条件：

$$\lambda_\omega = \lambda_v \frac{\lambda_H}{\lambda_L} = 2.5$$

不论悬沙处于层流沉降区还是过渡沉降区或紊流沉降区，其沉降都可采用窦国仁统一沉速公式[79]：

$$\omega = \sqrt{\frac{4}{3}\frac{1}{C_v}\frac{\gamma_s - \gamma}{\gamma}gd} \tag{3.3-30}$$

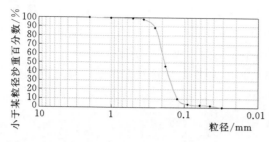

图 3.3-6　江湖交汇河段实测河床质级配

其中 $C_{\mathrm{v}}=\dfrac{32}{Re}\left(1+\dfrac{3}{16}Re\right)\cos^{3}\theta_{*}+1.20\sin^{2}\theta_{*}$

$$\theta_{*}=\frac{\ln 2Re}{\ln 5000}\frac{\pi}{2}$$

$$Re=\frac{\omega d}{\nu}$$

对于悬沙级配中每一粒径组 $d_{i,\mathrm{p}}$ 都可运用式（3.3-30）求出对应的 $\omega_{i,\mathrm{p}}$，按沉降相似要求即可求出 $\omega_{i,\mathrm{m}}=\omega_{i,\mathrm{p}}/2.5$，再运用式（3.3-30）即可求出 $d_{i,\mathrm{m}}$，得相应粒径比尺 $\lambda_{d_{i}}=d_{i,\mathrm{p}}/d_{i,\mathrm{m}}$，逐一计算 $d_{i,\mathrm{m}}$ 可得满足沉降相似的模型沙级配，见表 3.3-3。模型悬沙 $d_{50}=0.034\mathrm{mm}$，沉速 $\approx 0.011\mathrm{cm/s}$。

表 3.3-3　　　　　　　　　　　悬沙原型级配和模型级配表

$d_{i,\mathrm{p}}/\mathrm{mm}$	0.5	0.35	0.25	0.125	0.088	0.063	0.031	0.016	0.008	0.004
$<d_{i,\mathrm{p}}/\%$	100	97.3	95.6	72.2	66.4	62.4	57.4	48	42.1	29.2
$d_{i,\mathrm{m}}/\mathrm{mm}$	0.780	0.560	0.411	0.213	0.151	0.108	0.054	0.028	0.0134	0.0073
$\lambda_{d_{i}}$	0.64	0.63	0.61	0.59	0.59	0.58	0.58	0.58	0.59	0.54

模型悬沙还应满足挟沙能力相似，由窦国仁等[148]的悬沙挟沙能力公式：

$$S_{*}=\frac{k}{C_{0}^{2}}\frac{\gamma\gamma_{\mathrm{s}}}{\gamma_{\mathrm{s}}-\gamma}\frac{v^{3}}{gH\omega} \tag{3.3-31}$$

可导出含沙量比尺：

$$\lambda_{s}=\frac{\lambda_{\gamma_{\mathrm{s}}}}{\lambda_{\gamma_{\mathrm{s}}-\gamma}}=0.29$$

天然河道中细沙淤积物干容重 $\gamma_{\mathrm{op}}\approx 1.10\mathrm{t/m^{3}}$，木屑淤积物干容重 $\gamma_{\mathrm{om}}\approx 0.45\mathrm{t/m^{3}}$，因而：$\gamma_{r_{0}}=2.44$。

由此可以得到冲淤时间比尺：

$$\lambda_{t_{1}}=\frac{\lambda_{\gamma_{0}}\lambda_{L}}{\lambda_{\frac{\gamma_{\mathrm{s}}}{\gamma_{\mathrm{s}}-\gamma}}\lambda_{v}}=\frac{2.44\times 400}{0.29\times 8.1}=415 \tag{3.3-32}$$

（4）底沙比尺。底沙是指在河床床面推移的那部分沙质推移质，其级配应接近于床沙级配。表 3.3-4 列出了按沉降相似条件计算得出的推移质模型沙级配，原型底沙 $d_{50}=0.186\mathrm{mm}$，模型底沙 $d_{50}=0.313\mathrm{mm}$，其沉速分别为 $1.75\mathrm{cm/s}$ 和 $0.70\mathrm{cm/s}$，沉速比尺约为 2.5。

表 3.3-4　　　　　　　　　　　沙质推移质原型级配和模型级配表

$d_{i,\mathrm{p}}/\mathrm{mm}$	1	0.5	0.355	0.25	0.18	0.125	0.09	0.062	d_{50}/mm
$<d_{i,\mathrm{p}}/\%$	99.41	98.74	97.94	88.59	46.11	9.63	3.56	2.42	0.186
$d_{i,\mathrm{m}}/\mathrm{mm}$	1.481	0.780	0.567	0.411	0.304	0.214	0.154	0.108	0.313
$\lambda_{d_{i}}$	0.68	0.64	0.63	0.61	0.59	0.59	0.59	0.58	0.59

原型沙起动流速常采用沙玉清公式计算，即

$$V_{0p} = \sqrt{0.43 d^{\frac{3}{4}} + 1.1 \frac{(0.7-\varepsilon)^4}{d} h^{\frac{1}{5}}} \qquad (3.3-33)$$

式中：d 为泥沙粒径，mm；h 为水深，m；ε 为孔隙率，稳定值约为 0.4。

　　根据经验，原型沙起动流速采用沙玉清公式计算，在水深为 5~25m 情况下，原型沙的起动流速为 0.56~0.78m/s。对于选定的木屑模型沙，经水槽试验，在相应模型水深为 5~25cm 时，其起动流速为 0.07~0.09m/s，由此得原型沙与模型沙起动流速比尺为 8.0~8.6，与水流流速比尺比较接近（表 3.3-5）。因此模型底沙基本上满足了沉速相似，也基本满足了起动相似。

表 3.3-5　　　　　　　　　原型沙和模型沙起动流速及其比尺

名称	密度/(t/m³)	粒径/mm	水深/m	起动流速/(m/s)	比尺
原型	2.65	0.05~0.5	5~25	0.56~0.78	8.0~8.6
模型	1.22	0.086~0.64	0.05~0.25	0.07~0.09	

　　根据窦国仁等[148]输沙率公式，λ_ω 和 $C_0 = \ln\left(11\frac{H_p}{\Delta_p}\right)/\ln\left(11\frac{H_m}{\Delta_m}\right)$ 分别为 2.5 和 1.60（H 取多年平均水深约 10m；河床糙度，当 $d<0.5$mm，$\Delta=0.5$mm），由此可以计算出单宽底沙输沙量比尺 λ_{qsb} 为

$$\lambda_{qsb} = \frac{\lambda_{\gamma_s}}{\lambda_{\gamma_s-\gamma}} \frac{\lambda_v^4}{\lambda_{C_0}^2 \lambda_\omega} = \frac{2.17}{7.50} \times \frac{8.1^4}{1.6^2 \times 2.5} = 195 \qquad (3.3-34)$$

　　天然河道中底沙淤积物干密度约 1.3t/m³，木屑淤积物干密度约为 0.6t/m³，因而底沙干密度比尺 $\lambda_{\gamma_0} \approx 2.17$，即底沙冲淤时间比尺 λ_{t_2} 为

$$\lambda_{t_2} = \frac{\lambda_{\gamma_0} \lambda_H \lambda_L}{\lambda_{qsb}} = \frac{2.17 \times 100 \times 400}{195} = 445 \qquad (3.3-35)$$

　　由上述计算可见，悬沙、底沙的冲淤时间比尺比较接近，达到了用同一种模型沙在模型上模拟悬沙、底沙综合运动的目的。为模型操作方便起见，冲淤时间比尺统一采用 430，各项比尺汇总于表 3.3-6。

表 3.3-6　　　　　　　　　动床模型比尺汇总

项　目	名　　称	比尺符号	比尺数值
几何要素	平面长度	λ_L	400
	水深	λ_H	100
悬移质	沉速	λ_ω	2.5
	粒径	λ_d	0.58~0.64
	含沙量	λ_s	0.29
	扬动流速	λ_{v_f}	≈8.1
	干密度	λ_{γ_0}	≈2.44
	冲淤时间	λ_{t_1}	415

续表

项 目	名 称	比尺符号	比尺数值
推移质	沉速	λ_ω	≈ 2.5
	粒径	λ_d	$0.58 \sim 0.68$
	起动流速	λ_{v_k}	8.1
	单宽输沙率	$\lambda_{q_{sb}}$	195
	干密度	λ_{γ_0}	2.16
	冲淤时间	λ_{t_2}	445

上述计算中的 λ_s 值和 λ_{t_2} 值，根据原型实测河床冲淤变化资料在冲淤验证试验中进行修正。

3.3.3.2 模型验证

1. 水流相似验证

模型中对 2011 年和 2012 年实测的枯水、中水、洪水水面线及流速分布进行了验证（图 3.3-7 和图 3.3-8）。验证试验表明，

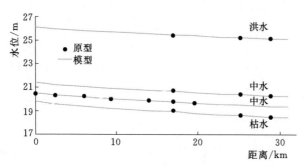

图 3.3-7 枯水、中水、洪水流量时
长江沿程水面线验证

模型水面线、流速分布与原型相似，符合《内河航道与港口水流泥沙模拟技术规程》（JTS/T 231—4—2018）的要求。因此，可以采用此模型进行水流运动特性试验研究。

2. 泥沙冲淤相似验证

验证河段为长江与洞庭湖交汇河段，以 2011 年 7 月天然实测河床地形作为起始地形，2011 年 10 月天然实测河床地形作为汛期验证地形，至 2012 年 1 月天然实测河床地形作为枯水期验证地形。

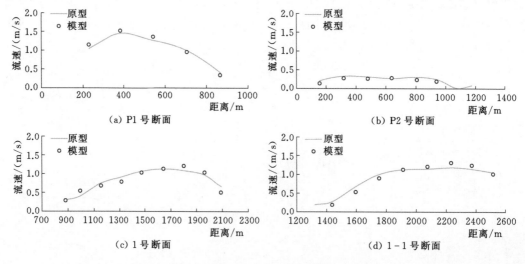

图 3.3-8 江湖交汇河段断面垂线平均流速分布验证（流量 $Q = 11348 \text{m}^3/\text{s}$）

冲淤验证主要包括平面冲淤部位、冲淤量及其分布的验证。经过多组试验，最后得出模型含沙量比尺为 $\lambda_s = 0.40$，冲淤时间比尺为 $\lambda_{t_2} = 600$，模型与原型的冲淤变化达到相似。

2011 年 7 月至 2012 年 1 月，长江与洞庭湖汇流河段原型冲淤总量为 787 万 m^3，模型冲淤总量为 759 万 m^3，模型与原型冲淤量偏差值为 3.5%，符合规程要求的全河段冲淤总量的偏差在允许值±20% 以内，详见表 3.3-7 和图 3.3-9。由此可见，无论是涨水期还是退水期，模型与原型各河段冲淤规律一致，冲淤量基本为同一数量级，符合相关规范要求，说明模型冲淤量及其分布与原型基本相似，模型所选用的模型沙和所确定的各种比尺基本合适。

表 3.3-7　　　　　　　　　　原型与模型河床冲淤量对比表

项目	位置	断面	2011 年 7 月至 2011 年 10 月		2011 年 10 月至 2012 年 1 月	
			原型冲淤量/万 m^3	模型冲淤量/万 m^3	原型冲淤量/万 m^3	模型冲淤量/万 m^3
长江	汇流口上游	58~67 号			−147	−146
	汇流口	67~75 号	216	195	184	181
	汇流口下游	75~81 号	194	217	224	178
	汇流口下游	81~85 号			88	76
洞庭湖		H1~H8 号	−29	−9	56	68
合计			381	402	406	357
偏差			5.5%		−12.0%	

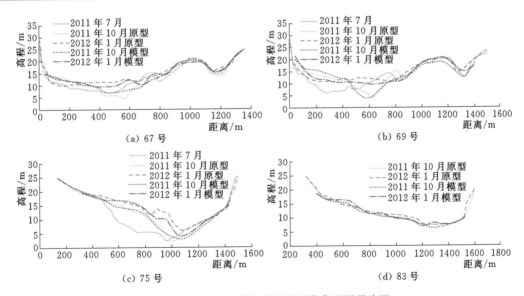

图 3.3-9　长江与洞庭湖汇流河段典型断面验证

动床模型验证结果表明，模型水面线、流速分布、汊道分流比及河床冲淤地形与原型基本相似，符合《内河航道与港口水流泥沙模拟技术规程》（JTS/T 231—4—2018）[149] 要求，模型所选用的模型沙和所确定的各种比尺（流量比尺、粒径比尺、含沙量比尺和河床变形时间比尺）基本合适。

第 4 章

长江干流与洞庭鄱阳两湖水沙交换机制

4.1　长江中游大型江湖系统水沙交换

4.1.1　长江与洞庭湖水沙交换

　　洞庭湖既接纳长江三口分流，又在城陵矶口与长江汇流后向下游排泄。

　　三口分流分沙是指长江水沙经松滋口、太平口、藕池口流入洞庭湖（图 2.1-1）。长江三口分流入洞庭湖的水量多年平均约为 836 亿 m³，占入湖总水量约为 34%。实测资料分析表明（表 4.1-1 和图 4.1-1），自 1950 年以来，长江三口分流水量下降显著。20 世纪 70 年代下荆江裁弯为一关键时间节点。下荆江裁弯后，三口分流比由 1967 年的26.5%下降到 1980 年的 19.9%。三口分流水量由裁弯前的 1291 亿 m³（1956—1970 年）减少到裁弯后的 634 亿 m³（1981—2011 年）。受此影响，三口来水量占入湖总水量的百分比逐步下降，当前仅为 24%。20 世纪 90 年代以来至 2002 年三口分流变化相对不明显。三峡水库运行后，除 2006 年、2011 年为特殊的枯水年，三口分流比减小幅度较大外，其他年份三口分流比无明显变化，多年平均值为 12%。长江三口分流量见图 4.1-2。

表 4.1-1　　　　　　　　　　　　洞庭湖年均来水来沙量统计表

年份	入湖水量/亿 m³		出湖水量 /亿 m³	入湖沙量/万 t		出湖沙量 /万 t	淤积量 /万 t
	三口	四水		三口	四水		
2003—2011	475	1492	2229	1110	865	1650	325
1956—2011	836	1644	2766	10540	2510	3640	9410

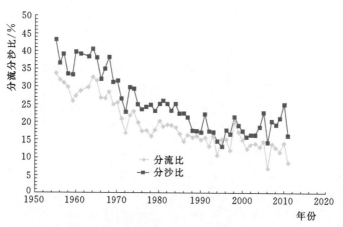

图 4.1-1　洞庭湖三口分流分沙比变化

　　长江三口分沙入洞庭湖的量多年平均为 10540 万 t（1956—2011 年）。由于长江分流水量的减少，三口分沙入洞庭湖的量也明显减少（图 4.1-3）。自 20 世纪 50 年代以来，三口分沙量快速递减，趋势明显。与水量相同，下荆江裁弯是一个重要的时间节点，裁弯后，受分水量下降的影响，分沙量也明显下降，分沙比由裁弯前的 34.7％下降到 24.4％，之后，较长时间变化趋势和分水量变化一致，年平均分沙量为 9124 万 t。20 世纪 90 年代以来由于人类活动等导致的长江干流减沙影响，长江干流含沙量处于减小态势，进入三口的沙量也持续减少。三峡水库运行后，与水量变化不同的是，清水下泄使得分沙量在三峡水库蓄水运行以来有一个明显的下降，2003 年三峡水库开始 135m 蓄水后，年分沙量达到了历史最低的 2050 万 t；随后，在 2006 年三峡水库实现 156m 蓄水后，多年（2006—2011 年）平均分沙量锐减为 688 万 t。三峡水库运行后，虽然分沙量大幅减小，但三口分沙比变化不大，还略有增大，近期多年平均约 16％，主要是荆江河道冲刷，含沙量沿程恢复补给造成的。

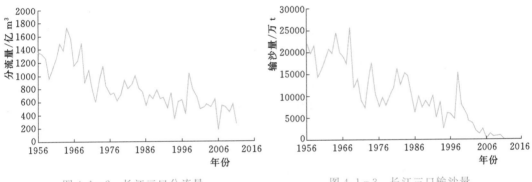

图 4.1-2　长江三口分流量　　　　　图 4.1-3　长江三口输沙量

　　洞庭湖经由城陵矶进入长江的水量多年平均值约为 2800 亿 m³。20 世纪 70 年代之前，出湖水量相对较大，约为 3200 亿 m³。下荆江裁弯后的较长一段时期维持在 2700 亿 m³。三峡水库蓄水运行以来，水量又有所减少，2003—2011 年平均值约为 2300 亿 m³。洞庭湖出湖水量季节性波动很明显，汛期 5—9 月出湖流量大，多年平均值均高于 10000m³/s。春季 3 月洞庭湖出水开始增加，至 7 月，达到最大出流量，多年平均值约为 17000m³/s。随后，出湖流量逐步下降，至 12 月进入冬季枯水期。冬季枯水期（12 月至次年 2 月）出湖流量维持在 3000m³/s 左右。洞庭湖历年出湖水量和月平均出湖流量见图 4.1-4 和图 4.1-5。

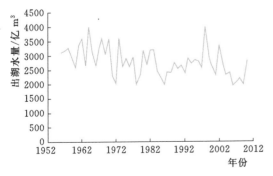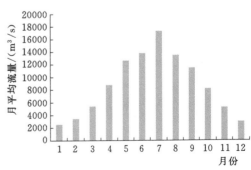

图 4.1-4　洞庭湖历年出湖水量　　　　　图 4.1-5　洞庭湖月平均出湖流量

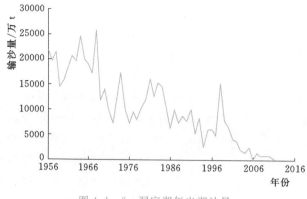

图 4.1-6　洞庭湖年出湖沙量

在三口入湖总沙量历年减少的同时，出湖沙量也逐渐减少（图 4.1-6）。荆江裁弯前，洞庭湖出口城陵矶站的年均出湖沙量为 0.596 亿 t，裁弯后 1996—2002 年为 0.225 亿 t，但是，它占入湖总沙量的比例维持在约 26%。三峡水库蓄水运行后，2003—2011 年洞庭湖实测出湖沙量为 0.165 亿 t，占入湖沙量的比例明显提高，达 83%。

4.1.2　长江与鄱阳湖水沙交换

鄱阳湖接纳五河来水，在江西湖口县北排长江。在长江来水大，而鄱阳湖区水位较低时每年都有可能会发生长江倒灌鄱阳湖的现象。湖口水文站的流量变化反映了长江与鄱阳湖的水量交换关系。根据鄱阳湖湖口站的水量资料，鄱阳湖多年平均的出湖水量约为 1500 亿 m³（1950—2012 年）。年出湖水量取决于流域五河来水量，呈波动变化，虽然近年小水年份较多，但总体来看，没有明显的变化趋势（图 4.1-7）。

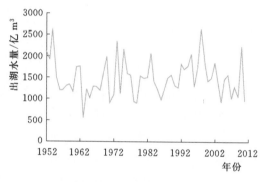

图 4.1-7　历年出湖水量

鄱阳湖出湖水量大小年内波动变化，季节性特征明显，出湖水量最大的月份是流域五河处于主汛期的 4—6 月，出湖月平均流量在 7000m³/s 以上（图 4.1-8）。7—9 月虽然仍处于汛期，但是五河流域雨季已过，受长江高水位的顶托，鄱阳湖多年月平均出湖流量在 4000m³/s 左右。在冬季枯水期（12 月至次年 2 月），出湖水量维持在 2000m³/s 上下，1 月月平均出湖流量最低，1950—2012 年平均为 1815m³/s。

在长江汛期，鄱阳湖区水位较低时，会出现长江倒灌鄱阳湖的现象。根据湖口站的流量统计表明，长江倒灌水量随水情变化年际之间波动变化大（图 4.1-9）。经历了 1950—1960 年较强的倒灌，20 世纪 70 年代倒灌强度减弱；20 世纪 80 年代中后期又渐渐趋强，20 世纪 90 年代又转而趋弱，2000 年以来又有所增强。1991 年出现了有观测记录以来的倒灌最大值 114 亿 m³。然而，尽管 20 世纪 90 年代长江干流水量较大，在这段时期，长江倒灌鄱阳湖却最弱，1990—1999 年的 10 年间共有 6 年没有出现江水倒灌。

根据湖口站 1981—2012 年实测悬移质泥沙含量资料统计，鄱阳湖向长江输出沙量年均值为 967 万 t。2001 年之前，出湖沙量较为平稳，为 760 万 t（1981—2000 年），比多年

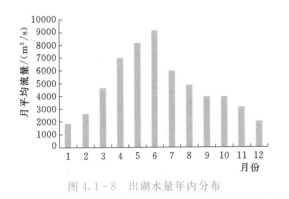

图 4.1-8　出湖水量年内分布

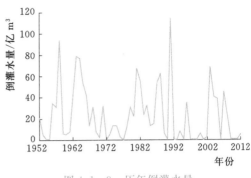

图 4.1-9　历年倒灌水量

平均值低 21%。2001 年之后，出湖沙量出现了明显的抬升，年平均输沙量为 1239 万 t，比多年平均值高 28%。出湖沙量最低年份为 1991 年（图 4.1-10），由于含沙量相对较高的长江水倒灌入鄱阳湖，造成当年出湖沙量低至 48 万 t。对照鄱阳湖出湖水量的变化，可以看出，尽管出湖水量变化不大，但是沙量却有明显的提高（图 4.1-11）。这可能与当地采砂造成的出湖悬移质泥沙浓度偏高有关。

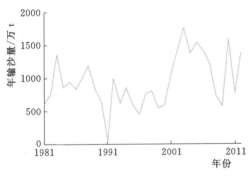

图 4.1-10　历年输沙量

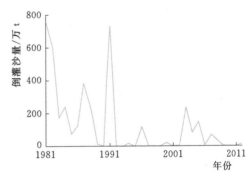

图 4.1-11　历年倒灌沙量

4.2　三峡水库运行后长江与洞庭湖水沙交换机制

4.2.1　三峡水库运行对洞庭湖水沙特性与洲滩发育的影响分析

4.2.1.1　长江三口来沙量

长江三口来沙量对洞庭湖的洲滩发育起着决定性的作用。自长江分流分沙入洞庭湖的江湖水系格局形成以来，长江分沙入洞庭湖的能力与分沙的数量就在不断地发生着调整。长江三口分沙能力和数量发生了显著的变化。据历史数据资料统计，荆江裁弯前三口来沙量占入湖总沙量的 87.0%，四水来沙占 23.0%。荆江裁弯后，四水来沙比例有所升高。三峡水库蓄水运行后，2003—2011 年三口、四水来沙量均减少，但是三口减少更为明显，三口来沙量占比进一步下降，仅占总入湖沙量的 56.2%。

从长江三口入湖沙量历年变化来看，自 2003 年三峡水库开始试验性蓄水运行以来，因出库沙量的锐减，长江三口沙量显著减少。由 1981—2002 年平均输沙量 8662 万 t，减至 2003—2011 年的 1114 万 t，减少了 87%。沙量的减少使洞庭湖湖泊洲滩淤积减缓，降低此前洞庭湖湖泊洲滩的发育速度。近几十年来长江输沙量变化见图 4.2-1。

4.2.1.2　洲滩淹水历时

三峡水库运行后，洞庭湖湖泊洲滩年内淹水历时发生了调整。不管是丰水年、平水年还是枯水年，大致表现为：部分距开敞水面较近的滨水滩地淹水天数略有增加，大多数洲滩地的年淹水天数都有所减少。根据图 4.2-2，对比不同水文年的变化，可以发现，三峡水库运行对枯水年型的湖泊滩地年淹水天数影响最大，平水年次之，丰水年最小。若遇

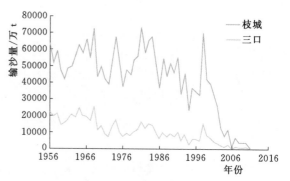

图 4.2-1　近几十年来长江输沙量变化

1972 年型的枯水水情，三峡水库的运行可使东洞庭湖主要洲滩淹水天数减少 30～50 天；而遇 1998 年大洪水年型，东洞庭湖主要洲滩地的淹水时间减少，为 0～20 天。淹水天数的减少意味着洲滩地处于含沙水流作用下的有效天数降低，从而使这部分洲滩地的发育减缓。

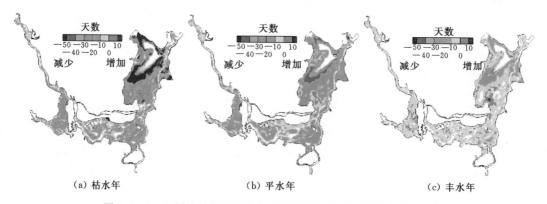

(a) 枯水年　　　　　　　　(b) 平水年　　　　　　　　(c) 丰水年

图 4.2-2　不同水情年型三峡水库运行引起的洞庭湖淹水时间变化

4.2.2　三峡水库运行对长江与洞庭湖水量交换的影响

洞庭湖吞吐长江，除了湖泊出流在城陵矶与长江交汇外，还接纳长江三口分流的来水。三峡水库运行引起长江的水量变化不仅对长江三口分流产生影响，而且影响洞庭湖在城陵矶的出流。

在洞庭湖和长江即时的水动力交互作用下，三峡水库蓄水使城陵矶出口流量变化呈有规律的增减变化，湖泊水位提前消落。它对洞庭湖水位的影响通过两种机制起作用：①长江干流的水位快速下降使湖泊出流口水力坡降变大，洞庭湖出流流量增加，湖泊水位下降；②长江三口分流减少使得湖区水量补给减少，湖泊水位下降。

丰水年、平水年、枯水年三个典型水文年三峡水库运行后长江三口分流量的变化见表4.2-1。由于三峡水库对长江水量的调节作用，三口分流量全年明显减少，丰水年、平水年、枯水年 3 个典型年分别下降 170 亿 m³、72 亿 m³、65 亿 m³。汛期调洪和汛末蓄水引

起的变化强度最大；汛期调洪运行时段，丰水年对三口分流量改变最大、枯水年最小。枯季三峡水库增泄补水因为三口分流量小，总体影响不大。

表 4.2-1　　　　　　　各典型年不同时段长江三口分流量变化统计　　　　　　单位：m³/s

项　目	丰水年	平水年	枯水年
全年	−539	−229	−207
汛前预泄（5月10日至6月20日）	43	1187	555
汛期调洪（7—9月）	−1435	−134	−327
汛末蓄水（10—11月）	−1096	−1386	−1232
枯季补水（1—4月）	162	193	117

由于三峡水库对长江流量的调节作用，造成洞庭湖与长江的顶托关系发生变化，从而改变洞庭湖的出流过程。统计丰水年、平水年、枯水年 3 个典型水文年三峡水库运行对洞庭湖出流的影响量的模拟结果（见表 4.2-2），可以看出，受三峡水库影响，洞庭湖全年出湖流量总体减少。汛期调洪和汛末蓄水引起的洞庭湖出流变化幅度最大。汛期调洪运行时段，丰水年对洞庭湖出流改变最大、枯水年最小。枯季补水对丰水年影响不大，而在平水年和枯水年，补水作用明显。在分析的典型平水年和枯水年，洞庭湖 1—4 月进入长江水量分别减少 1.2 亿 m³ 和 1.0 亿 m³，对提高枯水期湖泊水量有正面效益。汛末蓄水时段，洞庭湖出流量明显减少与三口分流来水减少相当；在该时段，长江对洞庭湖的补水作用明显减弱，将造成洞庭湖汛末湖泊水量较无三峡水库调节时减少。

表 4.2-2　　　　　　　各典型年不同时段洞庭湖出流量变化统计　　　　　　单位：m³/s

项　目	丰水年	平水年	枯水年
全年	−365	−814	−656
汛前预泄（5月10日至6月20日）	11	−602	−898
汛期调洪（7—9月）	−1127	−1101	−788
汛末蓄水（10—11月）	−594	−1386	−1123
枯季补水（1—4月）	35	−354	−284

从洞庭湖出流变化过程来看（图 4.2-3～图 4.2-5），三峡水库运行对洞庭湖出流量影响较大的时段主要集中在 4—11 月。对江湖水量交换影响的强度随实际水情而变化，可高达 4000～5000m³/s 的量级；最明显的影响主要在汛期调洪时段。

4.2.3　三峡水库运行对长江与洞庭湖泥沙交换的影响

由于三峡水库运行改变了洞庭湖与长江的顶托关系，洞庭湖在城陵矶口与长江的泥沙通量交换也随着发生变化。基于江湖水量交换模拟数据，计算了丰水年、平水年、枯水年 3 个典型水文年条件下洞庭湖出流挟沙能力，如图 4.2-6～图 4.2-8 所示。洞庭湖因为来水和顶托的共同作用，出流挟沙能力的变化相对更为复杂，顶托影响的规律性不是很明显。总体上，三峡水库运行对平水年型和枯水年型的出流挟沙能力改变要大于丰水年型。在平水年、枯水年中，洞庭湖出流挟沙能力全年平均值分别下降 18% 和 21%。冬春季节，

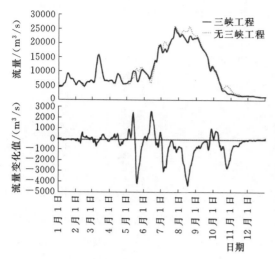

图 4.2-3　丰水年型三峡水库对洞庭湖
出流过程的影响

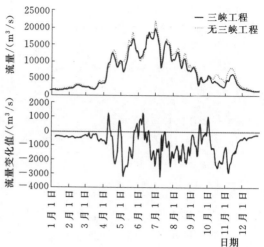

图 4.2-4　平水年型三峡水库对长江与
洞庭湖出流过程的影响

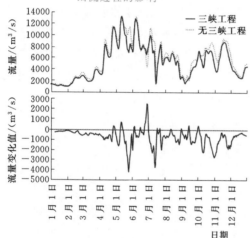

图 4.2-5　枯水年型三峡水库对长江与
洞庭湖出流过程的影响

三峡水库运行补水减少出流的挟沙能力；汛前预泄增大下泄流量，降低了出流挟沙能力；汛期调洪时段，变化不定；汛末蓄水，虽然三口来水减少，但是湖泊出流的挟沙能力总体有所上升。

湖泊的饱和输沙量在水量交换变化及挟沙能力变化的基础上也有所调整，总体来看，除个别月份，输沙量都略有减少。从全年来看，不同年型条件下，其饱和输沙量均有小幅下降，对应丰水年、平水年、枯水年3个典型水文年，下降比例分别为15％、19％和7％。

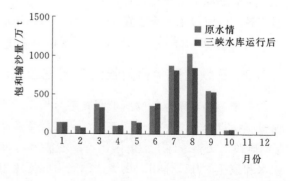

图 4.2-6　丰水年型三峡水库对洞庭湖出流挟沙能力和饱和输沙量的影响

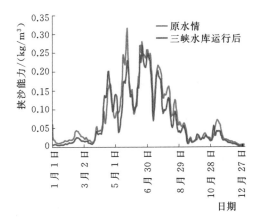
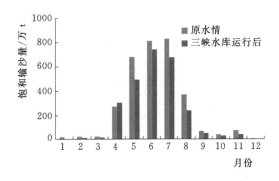

图 4.2-7　平水年型三峡水库对洞庭湖出流挟沙能力和饱和输沙量的影响

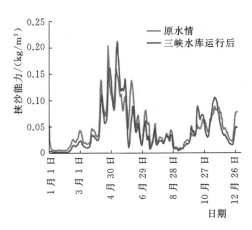
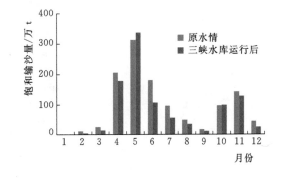

图 4.2-8　枯水年型三峡水库对洞庭湖出流挟沙能力和饱和输沙量的影响

综上所述，洞庭湖吞吐长江，三峡水库调节水量不仅改变湖泊出流的水力条件，而且直接改变洞庭湖经由三口河道分流的长江水量。三峡水库的影响因而既可由城陵矶汇流口向上游东洞庭湖扩散，又可经由三口分流来水量减少从上游向下游的传播。三峡水库对水量交换的影响具有时间尺度效应。但是，洞庭湖因长江三口分流来水的减少，全年江湖水量交换通量也相应减少。在不同的调节时段及不同的水情，三峡水库运行对洞庭湖水量交换影响各异。在分析其影响时，应就具体水情和影响时段来科学分析。一般地，汛期调洪和汛末蓄水引起的江湖水量交换的变化强度最大。汛期调洪运行时段，丰水年对洞庭湖出流改变最大、枯水年最小。枯季补水对丰水年影响不大，而在平水年和枯水年，补水作用显现。

由于三峡水库运行改变了洞庭湖与长江的顶托关系，洞庭湖在城陵矶口与长江的泥沙通量交换也随着发生变化。洞庭湖因为来水和顶托的共同作用，出流挟沙能力的变化相对更为复杂。顶托影响的规律性不是很明显。湖泊向长江的饱和输沙量在水量交换变化及挟沙能力变化的基础上也有所调整，总体来看，除个别月份外，输沙量都有所减少，减幅不大。从全年来看，不同年型条件下，其饱和输沙量均有小幅下降，对应丰水年、平水年、枯水年 3 个典型水文年，下降比例分别为 15%、19% 和 7%。

4.3   三峡水库运行后长江与鄱阳湖水沙交换机制

4.3.1   三峡水库运行对鄱阳湖水沙特性与洲滩发育的影响分析

三峡水库运行后，湖泊水量分配发生的变化改变了湖泊洲滩的淹水时间，泥沙的滞留沉积时间发生了相应的调整。从5—10月湖泊洲滩淹水时间变化可以看出，鄱阳湖洲滩淹水时间在不同的典型年均有不同程度的变化（图4.3-1）。其中，湖泊中部中高位洲滩的淹水时间减少0～20天，而低位洲滩在平水年淹水历时略有升高。中高位洲滩淹水时间的减少在一定程度上可降低洲滩的沉积速率，而低位洲滩在平水年或枯水年型下泥沙沉积时间有所延长，可促进洲滩的发育。

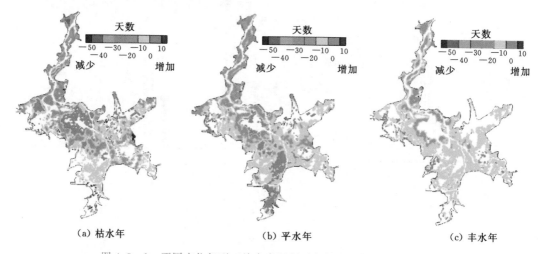

（a）枯水年   （b）平水年   （c）丰水年

图4.3-1   不同水位年型三峡水库运行引起的鄱阳湖淹水时间变化

根据历年各月水位统计数据，5—10月湖泊洲滩已部分或全部淹没，而且，这一时段包括了三峡水库运行的主要调节时段，这里以该时段的水体挟沙能力的变化来分析三峡水库运行对湖泊洲滩的影响。

结果表明，无论是丰水年、平水年、枯水年，对三峡水库运行和不运行两种工况情景，鄱阳湖湖泊洲滩挟沙能力多小于 $0.1kg/m^3$，且多数月份在 $0.01kg/m^3$ 以下。挟沙能力高于 $0.1kg/m^3$ 的水域多位于湖泊内的洪道及邻近区域。因5—6月为鄱阳湖流域五河来水的主要时段，使得该时段鄱阳湖全湖挟沙能力要明显高于7—10月。三峡水库运行条件下，湖泊洲滩的挟沙能力6月有所偏小，其余时段都有不同程度的上升，但是并没有显著的变化。考虑到鄱阳湖入湖泥沙浓度要高于（外洲5—10月多年平均含沙量约 $0.1kg/m^3$）湖泊洲滩的挟沙能力。挟沙能力微小的变化不会改变湖泊洲滩的冲淤特性。

4.3.2   三峡水库运行对长江与鄱阳湖水量交换的影响

三峡水库运行后，改变了长江的水量过程，进而影响鄱阳湖水情，造成鄱阳湖与长江水量交换关系发生变化。

　　选取 2006 年 156m 蓄水过程开展三峡水库调节对鄱阳湖水情影响机制分析。在三峡水库蓄水影响下，长江来水量减少，受此影响，鄱阳湖湖口水情发生了明显的变化。根据水位的变化过程（图 4.3 - 2），三峡水库蓄水的影响传递到湖口滞后约 6~7 天，从 9 月 27 日开始影响鄱阳湖湖口，直至蓄水结束后的第 10 天，即 11 月 7 日，蓄水影响基本结束（水位与不蓄水相比小于 0.2m）。在此过程中，鄱阳湖的出流量（湖口）有增有减，平均约增加 12m³/s（表 4.3 - 1）。对应三峡水库蓄水的两次拦蓄洪峰过程，鄱阳湖出流量呈现了两次先升后降的明显波动。第二次拦蓄较大的水量对鄱阳湖影响较大，波动较为剧烈，其流量的最大增加量和减少量分别为 261m³/s 和 250m³/s（表 4.3 - 1）。在波动之后，流量开始缓慢恢复，蓄水影响逐渐消失。

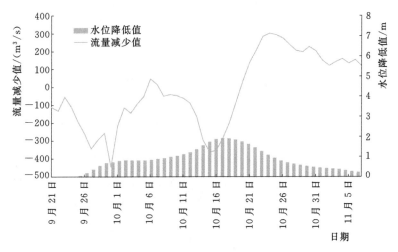

图 4.3 - 2　鄱阳湖出口湖口流量减少值与水位降低值过程线

表 4.3 - 1　　　　　　　　　　鄱阳湖各站水位和流量变化统计

站点	水 位 削 减			流 量 变 化		
	平均值 /m	最大值 /m	最大值发生日期	平均值 /(m³/s)	最大值 /(m³/s)	最大值发生日期
宜昌	1.16	3.72	10 月 1 日	2786	10200	10 月 1 日
湖口	0.94	1.91	10 月 17 日	-12	-445 (302)	9 月 30 日 (10 月 24 日)
星子	0.74	1.56	10 月 18 日	—	—	—
都昌	0.50	1.12	10 月 19 日	—	—	—
康山	0.03	0.04	10 月 11 日	—	—	—
波阳	0.00	0.00	—	—	—	—

　　注　宜昌站数据统计时间为 9 月 21 日至 10 月 27 日；鄱阳湖各站数据统计时间为 9 月 27 日至 11 月 7 日。表中流量变化数值正数表示流量减少，负数表示流量增加；湖口站流量变化有增有减，最大增幅和减幅分别列于表中。

　　出口流量的增加使得湖泊水位提前消落，这是三峡水库蓄水对鄱阳湖水位影响的作用机制。出口流量的增加来自出流水力坡降的变化。以星子和湖口水位落差为例，10 月 15日落差为 0.84m，而不蓄水的情景仅有 0.44m，蓄水后落差明显增大。三峡水库蓄水使得长江干流水位快速消落，出湖口处水力坡降增大，出流量增加，从而加速湖泊水位下跌，湖水位下降和湖水量的减少又反过来促使出口流量逐渐减少，甚至使出口流量比不蓄水情况还小。

基于丰水年、平水年、枯水年3个典型水文年的水情数据，模拟计算了三峡水库按照正常调度规则运行引起的水量变化对长江与鄱阳湖水量交换的影响。图4.3-3～图4.3-5分别给出了在丰水年、平水年及枯水年，有无三峡水库运行的水量交换过程对比。可以看出，受三峡水库调节的影响，鄱阳湖与长江的水量交换呈现规律性的增减波动变化，年内的水量交换平均接近于零。概括来说，三峡水库运行对鄱阳湖与长江水量的交换有时限效应。从较长时间尺度来看，一年或者一次调节过

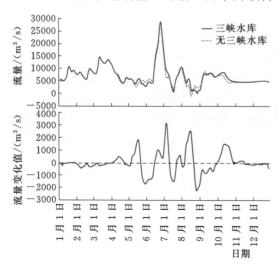

图4.3-3 丰水年三峡水库对长江与鄱阳湖水量交换过程的影响

程，若不考虑江湖的非线性，其影响量值为零。而如果将尺度缩短到单次调节作用内来看，其对江湖水量交换的影响量值很大。对应减泄过程，湖泊出流会有一个明显的波动，先是明显上升，而后下降至比原湖泊出流更低；在一次完整的调节过程之中，长江与鄱阳湖水量交换量接近于零。对增泄过程，情况则正好相反。

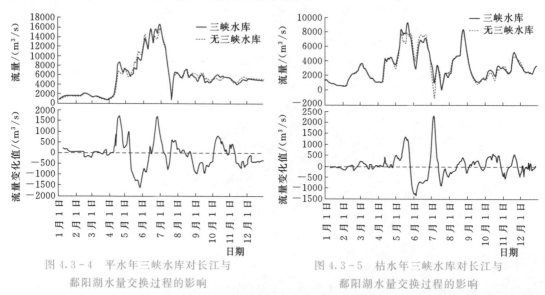

图4.3-4 平水年三峡水库对长江与鄱阳湖水量交换过程的影响

图4.3-5 枯水年三峡水库对长江与鄱阳湖水量交换过程的影响

根据三峡水库调度规则，统计得到不同时段三峡水库运行对长江与鄱阳湖水量交换的影响，见表4.3-2。从全年来看，长江与鄱阳湖全年水量交换量很小，接近于零。对鄱阳湖影响最大的是汛前预泄时段（统计时间），总体使湖泊进入长江的水量减少，下泄能力减弱。这对于由鄱阳湖流域五河来水造成的洪峰可能会有一定影响。

表 4.3-2　　　　　各典型年不同时段长江与鄱阳湖水量交换量变化统计　　　　　单位：m³/s

时　段	丰水年	平水年	枯水年
全年	0.8	14.6	−3.6
汛前预泄（5月10日至6月20日）	−205.6	−456.4	−228.3
汛期调洪（7—9月）	7.7	−11.5	87.2
汛末蓄水（10—11月）	−0.5	61.3	−17.7
枯季补水（12月至次年4月）	0.1	50.9	43.3

从长江与鄱阳湖水量交换过程来看，对江湖水量影响较大的时段也主要集中在4—10月。对江湖水量交换的影响强度根据实际水情而变化，最明显的影响在汛期调洪时段。

4.3.3　三峡水库运行对长江与鄱阳湖泥沙交换的影响

除了部分江水倒灌带来的沙量，鄱阳湖主要向长江输送五河流域来沙。输送沙量的多少和流域来沙有关外，还和湖泊水动力有关。三峡水库调节影响通过改变湖泊水动力特征影响鄱阳湖的江湖水沙交换。由于流域来水来沙变化变异大，为了使三峡水库调节对江湖水沙交换的影响结果更具一般性，这里选择鄱阳湖出流挟沙能力来分析三峡水库的影响。

基于江湖水量交换模拟数据，计算了丰水年、平水年、枯水年3个典型水文年条件下鄱阳湖出流挟沙能力，如图4.3-6～图4.3-8所示。三峡水库运行对枯水年条件下的鄱阳湖出流挟沙能力影响较大，对丰水年型影响微小。从年内变化过程来看，由于三峡水库汛前的预泄和春季的补枯加大水量的下泄，不同的水沙条件下，鄱阳湖出流的挟沙能力均有所减弱。而在10月，由于三峡水库蓄水，干流水量减少加速了湖泊水体的下泄，增大的动力条件使得出流挟沙能力略有升高。

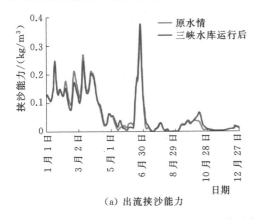
（a）出流挟沙能力

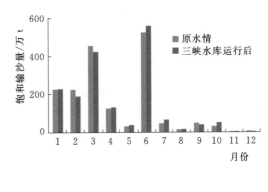
（b）饱和输沙量

图 4.3-6　丰水年三峡水库对鄱阳湖出流挟沙能力和饱和输沙量影响

鄱阳湖出流的饱和输沙量逐月分布如图4.3-6～图4.3-8所示。枯水年条件下，饱和输沙量有明显的下降，年度减少比例为53%；平水年条件下，饱和输沙量略有减少，约为8%；而在丰水年，饱和输沙量则略有升高约1%。可以看出，三峡水库调节对水沙交换的影响因水情的不同变化非常明显。

尽管挟沙能力略有变化，但是从鄱阳湖历年的出湖泥沙浓度可以看出，多数时期，尤

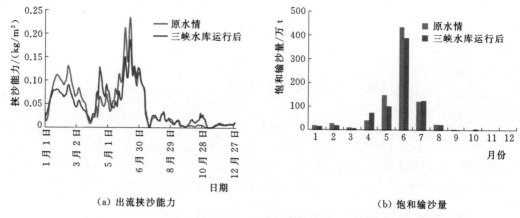

（a）出流挟沙能力　　　　　　　　　（b）饱和输沙量

图 4.3-7　平水年三峡水库对鄱阳湖出流挟沙能力和饱和输沙量影响

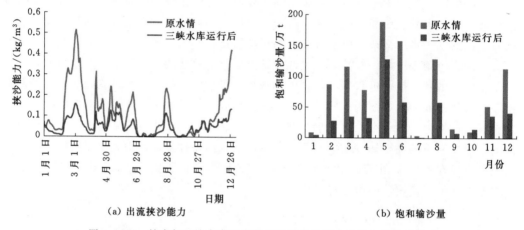

（a）出流挟沙能力　　　　　　　　　（b）饱和输沙量

图 4.3-8　枯水年三峡水库对鄱阳湖出流挟沙能力和饱和输沙量影响

其在流域来水来沙较大的丰水期，鄱阳湖出流泥沙含量并不能达到饱和值，出湖沙量主要和上游来沙有关。因此，可以认为，在枯水条件下，三峡水库运行可能减少鄱阳湖泥沙的输出；而在丰水条件下，三峡水库运行对鄱阳湖泥沙输出的影响并不明显。

第 5 章

长江中下游滩群演变对水沙调节的响应

5.1 江湖水沙交换对长江中下游河道冲淤变化的影响

5.1.1 不同江湖水沙交换条件下长江干流河道冲淤变化

洞庭湖与长江的水沙交换主要通过荆江三口分流和城陵矶汇流，鄱阳湖与长江的水沙交换主要通过湖口的汇入（或者倒灌）。江湖水沙交换直接影响到长江干流的水沙条件，因此，在三口分流（松滋口、太平口、藕池口）、城陵矶汇流、湖口汇流分汇比变化条件下，长江中下游河道演变也将发生不同程度的响应。江湖水沙交换变化后，对长江干流河道的影响程度如何，是长江河道治理和江湖规划中的重要问题之一。本节通过设置不同的分流比和汇流比，定量计算分析了江湖水沙交换对长江干流泥沙冲淤的影响。

5.1.1.1 计算工况

根据2003—2013年宜昌—大通各站水沙资料分析，三峡水库运行以来，洞庭湖荆江三口（松滋口、太平口、藕池口）分流比基本稳定，平均分流比为9.7%，城陵矶的汇流比为38.5%，湖口的平均汇流比为17.0%。为研究三口分流和城陵矶、湖口汇流比变化的影响，设定了7个计算工况，在现状的基础上增加或减小分流汇流比，具体计算条件见表5.1-1。基于2003—2013年实测水沙过程，根据各方案的流量调整情况修改计算边界条件，相应地，通过输沙率—流量关系改变含沙量边界条件。

表5.1-1　　　　　　　　　计　算　条　件

方案名称	方案说明	平均分流（汇流）比
工况①：现状	实测现状分流、汇流过程	9.7%、38.5%、17.0%（三口、城陵矶、湖口）
工况②：三口封堵	荆江三口封堵，无水沙入洞庭湖	0
工况③：三口2	三口流量增加为现状的2倍	18.0%（1981年水平）
工况④：城陵矶封堵	城陵矶封堵，无水沙汇入长江	0
工况⑤：城陵矶2	城陵矶流量增加为现状的2倍	56.0%
工况⑥：湖口封堵	湖口封堵，鄱阳湖与长江无水沙交换	0
工况⑦：湖口1.3	湖口流量增加为现状的1.3倍	21.1%

注　计算工况不考虑实际可行性，仅为探讨分流（汇流）比变化的影响。

5.1.1.2 计算结果分析

1. 荆江三口分流比变化

表5.1-2给出了各工况2003—2013年水沙条件下宜昌—大通河段冲淤量比较情况。图5.1-1给出了松滋口、太平口、藕池口三口分流比变化下的宜昌—大通河段沿程累计冲淤量变化情况。与现状相比，三口封堵（即三口分流流量减小为0）条件下，长江干流

流量增加，宜昌—大通河段整体冲刷量增加 20%，其中对荆江河段影响最大，大埠街—藕池口河段冲刷量增加 18%，藕池口—城陵矶河段冲刷量增加 45%，而城陵矶—石矶头河段相对淤积增大 34%，主要是城陵矶以上河段冲刷增加所致。石矶头以下河段受流量增加影响冲刷加剧，石矶头—汉口河段冲刷量增加 23%，汉口—湖口河段冲刷量增加 20%，汉口—大通河段冲刷量增加 24%。

表 5.1-2　　　　　　　　各计算工况冲淤量计算结果对比　　　　　　　　　单位：亿 m³

河段	工况①：现状	工况②：三口封堵	工况③：三口 2	工况④：城陵矶封堵	工况⑤：城陵矶 2	工况⑥：湖口封堵	工况⑦：湖口 1.3
宜昌—大埠街	−1.19	−1.20	−1.22	−1.27	−1.11	−1.19	−1.19
大埠街—藕池口	−0.81	−0.95	−0.67	−1.01	−0.66	−0.81	−0.81
藕池口—城陵矶	−0.83	−1.20	−0.40	−1.86	−0.26	−0.83	−0.82
城陵矶—石矶头	0.39	0.52	0.25	1.61	−0.47	0.39	0.39
石矶头—汉口	−0.19	−0.23	−0.15	0.01	−0.53	−0.18	−0.19
汉口—湖口	−0.89	−1.07	−0.74	−0.26	−1.65	−0.71	−0.87
湖口—大通	−0.59	−0.73	−0.48	−0.14	−1.15	−0.40	−0.80
合计：宜昌—大通	−4.11	−4.87	−3.39	−2.90	−5.82	−3.73	−4.30

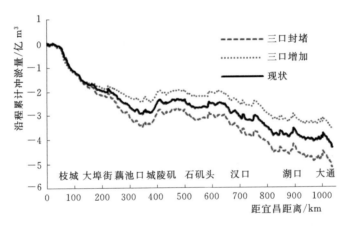

图 5.1-1　荆江三口分流变化后宜昌—大通河段沿程累计冲淤量

在现状基础上三口分流流量增加 2 倍后，长江干流流量减少，宜昌—大通河段整体冲刷量减少 20%。其中宜昌—大埠街河段冲刷量基本不变，大埠街—藕池口河段冲刷量减少 17%，下荆江藕池口—城陵矶河段受影响最大，冲刷量减少 52%。城陵矶—石矶头河段淤积量减少 35%。石矶头以下河段仍受流量减少影响冲刷量减少，石矶头—汉口河段冲刷量减少 22%，汉口—湖口河段冲刷量减少 18%，汉口—大通河段冲刷减少 19%。

2. 城陵矶汇流比变化

表 5.1-2 及图 5.1-2 给出了城陵矶汇流比变化后宜昌—大通河段沿程累计冲淤量变化情况。与现状相比，城陵矶封堵（即城陵矶入汇流量减小为 0）后，宜昌—大通河段整体冲刷量减少 8%，但各河段冲淤变幅较大。城陵矶以上河段冲刷增加，这主要是因为城

陵矶汇入流量减小后对荆江河段顶托作用减弱，其中大埠街—藕池口河段冲刷量增加25%，藕池口—城陵矶河段冲刷增加124%；而城陵矶以下河段长江干流流量减少，冲刷减小甚至转为淤积。城陵矶—石矶头河段相对淤积增加，石矶头以下河段由现状的大幅冲刷转为基本冲淤平衡状态或微冲状态，其中石矶头—汉口河段冲刷量减少108%，汉口—湖口冲刷量减少72%，湖口—大通冲刷量减少76%。

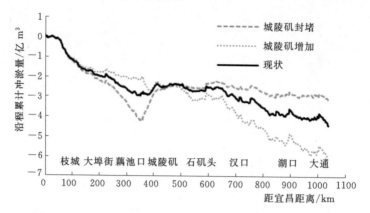

图 5.1-2 城陵矶汇流比变化后宜昌—大通沿程累计冲淤量

城陵矶入汇流量增加 2 倍后引起的长江干流河道冲淤变化与封堵方案相反，宜昌—大通河段整体冲刷量增加 25%。其中大埠街—藕池口河段冲刷量减少 18%，藕池口—城陵矶河段冲刷量减少 69%，这与洞庭湖入汇流量增加后顶托作用增加有关；城陵矶以下河段由于流量增加冲刷加剧，其中城陵矶—石矶头河段变化最大，由现状的微淤转为冲刷状态，冲刷量增加 220%，石矶头—汉口河段冲刷量增加 176%，汉口—湖口河段冲刷量增加 84%，湖口—大通河段冲刷量增加 95%。

3. 湖口汇流比变化

表 5.1-2 及图 5.1-3 给出了湖口汇流比变化后宜昌—大通河段沿程累计冲淤量变化情况。可见，湖口汇流减小为 0（即封堵）后，长江干流流量减小，宜昌—大通河段整体冲刷量减少 9%，其中汉口以上河段基本不受湖口封堵影响，冲刷量基本不变。湖口封堵

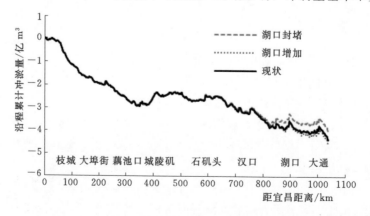

图 5.1-3 湖口汇流变化下宜昌—大通沿程累计冲淤量

后，汉口—湖口河段主要受鄱阳湖洪季分洪作用消失的影响，冲刷量减少 20％；湖口以下河段主要受枯季流量减少影响，湖口—大通河段冲刷量减少 32％。

湖口入汇流量增加至 1.3 倍后引起的长江干流河道冲淤变化与封堵方案相反，宜昌—大通河段整体冲刷量增加 4％。其中汉口以上河段基本不受影响，冲刷量基本不变；汉口—湖口河段受鄱阳湖顶托作用略大于分洪作用，冲刷量减少 3％；湖口以下河段受枯季鄱阳湖入汇流量增加影响，湖口—大通河段冲刷量增加 37％。

5.1.2 干流河道泥沙冲淤对江湖分流汇流比响应关系的探讨

为进一步理解江湖水沙交换对干流河道泥沙冲淤的影响程度，分析了长江干流河段泥沙冲淤与分流、汇流比的曲线关系，讨论了干流河道泥沙冲淤与分流、汇流比变化的定量关系。在前节的基础上，进一步增加了 6 组不同分流比、汇流比下的计算方案：三口0.5（三口流量减少为现状的 0.5 倍，分流比为 5.1％）、三口 1.5（三口流量增加为现状1.5 倍，分流比为 14.0％）、城陵矶 0.5（城陵矶入汇流量减少为现状 0.5 倍，汇流比为23.8％）、城陵矶 1.5（城陵矶入汇流量增加为现状 1.5 倍，汇流比为 48.0％）、湖口0.5（湖口流量减少为现状 0.5 倍，汇流比为 9.3％）、湖口 1.2（湖口流量增加为现状1.2 倍，汇流比为 19.7％）。

5.1.2.1 干流河道冲淤对荆江三口分流比的响应

图 5.1 - 4 给出了长江干流各河段年均冲淤量与荆江三口分流比变化的关系。宜昌—
大埠街河段位于松滋口上游，受三口分流影响较小，且属于沙卵石河床，河床抗冲性较强，三口分流比变化的影响较小。大埠街—藕池口河段冲刷量和三口分流比呈负相关，分流比每增加 10％，年均冲刷量将减少 150 万 m³。藕池口—城陵矶河段紧邻三口分流区域，受分流比影响最大，分流比每增加 10％，年均冲刷量将减少 410 万 m³。上述荆江河段冲淤量随三口分流比的变化与近年实测数据的统计结果基本一致[150]。城陵矶—石矶头河段受上游河段冲刷量大幅减少

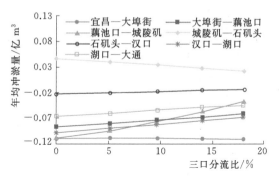

图 5.1 - 4 各河段年均冲淤量与三口
分流比的关系曲线
（冲淤量中正值表示淤积，负值表示冲刷）

的影响，河段的淤积量随着三口分流比增加有所减少，分流比每增加 10％，河段年均淤积量（冲刷量）将减少（增加）140 万 m³。石矶头—大通河段对三口分流的响应规律一致，冲刷量均和三口分流比呈负相关，分流比每增加 10％，石矶头—汉口河段年均冲刷量将减少 45 万 m³，汉口—湖口河段年均冲刷量将减少 173 万 m³，湖口—大通河段年均冲刷量将减少 127 万 m³。

5.1.2.2 干流河道冲淤对洞庭湖城陵矶汇流比的响应

图 5.1 - 5 给出了长江干流各河段年均冲淤量与城陵矶汇流比的关系曲线。可见，城陵矶上游和下游对城陵矶汇流比的变化呈不同的响应规律。上游的宜昌—城陵矶河段冲刷

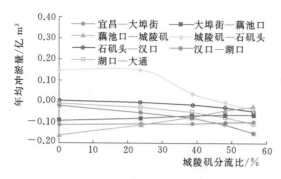

图 5.1-5　各河段年均冲淤量与
城陵矶汇流比的关系曲线

量和城陵矶汇流比基本为线性负相关，城陵矶汇流比每增加 10%，宜昌—大埠街河段年均冲刷量将减少 27 万 m³，大埠街—藕池口河段年均冲刷量将减少 55 万 m³，藕池口—城陵矶河段年均冲刷量将减少 239 万 m³。城陵矶—大通河段冲刷量和城陵矶汇流比均为非线性正相关。城陵矶—石矶头河段对分流比的响应过程较为复杂：当汇流比在 25% 以内时，洞庭湖入汇的影响不显著；当汇流比超过 25% 时，河段淤积量开始随汇流比增

加而大幅减少；当汇流比达到 50% 时，河段由淤积转为相对冲淤平衡状态。石矶头—大通河段冲刷量对汇流比的响应规律较为一致，冲刷量的增幅随着汇流比的增加而增加，在冲刷量增幅上，汉口—湖口河段＞湖口—大通河段＞石矶头—汉口河段。

5.1.2.3　干流河道冲淤对鄱阳湖湖口汇流比的响应

与洞庭湖城陵矶汇流比不同的是，鄱阳湖湖口存在倒灌，其汇流比对上游、下游的冲刷量的影响机制更为复杂，表 5.1-3 给出了现状和湖口封堵工况下 2013 年洪季、枯季冲淤量。可见，对上游来说，鄱阳湖在洪季时分蓄洪水，致使上游泄洪加快，冲刷量增加，在枯季时鄱阳湖的入汇顶托可使上游比降减小，冲刷量减少；对下游来说，在洪季时鄱阳湖的调蓄作用坦化了洪峰，冲刷量会有所减少，在枯季时鄱阳湖的入汇可使流量增加，冲刷量增加。

表 5.1-3　　　　　现状和湖口封堵工况下 2013 年洪季、枯季冲淤量　　　　单位：亿 m³

河段	工况	枯季	洪季
汉口—湖口	现状	0.034	−0.043
	封堵	0.002	−0.030
湖口—大通	现状	0.007	−0.023
	封堵	0.018	−0.062

图 5.1-6 给出了长江干流各河段年均冲淤量与湖口汇流比的关系曲线。与城陵矶汇流比变化相似的是，湖口上、下游冲刷量对湖口汇流比的响应规律正好相反。湖口存在倒灌和入汇，其上游、下游的冲刷量对汇流比的响应过程更为复杂，从统计结果来看，汇流比 10% 左右是汉口—大通河段冲淤量响应规律的分界线。

当汇流比小于 10% 时，鄱阳湖汇

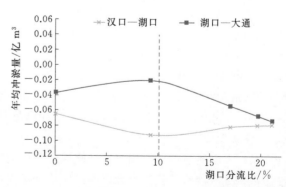

图 5.1-6　各河段年均冲淤量与湖口汇流比的关系曲线

流在洪季时的作用大于枯季时的作用，汉口—湖口河段冲刷量随分流比增加而增大，湖口—大通河段冲刷量随汇流比增加而减小；而当汇流比大于 10% 时，鄱阳湖汇流在洪季时的作用小于枯季时的作用，汉口—湖口河段冲刷量随汇流比增加而减小，湖口—大通河段冲刷量随汇流比增加而增大。

5.2　长江中下游典型滩段演变对三峡水库水沙调节的响应

河床演变与三峡水库水沙调节关系密切。三峡水库运行后，大幅减少了长江中下游来沙条件，不仅改变年际水文特征变化，还调节了水沙过程的年内分配，对河床演变产生较大影响。三峡水库对流量、含沙量过程的调节分别对河床冲淤产生了多大幅度的影响？与不同季节流量含沙量调节有什么样的对应关系？这些问题是我们正确认识浅滩演变规律、合理制订航道治理方案的重要依据。通过数值模拟计算，以长江中下游弯曲分汊的窑监河段和马当河段为例，计算了浅滩演变对三峡水库水沙调节的响应。

5.2.1　弯曲分汊窑监河段

下荆江河床演变剧烈，河道蜿蜒曲折，洲滩变迁频繁，三峡水库运行后航道形势面临新的变化。针对下荆江滩槽冲淤多变、主支汊易位频繁的特点，通过三峡水库调节前、后水沙过程对比计算，分析了浅滩演变与三峡水库年内水沙调节的响应关系。

5.2.1.1　浅滩演变与水沙过程的响应关系

三峡水库蓄水运行后，窑监河段总体冲刷，但乌龟夹进口段航道仍然存在浅区，心滩右侧及新河口出现上下两个深槽，航道水深条件继续有所恶化。2010 年整治工程实施后，乌龟洲进口段凹岸深槽冲刷扩展，航道条件得到明显改善，航道条件处于相对较好的时期，但随着国家对长江黄金水道发展战略的提出，航道水深需进一步增加，这就要求深入分析窑监河段航道条件与三峡水库调度的响应关系。

窑监河段乌龟夹进口段碍航浅滩表现为"涨淤落冲"的演变规律，航道水深取决于洪水期间淤积和汛后退水期冲刷之间的关系。三峡水库的调节作用导致年内水沙动力过程变化。从定性来看，三峡水库运行后，洪峰得到削减，蓄水期下泄流量减小，改变了原有的退水过程，导致冲刷动力减弱从而对航道不利；同时由于汛期淤积的泥沙也减少，而且在枯水期和消落期，下泄流量比建库前增大，这对下游枯水浅滩航深的增加是有利的，二者综合作用下航道会发生调整。从某种程度上来说，航道水深变化取决于汛期淤积减少幅度和冲刷动力减少幅度之间的对比关系，仅定性分析是不够的，需开展定量研究。这不仅有利于加深对窑监河段航道条件变化的理解，且对认识三峡水库运行后河床年内演变规律与水沙过程之间的响应关系有很大的帮助。

1. 三峡水库运行前、后年内浅滩演变实测资料分析

收集到窑监河段 2002 年 4 月、9 月、10 月、11 月，2007 年 8 月、9 月、10 月、11 月实测资料并进行了年内河床冲淤分析。2002 年长江上游总体表现为平水少沙，长江中下游总体表现为丰水少沙；而 2007 年长江上游来水较多，下游则在枯季遭遇低水位，在枯期对航运实施流量补偿调度，以满足枯季通航水位要求。2002 年监利站的年平均流量

为 11109m³/s，2007 年平均流量为 11570m³/s，两者基本属平水年，具有一定的可比性。

图 5.2-1（a）～图 5.2-1（f）分别给出了三峡水库运行前 2002 年 4 月 20 日至 9 月 24 日、9 月 24 日至 10 月 25 日、10 月 25 日至 11 月 20 日，三峡水库运行后 2007 年 8 月 11 日至 9 月 19 日、9 月 19 日至 10 月 30 日、10 月 30 日至 11 月 25 日窑监河段冲淤分布。根据河道特性，冲淤统计河段可分为 3 段，窑集佬段、右汊进口段、右汊段 [见图 5.2-1（e）]。历史上航道浅段主要位于右汊进口段，这里以右汊进口段重点说明。

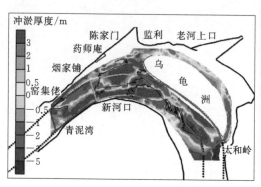

(a) 2002 年 4 月 20 日至 9 月 24 日

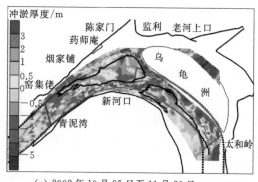

(c) 2002 年 10 月 25 日至 11 月 20 日

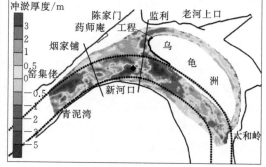

(d) 2007 年 8 月 11 日至 9 月 19 日

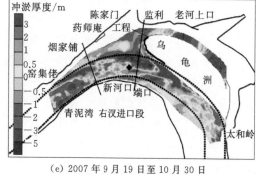

(e) 2007 年 9 月 19 日至 10 月 30 日

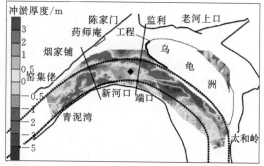

(f) 2007 年 10 月 30 日至 11 月 25 日

图 5.2-1　三峡水库运行前后窑监河段冲淤变化图

表 5.2-1 给出了监利河段整治线内 2002 年统计河床冲淤量。2002 年 4 月 20 日至 9 月 24 日，窑监河段主要处于汛期，上游泥沙大量淤积，主要分布在窑集佬右岸、新河口

边滩及乌龟洲洲头，淤积厚度达 2m 以上，右汊进口段淤积 405.3 万 m³。9 月 24 日至 11 月 20 日新河口边滩冲深 1~2m，乌龟洲洲头后退，右汊进口段冲刷 94.2 万 m³，右汊淤积 274.2 万 m³［图 5.2-1（a）、图 5.2-1（b）］；到 11 月 25 日，右汊进口段冲刷 5.3 万 m³，右汊冲刷 212.4 万 m³。由此可见，在三峡水库运行前，右汊进口段枯期冲刷量远小于汛期淤积量，因此航深不足，导致浅滩碍航。新河口边滩与乌龟洲心滩变形此消彼长，新河口边滩及右汊进口段浅滩遵循"洪淤枯冲"的演变规律。落水期由于浅滩段水深较小而深槽段水深较大，挟沙能力浅滩段大于深槽段，浅滩段冲刷，深槽段淤积。

表 5.2-1　　　　　　　监利河段整治线内 2002 年统计河床冲淤量　　　　　　　单位：万 m³

河段	4 月 20 日至 9 月 24 日			9 月 24 日至 10 月 25 日			10 月 25 日至 11 月 20 日		
	冲刷	淤积	净冲淤量	冲刷	淤积	净冲淤量	冲刷	淤积	净冲淤量
窑集佬河段	−134.4	450.0	315.7	−245.3	153.4	−91.1	−167.6	56.7	−110.9
右汊进口段	−105.7	511.1	405.3	−293.1	198.9	−94.2	−101.6	96.3	−5.3
右汊	−579.8	815.3	234.7	−372.6	646.8	274.2	−439.1	226.8	−212.4
总计	−819.9	1775.6	955.7	−910.2	999.0	88.9	−708.3	379.8	−328.5

三峡水库运行初期，浅滩年内仍保持"洪淤枯冲"的演变规律。表 5.2-2 给出了监利河段整治线内 2007 年统计河床冲淤量。从 2007 年年内变化来看，汛期资料仅收集到 8 月 11 日至 9 月 19 日，比 2002 年历时短了很多，在汛期淤积方面两者不具备可比性，但也反映了一定的规律，该时段内右汊进口段淤积了 80.5 万 m³。退水期 9 月 19 日至 11 月 25 日，右汊进口段合计冲刷 49.1 万 m³，小于 8—9 月的淤积量，若再算上 8 月之前的淤积量，则该段不能冲走的淤沙更多。

综上所述，监利河段年内滩槽冲淤规律基本没变，由于右汊进口段浅滩在汛期位于缓流区，而右汊处于主流区，导致右汊进口段浅滩"洪淤枯冲"、右汊则"洪冲枯淤"。由于来沙量减少，2007 年监利河段淤积强度较 2002 年减弱，甚至全河段有所冲刷，但右汊进口段仍有所淤积。虽然汛期淤积的泥沙大幅减少，但是汛后冲刷强度也减弱，该段正是航道出浅段，因此这是引起航道条件持续恶化的主要原因之一。

表 5.2-2　　　　　　　监利河段整治线内 2007 年统计河床冲淤量　　　　　　　单位：万 m³

河段	8 月 11 日至 9 月 19 日			9 月 19 日至 10 月 30 日			10 月 30 日至 11 月 25 日		
	冲刷	淤积	净冲淤量	冲刷	淤积	净冲淤量	冲刷	淤积	净冲淤量
窑集佬河段	−306.4	141.4	−165.0	−273.3	180.2	−93.0	−162.3	73.2	−89.1
右汊进口段	−148.3	228.8	80.5	−217.8	96.4	−121.3	−92.2	164.4	72.2
右汊	−489.6	191.8	−297.9	−376.0	612.7	236.7	−344.7	556.9	212.2
总计	−944.3	561.9	−382.4	−867.1	889.0	22.3	−599.2	795.3	195.3

2. 落冲规律变化的原因分析

根据前文分析，三峡水库运行后浅滩段年内虽然仍呈现"涨淤落冲"的规律，但冲淤幅度发生了变化。落冲规律指的是浅滩在一个水文年中，汛期过后，流量减小、水位回落过程中河道冲刷的现象。乌龟夹进口段浅滩汛期仍会淤积，落水时能否把淤积物冲走，是航道研究中特别关注的问题。

（1）三峡水库运行前后水情分析。根据三峡建库前后实测资料的统计，在蓄水期9—11月，与三峡水库运行前的1953—1990年相比，运行后的2003—2009年三峡水库9月、10月、11月的入库流量分别减小2263m³/s、2188m³/s、2120m³/s，入库沙量分别减小54.4%、62.0%、41.4%，出库流量分别减小3075m³/s、5642m³/s、1191m³/s，出库沙量分别减小83.0%、96.4%、98.3%，出库流量和沙量减小值明显大于入库流量和沙量减小值，表明出库流量和沙量受三峡水库汛后蓄水影响较大。由于水库蓄水减小了下泄流量，使得洪水期迅速降到枯水期，加快了退水过程。

2002年、2007年同属平水年，但其年内流量过程有差异，导致该河段航道冲淤变化有差异。三峡水库于2006年11月开始蓄水至156m运行，2007年9月25日至10月23日为蓄水期。从图5.2-2和图5.2-3中可以看出，2007年汛后流量大于2002年，汛期由于三峡水库的拦蓄作用，泥沙减少最为剧烈，可达到80%以上。

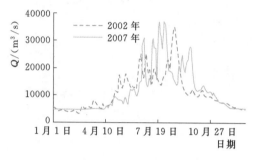

图5.2-2 三峡水库运行前后监利站
年内流量变化过程线

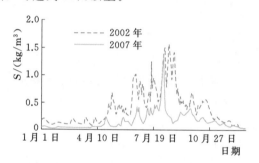

图5.2-3 三峡水库运行前后监利站
含沙量年内变化过程线

（2）窑监河段浅滩年内演变规律变化原因分析。洪水期主流取直，汊道进口段展宽，水流扩散明显，浅滩上流速相对较小，水流挟沙能力降低，因而造成淤积，汛后流量变小后，主流归槽，开始冲刷。因此，存在某级特征流量，在此流量之下浅滩才开始冲刷。笔者[67]统计实测资料表明，当流量小于20000m³/s时，长江中游浅滩开始冲刷。李义天等[3]通过对实测资料分析给出了分汊河段临界流量的取值，并认为下荆江枯水流量临界值为11000m³/s，即当流量小于11000m³/s时，主流位于枯水汊深槽，浅滩开始冲刷；洪水流量临界值为27000m³/s，即当流量大于27000m³/s时，主流位于洪水汊附近，洪水汊滩槽开始冲刷。在流量小于5500m³/s时，对河槽冲刷作用不明显，取枯水流量为5500～11000m³/s进行冲刷时间统计。

由图5.2-2可知，三峡水库运行前，2002年8月27日至9月12日，流量从28300m³/s降低到10900m³/s，新河口边滩、右汊进口段开始冲刷，9月24日至10月25日，平均流量为10517m³/s，右汊进口段总体平均冲深1～2m，右汊下段淤积；枯水流量持续133天，汛期落淤的泥沙得到冲刷。三峡水库运行后，2007年9月19日至10月30日，流量从27700m³/s降到10700m³/s，期间平均流量为13854m³/s，最小流量大于2002年，其水位与平均流量也高于2002年。8月7日进入退水期，枯水流量持续时间为99天，比2002年缩短了33天；另外，8月26日至10月3日有一段涨水过程，这是年内水文随机过程造成的，主流摆离浅滩，浅滩由于处于缓流区而淤积，这两个原因导致汛期落淤的泥沙得不到充分冲刷从而出浅碍航。2002 年中洪水历时短于 2007 年，洪水淤积少，加之枯水流量持续时间长于 2007 年，导致 2007 年航道条件与 2002 年相比较差。

（3）三峡水库蓄水期水动力过程变化。利用数学模型，将监利站 2007 年流量过程还原到不受三峡水库调度影响，计算了三峡水库蓄水前后水动力过程变化。上游寸滩与武隆站汇流后的流量作为三峡入库流量 Q_1，与出库宜昌站流量 Q_2 之差作为三峡水库的调节流量，将监利站流量实测流量修正，则可近似认为此流量过程还原到不受三峡水库调节，简称还原流量。还原后的流量过程如图 5.2 - 4 所示。由图 5.2 - 4 可知，三峡水库调度后，由于水库蓄水（蓄水期 9 月 25 日至 10 月 23 日），下泄流量较蓄水前减小 8%～34.3%，最大减少 6320m^3/s，该时期内实测平均流量为 12760 m^3/s，还原后平均流量为 14720 m^3/s，则三峡水库蓄水导致流量平均减小了 13.3%。

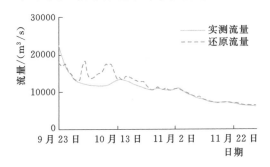

图 5.2 - 4　2007 年 9—11 月流量过程图

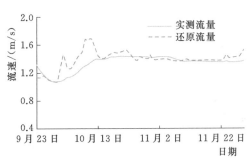

图 5.2 - 5　右汊进口段流速变化图

蓄水期流量减少导致该河段水动力条件发生变化，通过对右汊进口段流速统计可以看出，实测流量下该点平均流速为 1.10～1.43m/s，还原流量下为 1.10～1.69m/s，实测流量下流速比还原流量下减小 2%～22%（图 5.2 - 5），输沙能力与流速的三次方成比例，说明汛后冲刷动力减弱。

三峡水库蓄水后总体来水来沙偏枯，浅滩冲刷时间长，这对航道是有利的，加上整治工程的作用，窑监河段的航道形势目前良好。但通过 2002 年、2007 年的实测资料对比发现，对于来水来沙偏丰的年份，会因为落水期加快而加重碍航浅段出浅，这说明窑监河段航道条件与来水来沙情况、三峡水库蓄水调节都存在关系。若今后出现不利年份，三峡水库蓄水期减泄是否会加重航道不利变化需要引起关注。

5.2.1.2　还原水沙过程计算

2010 年三峡水库蓄水至正常蓄水位 175m。该年来水较大，三峡水库的调节也较显著，以 2010 年为例，进行水沙还原计算。将监利站 2010 年流量过程还原到不受三峡水库调度影响，计算了三峡水库运行前后冲淤过程变化。根据三峡水库入库流量过程，采用一维数学模型推算坝下游流量过程，还原到不受三峡水库调节，简称还原流量；再根据流量—输沙率关系曲线，可以得到不受三峡水库调节时的含沙量，即还原含沙量。监利站还原流量、含沙量过程示于图 5.2 - 6。

将计算工况分为以下 4 个：①实测水沙过程（有三峡水库运行影响的实测数据）；②仅还原流量到三峡水库运行前，反映三峡水库对流量过程改变的影响；③流量过程不

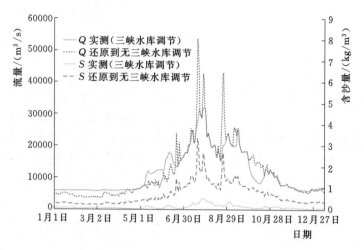

图 5.2-6　2010 年监利站还原到不受三峡水库调节的流量、含沙量示意图

变，仅还原含沙量，根据三峡水库运行前的输沙率与流量关系推算；④流量含沙量均还原到三峡水库运行前，不受三峡水库调节影响。

2010 年 9 月 10 日，三峡水库开始蓄水（坝前水位 160.2m），至 10 月 26 日蓄水至 175m。三峡水库调节后，最大削峰 26800m³/s，蓄水期下泄流量减少 1000～6660m³/s，较蓄水前减小 5%～71%，实测平均流量为 13842m³/s，还原平均流量为 16200m³/s，平均减小了 17%，而含沙量平均减少 80% 以上。

图 5.2-7 给出了数学模型计算的各水沙过程逐日冲淤过程线，表 5.2-3 给出了不同时期冲淤统计结果，冲淤量统计范围为航道整治线内河床。可见，实测水沙过程作用下（工况①），乌龟洲进口段汛期淤积 442 万 m³，汛后蓄水期冲刷 384 万 m³，之后仍有所冲刷，汛后基本可完全冲掉；仅还原流量过程后（工况②），出现几次洪峰，大于实测流量，大水挟大沙（注：含沙量根据流量—输沙率关系推算也会相应增加），汛期淤积量大于实测过程，乌龟洲进口段汛期淤积 556 万 m³，与实测相比增加了 25%，汛后冲刷 436

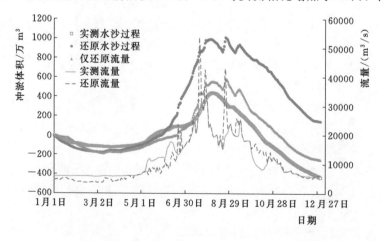

图 5.2-7　窑监河段右汊进口航道浅段 2010 年逐日冲淤过程线

万 m³。还原水沙过程后（工况④），汛期淤积 1014 万 m³，汛后冲刷 340 万 m³，不足以将淤沙冲走。

表 5.2-3　　　2010 年三峡水库运行前后乌龟洲右汉进口段河床变形对比

工　况	①实测水沙过程		②仅还原流量		③仅还原含沙量		④还原水沙过程	
时期	汛期	蓄水期	汛期	蓄水期	汛期	蓄水期	汛期	蓄水期
冲淤量/万 m³	442	−384	581	−436	1024	327	1014	−340
冲刷比/%	86.8		75.1		—		33.5	

注　正数表示淤积，负数表示冲刷。

若不考虑三峡水库运行后输沙率的变化，仅考虑流量过程变化，汛后蓄水期由于三峡水库蓄水导致下泄流量减少，冲刷动力也相应减小，工况①与工况②比较表明，汛后退水过程加快导致蓄水期冲刷幅度降低 11.9%。从冲刷比变化过程来看，实测三峡水库蓄水后（工况①）冲刷比为 86.8%，还原到不受三峡水库影响（工况④）为 33.5%，还原系列冲刷比较小的原因还与汛期淤积基数较大有关。这说明三峡水库引起的水沙调节汛期淤积大大减小，但含沙量大幅减小后汛后冲刷幅度却并未相应增加。需要说明的是，绝对冲淤数值与具体年份的来水来沙条件有差别，数值模拟也存在一定偏差，但计算的三峡水库调节引起的相对冲淤幅度变化还是有规律可循的。窑监河段右汉进口段冲淤分布如图 5.2-8 所示。

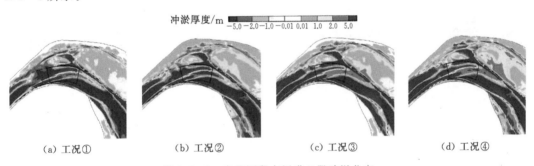

冲淤厚度/m　　−5.0 −2.0 −1.0 −0.01 0.01 1.0 2.0 5.0

|　(a) 工况①　　　　(b) 工况②　　　　(c) 工况③　　　　(d) 工况④|

图 5.2-8　窑监河段右汉进口段冲淤分布

综上所述，三峡水库蓄水导致退水过程加快，流量变化导致汛后冲刷幅度减弱 11.9%；从含沙量减少的角度来看，汛期淤积大幅减小 56.4%，对增加水深有利。在两者的综合作用下，虽然汛后动力有所减小，但同时汛期淤积也减少，将会使该河段航道条件在 2010 年水沙系列下较蓄水前略有好转，但在乌龟夹进口段继续出现双槽争流的格局，航道形势仍不稳定。因此，三峡水库运行后含沙量大幅减小并不能使得航道条件得到根本改善，航道条件仍存在不利发展趋势，同时边滩冲刷和崩岸加剧等带来航道不稳定，航道呈恶化态势。

5.2.2　马当分汉河段

以马当河段为例，研究藕节状分汉河段河道演变与水沙过程的响应，探索三峡水库水沙调节对滩槽演变和航道条件的影响。

马当河段位于长江下游九江与安庆之间，上起小孤山，下至华阳河口，全长约30km（图5.2-9）。骨牌洲将该水道分为南北两汊：北汊为支汊，称为马当圆水道（也称"圆水道"）；南汊以马当矶为界，上下段分别为马当南水道（也称"南水道"）和马当阻塞线水道（也称"马阻水道"）。南、北两汊于娘娘庙处交汇，娘娘庙以下至华阳河口称为东流直水道。马当南水道江心有棉外洲，将河道分为左右两槽，右槽较窄深，左槽相对宽浅。马当阻塞线水道被瓜子号洲分为两汊，右汊为主汊。鉴于马当南水道航道条件仍存在恶化趋势，本章计算分析了三峡水库水沙调节对马当南水道滩槽演变的影响。采用2014年河道地形，以2008—2012年水沙系列为基础，开展了三峡水库调节前后河道演变计算。

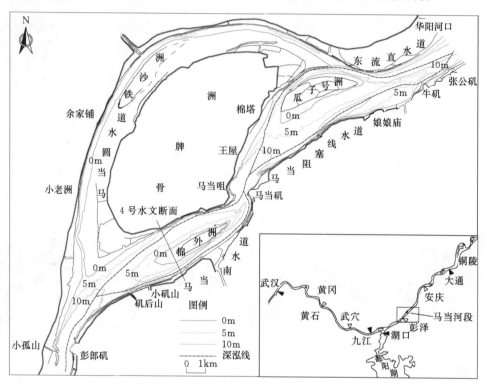

图5.2-9 马当河段概况

计算工况为：①实测水沙条件（有三峡水库运行影响的实测数据）；②还原流量到三峡水库运行前，实测输沙率不变，仅反映三峡水库对流量过程的改变；③实测流量过程不变，还原含沙量到三峡水库运行前，仅反映三峡水库对含沙量过程的改变；④流量含沙量均还原到三峡水库运行前，不受三峡水库影响。

选择2010年丰水大沙年和2011年枯水年作为典型年份还原计算，并在此基础上开展系列年2008—2012年循环两次共计10年的计算。泥沙级配选择2014年实测资料。表5.2-4给出了计算系列2008—2012年大通站实测水沙特征值，图5.2-10给出了流量—输沙率关系。2008—2012年实测平均流量为27260m^3/s，平均含沙量为0.15kg/m^3，年均输沙量为1.32亿t，2010年输沙量相对最大。三峡水库运行前（2001—2002年，1998年），平均流量为32360m^3/s，年均输沙量为3.17亿t，平均含沙量0.31kg/m^3。还原含沙量以此输沙率为标准进行还原，还原后的水沙特征值见表5.2-4及图5.2-11。可见，还原后的平均流量变化较小，平均含沙量增加1倍左右，但输沙量仍小于2003年运行以前，这是因为近年来水量偏少，即使输沙率不变输沙量仍小于运行前。

表 5.2-4　　　　　　　　　三峡水库运行前后大通站水沙特征值

年限	年份	实测平均值特征			还原后平均值特征		
		流量 Q /(m³/s)	含沙量 S /(kg/m³)	年输沙量 /亿 t	流量 Q /(m³/s)	含沙量 S /(kg/m³)	年输沙量 /亿 t
1	2008	26218	0.16	1.30	26686	0.23	1.90
2	2009	24816	0.14	1.13	24782	0.21	1.62
3	2010	32396	0.18	1.84	32398	0.29	3.01
4	2011	21144	0.11	0.71	21080	0.18	1.18
5	2012	31715	0.16	1.62	31330	0.27	2.65
平均		27260	0.15	1.32	27270	0.32	2.07

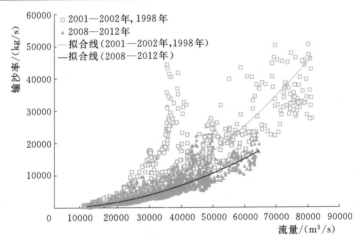

图 5.2-10　三峡水库运行前后流量—输沙率曲线

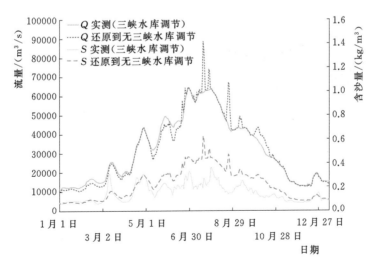

图 5.2-11　2010 年大通站还原至不受三峡水库调节影响的流量含沙量过程示意图

三峡水库下游江湖水沙交换与滩群整治

图 5.2－12 给出了 2010 年水沙系列还原前后河床冲淤变化，及马当南水道进口（棉外洲头）、棉外洲左槽、棉外洲右槽逐日泥沙冲淤变化过程。表 5.2－5 给出了涨水期、落水期及枯水期冲淤体积统计特征值。可见，三峡水库运行前后，马当南水道的冲淤规律基本没有发生变化，即棉外洲头进口段涨淤落冲，棉外洲左槽涨淤落冲，右槽涨冲落淤。从图 5.2－12 可以看出，洪水流量降至 35000m³/s 左右时淤积量开始减少，即冲淤转换的临界流量约 35000m³/s。

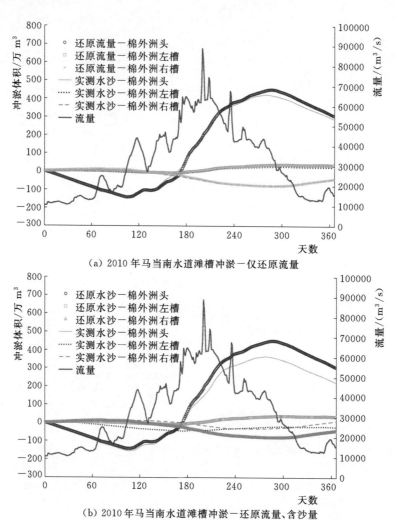

（a）2010 年马当南水道滩槽冲淤－仅还原流量

（b）2010 年马当南水道滩槽冲淤－还原流量、含沙量

图 5.2－12　2010 年水沙系列还原前后马当南水道冲淤过程的比较

表 5.2－5　　　　　　　马当南水道 2010 年水沙系列还原前后冲淤体积　　　　　　单位：万 m³

工　况	时段	进口段	棉外洲左槽	棉外洲右槽
实测水沙过程（工况①）	涨水期	565.8	32.1	－79.7
	落水期及枯水期	－276.8	－9.9	35.7
	合计	289.0	22.2	－44.0

续表

工　　况	时　段	进口段	棉外洲左槽	棉外洲右槽
仅还原流量（工况②）	涨水期	591.7	39.3	−86.0
	落水期及枯水期	−284.1	−5.7	43.4
	合计	307.6	33.6	−42.7
仅还原含沙量（工况③）	涨水期	771.0	63.7	−37.7
	落水期及枯水期	−334.8	−11.4	70.9
	合计	436.2	52.3	33.3
还原水沙过程（工况④）	涨水期	825.5	79.3	−38.8
	落水期及枯水期	−349.5	−6.2	79.8
	合计	476.0	72.9	41.1

注　2010 年涨水期为 4 月 20 日至 9 月 10 日，其余为落水期及枯水期。进口段指彭郎矶至棉外洲洲头河段，棉外洲左槽为棉外洲左侧河道，棉外洲右槽为棉外洲右侧河道。

三峡水库对水沙过程的改变有两种影响：①对流量过程的改变；②对含沙量过程的改变。为分析各个因素的影响，表 5.2 - 5 及图 5.2 - 12 给出了仅还原流量（工况②）、仅还原含沙量（工况③）引起的河床冲淤体积变化。可见，流量的影响体现在汛前放水、汛期削峰、蓄水期减泄、枯水流量增加等，三峡水库调节引起洪水流量平坦化使得涨水期淤积（冲刷）有所减小，落水冲刷期的冲刷（淤积）幅度有所减小，二者叠加总体上引起河段偏冲。流量的改变将引起主流位置的时间分配变化，对滩槽形势的影响是长期的，值得关注。若仅改变含沙量，而不改变流量过程，冲淤性质不变，冲淤幅度发生较大调整，三峡水库运行后清水下泄仍是导致大幅冲刷的主要原因。

综合流量、含沙量还原计算的比较，三峡水库运行后改变年内水沙分配，对涨水和落水期的冲淤幅度产生影响，总体上减小了淤积，加速了棉外洲左槽发展（见图 5.2 - 13）。

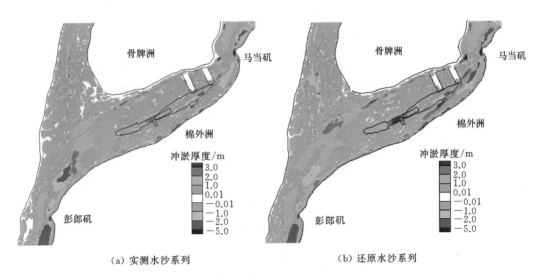

图 5.2 - 13　2010 年水沙系列还原前后马当河段冲淤分布的比较

（含一期整治工程）

2010 年水沙系列马南进口段、左槽、右槽引起的相对冲刷幅度分别为 39％、70％、207％。马当南水道冲淤与来水来沙条件相适应，因 2010 年为大水年，马当南水道总体有所淤积。2011 年为小水年，马当南水道总体冲刷，三峡水库运行后冲刷速率大幅增加，马当南进口段、左槽、右槽引起的相对冲刷幅度分别为 41％、20％、720％（见图 5.2-13）。

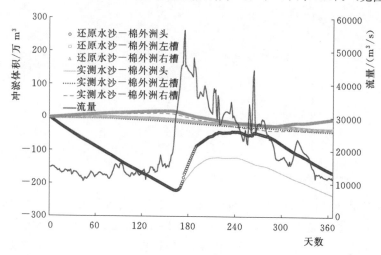

图 5.2-14 2011 年水沙系列还原前后马当南水道冲淤过程的比较

图 5.2-15 给出了 10 年后实测及还原水沙系列条件下冲淤分布的变化。可见，三峡水库调节影响的实测水沙条件下，棉外洲左槽继续冲刷发展，右槽亦然，两槽争流的态势比较明显，由于洲头护滩工程限制了洲头冲刷，有利于保持相对稳定滩槽形势；而不考虑三峡水库影响的还原水沙条件下，进口段整体淤积，虽然棉外洲左右槽也有所冲刷，但冲刷幅度在 1m 以内，小于实测水沙系列的 1~2m，明显较小。以上计算考虑了已建整治工

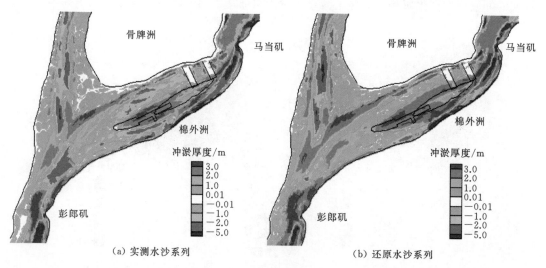

图 5.2-15 10 年后水沙系列还原前后马当河段冲淤分布的比较
（含一期整治工程）

程，该工程限制了棉外洲左槽冲刷。若不考虑已建整治工程的影响（图 5.2 - 16），在自然河道条件下，棉外洲洲头、左槽冲刷态势更明显，尤其是洲体下移对滩槽形势产生较大影响，对棉外洲右槽发展极为不利；还原到不受三峡水库影响，棉外洲洲头冲刷较少，洲体亦有所淤长，但洲尾继续发生淤积下延，棉外洲左槽也有所冲刷发展但仅集中在骨牌洲一侧，同样右槽也被挤压到右岸一侧，滩槽形势向两汊发展，但发展速率相对缓慢。

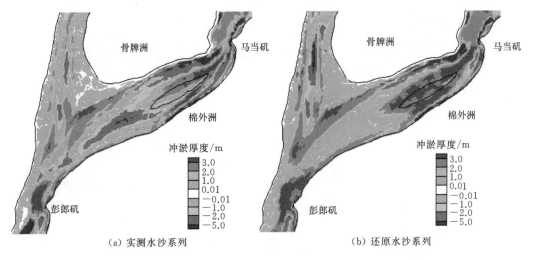

（a）实测水沙系列　　　　　　　　　（b）还原水沙系列

图 5.2 - 16　自然河道下 10 年后水沙系列还原前后马当河段冲淤
分布的比较（无工程）

由此可见，通过比较三峡水库水沙调节前后的冲淤分布，三峡水库的水沙调节加速了棉外洲左槽发展、右槽萎缩的演变态势，使得位于右槽的主航道条件有所恶化。

5.3　长江中下游典型河段滩群联动水动力特性研究

在滩群演变中，除了枢纽水沙过程调节的影响，浅滩群之间的影响是不可忽略的问题。在长河段系统治理中，尤其要考虑上下游河势之间的相互影响。以沙市—瓦口子—马家咀连续弯道段为例，通过数值模拟计算，计算分析了无节点控制弯曲分汊滩群之间的相互影响；以嘉鱼—燕子窝河段为例，结合物理模型试验和资料分析的技术手段开展上下游水道的关联性研究；以藕节状分汊河段马当河段为例，通过资料分析和数值模拟计算，研究了节点在滩群演变中的控制作用。

5.3.1　上荆江连续弯道滩群演变相互影响

除了水沙过程和边界条件的影响，对于沙市—瓦口子—马家咀等连续弯道分汊河段而言，浅滩群之间的影响是不可忽略的问题[151]。通过修改沙市河段、瓦口子河段、马家咀河段地形，研究某一水道不同河势变化对上下游滩群的影响。计算条件采用实测 2003—2012 年水沙系列。

5.3.1.1　沙市河段河势变化对瓦口子—马家咀滩群影响

　　为探索沙市河段河势变化对瓦口子—马家咀滩群的影响，人为修改汊道地形，设置以下计算工况：工况①沙市左汊填高到设计水位以上 3m、右汊浚深 10m；工况②沙市左汊浚深 10m、右汊填高到设计水位以上 3m。图 5.3-1 和图 5.3-2 分别给出了工况①和工况②3 年后、10 年后河床冲淤相对变化。

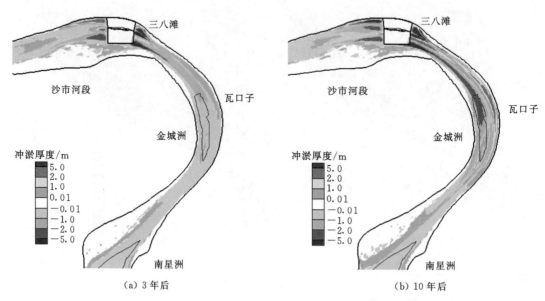

（a）3 年后　　　　　　　　　　　　　　　（b）10 年后

图 5.3-1　沙市左汊填高、右汊浚深后引起的周边河床冲淤相对变化

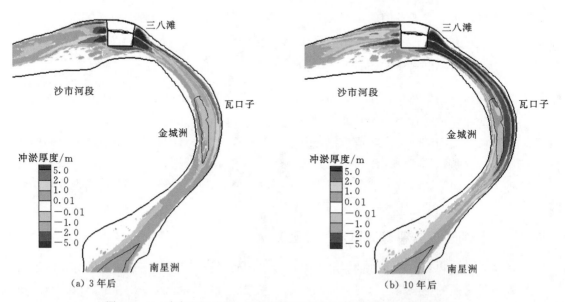

（a）3 年后　　　　　　　　　　　　　　　（b）10 年后

图 5.3-2　沙市左汊浚深、右汊填高后引起的周边河床冲淤相对变化

　　由此可见，三八滩左汊填高、右汊浚深（工况①）时，引起瓦口子河段金城洲左汊相对淤积，右汊相对冲刷，随着年限的增加影响幅度和范围逐渐增加，使得金城洲右汊相对

冲刷 1m 以上。同样，三八滩左汊浚深、右汊填高（工况②）时，引起瓦口子河段金城洲左汊相对冲刷，右汊相对淤积，随着年限的增加影响幅度和范围逐渐增加，使得金城洲左汊相对冲刷 1m 以上。

三八滩距离瓦口子较近，中间缺少过渡段调整，汊道和河势发展具有同向特征，即三八滩左（右）汊直接影响瓦口子左（右）汊。因距离马家咀河段较远并受瓦口子河段的调整作用，三八滩左右汊发展对马家咀演变直接影响不大，而是通过对瓦口子的影响间接体现。

5.3.1.2　瓦口子河势变化对周边河道的影响

为探索瓦口子河段河势变化对周边滩群的影响，分别修改金城洲左、右汊地形，设置以下计算工况：工况①瓦口子左汊填高到设计水位以上 3m、右汊浚深 10m；工况②左汊浚深 10m。图 5.3-3 和图 5.3-4 分别给出了工况①和工况②3 年后、10 年后河床冲淤相对变化。

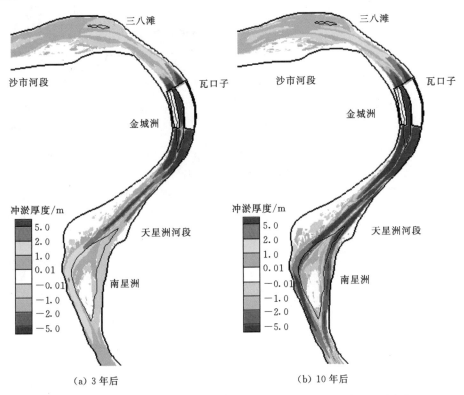

（a）3 年后　　　　　　　　　　　（b）10 年后

图 5.3-3　瓦口子左汊填高、右汊浚深后引起的周边河床冲淤相对变化

由此可见，瓦口子左汊填高、右汊浚深（工况①）时，经过过渡段的调整，引起马家咀河段南星洲左汊相对冲刷发展，右汊相对淤积，随着年限的增加影响幅度和范围逐渐增加，使得该河段相对冲淤幅度在 1m 以上；沙市河段受此影响较小，其右汊略有萎缩。同样，左汊疏浚发展（工况②）时，引起马家咀南星洲右汊相对冲刷（平均冲深 1~2m），随着年限的增加影响幅度和范围逐渐增加，并引起沙市河段右汊发展左汊萎缩。

瓦口子左汊（主汊）发展有利于维护马家咀右汊的主汊地位，相应的瓦口子右汊（支

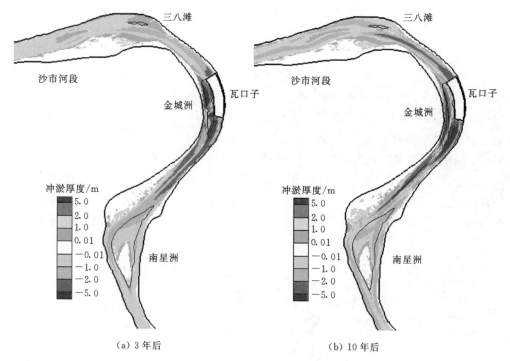

（a）3 年后   （b）10 年后

图 5.3-4　瓦口子左汊浚深 10m 后引起的周边河床冲淤相对变化

汊）发展有利于马家咀左汊发展（支汊）。三峡水库运行以来，瓦口子左右汊均呈冲刷态势，且洲头冲刷后退，从而不利于马家咀右汊航道维持。

需要说明的是，计算工况人为改变地形，不可避免地产生壅水或跌水，从而造成对周边的影响，图 5.3-3 和图 5.3-4 中给出的冲淤幅度包括了这些影响，不仅仅是汊道变化的影响，这里重点关注的是冲淤趋势。

5.3.1.3　马家咀河段河势变化对周边河道的影响

为探索马家咀河段河势变化对周边滩群的影响，分别修改南星洲左、右汊地形，设置以下计算工况：工况①南星洲右汊浚深 10m；工况②左汊浚深 10m。图 5.3-5 和图 5.3-6 分别给出了工况①和工况②3 年后、10 年后河床冲淤相对变化。

由此可见，马家咀右汊浚深、左汊萎缩（工况①）时，引起瓦口子河段左汊相对冲刷发展，右汊亦有所发展但幅度较小，该河段相对冲淤幅度在 1～2m；对沙市河段影响不明显。同样，左汊疏浚、右汊萎缩（工况②）时，引起瓦口子河段左右汊均相对冲刷，其中瓦口子左汊冲刷幅度小于工况①，右汊冲刷幅度大于工况①，说明马家咀左汊疏浚比右汊疏浚更易引起瓦口子右汊冲刷，反之亦然。下游疏浚或汊道冲刷对上游的影响主要源于溯源冲刷引起河道普遍冲刷，影响幅度不如上游河段对下游河段的影响明显。

从对下游的影响来看，工况①引起左侧冲刷右侧淤积，工况②引起左侧淤积右侧冲刷，经过渡段的调整，对周天河段的河势影响已较小。

综上所述，滩群之间存在相互影响。沙市三八滩距离瓦口子较近，中间缺少过渡段调整，汊道和河势发展具有同向特征，即三八滩左（右）汊直接影响瓦口子左（右）汊；瓦

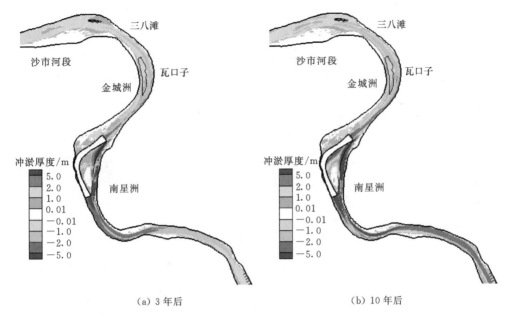

（a）3 年后　　　　　　　　　　　　　　　（b）10 年后

图 5.3－5　马家咀右汊浚深 10m 后引起的周边河床冲淤相对变化

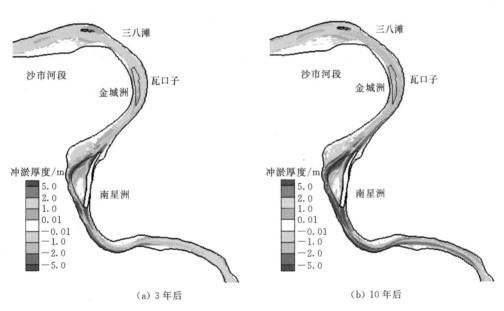

（a）3 年后　　　　　　　　　　　　　　　（b）10 年后

图 5.3－6　马家咀左汊浚深 10m 后引起的周边河床冲淤相对变化

口子与马家咀河段的演变具有反向特征，瓦口子河段左汊的冲刷发展（或淤积萎缩）引起马家咀河段右汊的冲刷发展（或淤积萎缩），相应的，瓦口子右汊的冲刷发展（或淤积萎缩）引起马家咀河段左汊的冲刷发展（或淤积萎缩）；马家咀右汊的冲刷发展主要引起瓦口子左汊相对发展，马家咀左汊的冲刷发展主要引起瓦口子右汊相对发展，影响幅度不如上游河段对下游河段明显；由于有较长过渡段的调整，马家咀河段的汊道发展对周天河段河势影响相对较小。

5.3.2　连接段对分汊河段滩群演变的作用

长江城陵矶以下河段分布有大量的分汊河段，河段宽窄相间，宛如一节节莲藕。汊道之间存在连接段，对河势发展至关重要，因此在长河段研究中，上下游分汊河段之间的连接段作用不可忽视[3]。以赤壁—潘家湾河段（图 5.3 - 7）为例，该河段自上而下依次有陆溪口水道、龙口水道、嘉鱼水道、王家渡水道、燕子窝水道，其中，龙口水道和王家渡水道是连接上下游分汊段的两个连接段，这两个连接段的区别在于龙口水道出口有石矶头节点卡口控制，而王家渡水道进出口无矶头等节点。这 5 个水道之间存在既关联、又相对独立的关系，其关联性的强弱主要受连接段（包括汊内节点）作用的影响。

5.3.2.1　连接段对嘉鱼—燕子窝滩群演变的作用

上游水道演变对下游水道影响的传递，有时会因为连接段的阻隔作用而被部分削弱[152]。龙口水道是陆溪口水道和嘉鱼水道之间的连接段，河道微弯。三峡水库运行前，由于龙口水道断面窄深，对水流起着较强的归顺作用，又具有阻隔性效果，使得陆溪口水道的河势调整没有传递到嘉鱼—燕子窝河段。三峡水库运行后，陆溪口水道出口主流左摆，切割龙口水道凸岸边滩，龙口水道由单槽演变成为双槽。20 世纪 60 年代中期以来，陆溪口水道中港分流比基本大于直港，主流出陆溪口水道后，偏向右岸侧，因而龙口水道主流贴凹岸而下，河段深泓位置稳定。陆溪口水道 2004 年开始实施整治工程后，在连续中小水年作用下，直港冲刷发展，主流出陆溪口水道后偏向左岸侧。龙口水道左岸边滩被水流切割，两侧河槽深泓点高差减小，上游直港冲刷而下的泥沙在放宽段河心堆积成浅心滩，形成双槽。龙口水道断面形态发生变化（图 5.3 - 8 和图 5.3 - 9）。但是龙口水道的影响经石矶头卡口段后，对于嘉鱼水道的影响又有所减弱：从主流走向来看，龙口水道左槽发展后，主流不再顶冲石矶头，直接经由护县洲左缘，偏向嘉鱼中夹。然而，21 世纪以来嘉鱼中夹发展并不明显，矶头卡口段下游断面形态多年来保持稳定，仅深泓略有右移。可见，龙口河势调整经控制性较强的卡口段作用后，对嘉鱼水道的影响有所减弱，仅进口段深泓略有右偏，并造成了护县洲左缘的崩退。

连接段的阻隔作用是会发生变化的，原本窄深具有阻隔作用的河道，由于河岸或边滩变化，阻隔作用会有所减弱或消失。嘉鱼水道与燕子窝水道之间有王家渡水道连接段，嘉鱼水道与燕子窝水道有一定的联系，但不是决定性的。嘉鱼水道与燕子窝水道之间的连接段王家渡水道较短，且是因护岸工程的作用而束窄，其控制主流流向作用较弱，因此，嘉鱼水道主流贴靠左岸侧时，可在一定程度上促使下游燕子窝水道主流右偏；燕子窝水道心滩位于河道右侧，近期心滩头部及左右两缘均呈冲刷状态，除与持续中小水年作用有关系外，上下游之间的关系可能也有一定的影响。

三峡水库运行前，从各个演变阶段来看，嘉鱼中夹发展与燕子窝左槽发育、嘉鱼左汊发展与燕子窝右槽冲刷的时期基本相对应。1933—1957 年，嘉鱼中夹处于发展期，过流量相对较大，其出流对王家渡水道主流线具有向左挤压作用，该时期也正是燕子窝水道主流左摆时期；进入 60 年代以后，中夹上段开始淤积衰退，中夹的过流量也相应减少，枯水期甚至断流，此时期也正是燕子窝水道向右槽发展期；此后的近 20 年，中夹一直维持这种不兴不衰的态势，而燕子窝右槽也维持相对稳定；进入 90 年代以后，随着上游来沙

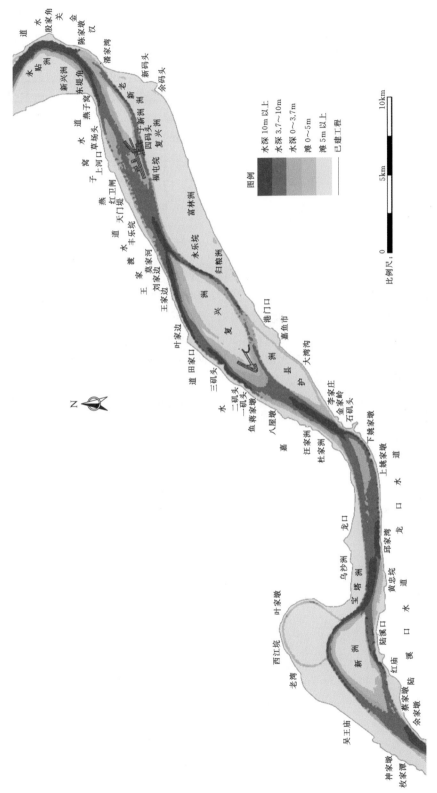

图例

水深 10m 以上
水深 3.7～10m
水深 0～3.7m
滩 0～5m
滩 5m 以上
已建工程

比例尺：

0　　　　5km

0　　　　10km

图 5.3－7　赤壁—潘家湾河段河势图

量的减少，中夹开始逐渐发展，此时段正好对应于燕子窝左槽发育期；1998 年洪水期过后，中夹有所冲刷，而燕子窝水道也完成了从右槽到左槽的演变过程。之后，中夹维持相对稳定的态势，而燕子窝水道也处于左槽的相对稳定期。

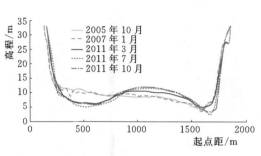

图 5.3-8　龙口水道典型断面变化图　　　　图 5.3-9　龙口水道断面河宽随水位变化

三峡水库运行后，水沙过程的调整变化，使得嘉鱼水道和燕子窝水道之间的关联性影响趋于弱化，而来水来沙过程是两水道演变的主导因素。从近期演变过程来看，这种嘉鱼和燕子窝两水道的相互关系并不是决定性的因素，嘉鱼水道整治工程实施前中夹的分流比有较大幅度的增加，但燕子窝水道右槽也有逐渐冲刷的趋势。

5.3.2.2　嘉鱼—燕子窝河段上下游水流动力关联性试验研究

为探讨嘉鱼水道、燕子窝水道上下游两个水道的关联性，在物理模型上，通过改变嘉鱼水道分流比，观测嘉鱼水道分流比调整对燕子窝水道水流条件的影响；改变燕子窝水道分流比，分析其对嘉鱼水道水流条件的影响，分析上下游的关联性。

1. 增加嘉鱼左汊分流比对燕子窝水道的影响

在物理模型上，采用潜坝工程对嘉鱼中夹进行部分封堵，增加左汊分流比。潜坝高程依次为航行基面上 3m 和航行基面上 9m（表 5.3-1）。嘉鱼左汊分流比增加后，燕子窝左槽分流比有所减小，右槽分流比有所增加，但分流比变幅不大，为 0.1%～0.5%，随着流量的增加，影响幅度相应增大。

表 5.3-1　　　　　　　　　　　封堵嘉鱼中夹后分流比变化

工况	汊道	流量为 17500m³/s			流量为 35000m³/s		
		工程前/%	工程后/%	变化/%	工程前/%	工程后/%	变化/%
高程为航行基面以上 3m	嘉鱼左汊	69.4	74.2	4.8	67.7	69.4	1.7
	嘉鱼中夹	30.6	25.8	-4.8	32.3	30.6	-1.7
	嘉鱼夹	1.5	1.4	-0.1	2.9	2.8	-0.1
	燕子窝左槽	74.9	74.8	-0.1	75.4	75.3	-0.1
	燕子窝右槽	25.1	25.1	0.1	25.4	24.7	0.1
高程为航行基面以上 9m	嘉鱼左汊	69.4	98.5	29.1	67.7	81.7	14.0
	嘉鱼中夹	30.6	1.5	-29.1	32.3	18.3	-14.0
	嘉鱼夹	1.5	1.1	-0.4	2.9	2.2	-0.7
	燕子窝左槽	74.9	74.7	-0.2	75.4	74.9	-0.5
	燕子窝右槽	25.1	25.3	0.2	25.4	25.1	0.5

2. 增加嘉鱼中夹分流比对燕子窝水道的影响

在物理模型上，采用潜坝工程对嘉鱼左汊进行部分封堵，增加中夹分流比。潜坝高程依次为航行基面上 3m 和航行基面上 9m（表 5.3-2）。嘉鱼中夹分流比增加后，燕子窝左槽分流比有所增加，右槽分流比有所减小，但分流比变幅不大，为 0.1%～0.9%，随着流量的增加，影响幅度相应增加。

表 5.3-2　　　　　　　　　　　封堵嘉鱼左汊后分流比变化

工况	汊道	流量为 17500m³/s			流量为 35000m³/s		
		工程前/%	工程后/%	变化/%	工程前/%	工程后/%	变化/%
高程为航行基面以上 3m	嘉鱼左汊	69.4	56.7	−12.7	67.7	62.2	−5.5
	嘉鱼中夹	30.6	43.3	12.7	32.3	37.8	5.5
	嘉鱼夹	1.5	2.1	0.6	2.9	3.3	0.4
	燕子窝左槽	74.9	75.1	0.2	75.4	75.7	0.3
	燕子窝右槽	25.1	24.9	−0.2	25.4	24.3	−0.3
高程为航行基面以上 9m	嘉鱼左汊	69.4	0	−69.4	67.7	50.5	−17.2
	嘉鱼中夹	30.6	100	69.4	32.3	49.5	17.2
	嘉鱼夹	1.5	6.6	5.1	2.9	4.8	1.9
	燕子窝左槽	74.9	75.3	0.4	75.4	76.3	0.9
	燕子窝右槽	25.1	24.7	−0.4	25.4	23.7	−0.9

3. 增加燕子窝左槽分流比对嘉鱼水道的影响

在物理模型上，采用潜坝工程对燕子窝右槽进行部分封堵，增加燕子窝左槽分流比。潜坝高程依次为航行基面、航行基面上 3m 和航行基面上 6m（表 5.3-3）。当燕子窝分流比改变达到一定幅度（10% 以上）时，才会对嘉鱼水道分流比产生一定的影响，幅度在 0.2% 以内。

表 5.3-3　　　　　　　　　　　封堵燕子窝右槽分流比变化

工况	汊道	流量为 17500m³/s			流量为 35000m³/s		
		工程前/%	工程后/%	变化/%	工程前/%	工程后/%	变化/%
潜坝高程为航行基面	嘉鱼左汊	69.4	69.4	0	67.7	67.7	0
	嘉鱼中夹	30.6	30.6	0	32.3	32.3	0
	嘉鱼夹	1.5	1.5	0	2.9	2.9	0
	燕子窝左槽	74.9	77.0	2.1	75.4	76.4	1.0
	燕子窝右槽	25.1	23.0	−2.1	25.4	23.6	−1.0
潜坝高程为航行基面以上 3m	嘉鱼左汊	69.4	69.4	0	67.7	67.7	0
	嘉鱼中夹	30.6	30.6	0	32.3	32.3	0
	嘉鱼夹	1.5	1.5	0	2.9	2.9	0
	燕子窝左槽	74.9	82.9	8.0	75.4	78.6	3.2
	燕子窝右槽	25.1	17.1	−8.0	25.4	21.4	−3.2

续表

工况	汉道	流量为 17500m³/s			流量为 35000m³/s		
		工程前/%	工程后/%	变化/%	工程前/%	工程后/%	变化/%
潜坝高程为航行基面以上 6m	嘉鱼左汊	69.4	69.2	−0.2	67.7	67.7	0
	嘉鱼中夹	30.6	30.8	0.2	32.3	32.3	0
	嘉鱼夹	1.5	1.5	0	2.9	2.9	0
	燕子窝左槽	74.9	95.7	20.8	75.4	83.0	7.6
	燕子窝右槽	25.1	4.3	−20.8	25.4	17.0	−7.6

4. 增加燕子窝右槽分流比对嘉鱼水道的影响

在物理模型上，采用潜坝工程对燕子窝左槽进行部分封堵，增加燕子窝右槽分流比。潜坝高程依次为航行基面、航行基面上 3m 和航行基面上 6m（表 5.3 − 4）。燕子窝右槽分流比增加后，上游嘉鱼水道分流比基本未变。

表 5.3 − 4　　　　　　　　　　封堵燕子窝左槽后分流比变化

工况	汉道	流量为 17500m³/s			流量为 35000m³/s		
		工程前/%	工程后/%	变化/%	工程前/%	工程后/%	变化/%
潜坝高程为航行基面	嘉鱼左汊	69.4	69.4	0	67.7	67.7	0
	嘉鱼中夹	30.6	30.6	0	32.3	32.3	0
	嘉鱼夹	1.5	1.5	0	2.9	2.9	0
	燕子窝左槽	74.9	73.3	−1.6	75.4	74.4	−1.0
	燕子窝右槽	25.1	26.7	1.6	25.4	25.6	1.0
潜坝高程为航行基面以上 3m	嘉鱼左汊	69.4	69.4	0	67.7	67.7	0
	嘉鱼中夹	30.6	30.6	0	32.3	32.3	0
	嘉鱼夹	1.5	1.5	0	2.9	2.9	0
	燕子窝左槽	74.9	65.5	−9.5	75.4	71.0	−4.4
	燕子窝右槽	25.1	35.4	9.5	25.4	29.0	4.4
潜坝高程为航行基面以上 6m	嘉鱼左汊	69.4	69.4	0	67.7	67.7	0
	嘉鱼中夹	30.6	30.6	0	32.3	32.3	0
	嘉鱼夹	1.5	1.5	0	2.9	3.0	0
	燕子窝左槽	74.9	35.0	−39.9	75.4	62.3	−13.1
	燕子窝右槽	25.1	65.0	39.9	25.4	37.7	13.1

由物理模型试验结果可以看出：

（1）定床模型中某汉道分流比改变对其余汉道分流比影响不大，其原因是随着水流的运动，加之地形对水流有一定的调整作用，削弱了分流比变化带来的影响。相对而言，上游汉道分流比改变对下游汉道的影响较下游对上游的影响为大。

（2）上游汉道分流比调整使得过渡段水流动力轴线改变，从而影响下游汉道的水流结构（图 5.3 − 10）。随着中夹的分流比逐渐增加，嘉鱼左汊与中夹汇流点逐步下挫，汇流区主流动力轴线向左摆动。这说明：中夹出流顶托左汊出口水流，且随着中夹分流的增加，顶托作用增强，莫家河—丰乐垸一带主流动力轴线左摆，对燕子窝左槽进口发展有一定作用。

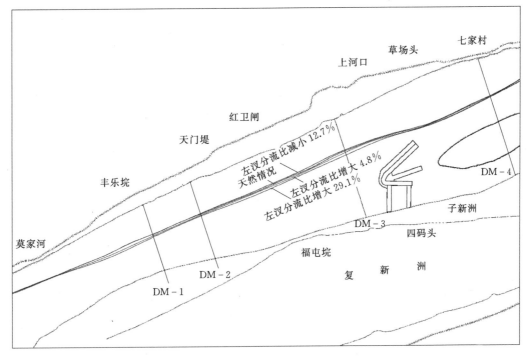

图 5.3-10　水流动力轴线随分流比变化图（$Q=17500\text{m}^3/\text{s}$）

（3）下游汊道分流比的改变对上游汊道水流结构影响很小，随着潜坝坝顶高程的增加，壅水范围逐渐变长，嘉鱼水道流速有所减小。在坝顶高程为航行基面上 3m 时，嘉鱼水道左汊进口流速减小 0.01～0.02m/s。

综上所述，嘉鱼水道汊道分流比对燕子窝水道水流特性有一定的影响，而燕子窝汊道分流比改变对嘉鱼水道影响很小，嘉鱼水道出口水流动力轴线的变化会直接影响到燕子窝水道的进流条件。从模型试验可以观察到，随着嘉鱼中夹的发展，顶托左汊出流，对燕子窝左槽发展有一定的作用；但相同流量下，中夹分流增大、左汊分流减小时，左汊弯道内主流更加贴靠左岸，出口处受弯道的影响，主流从左向右过渡摆动，这一调节趋势与中夹分流增大促使主流左摆的力量相互对抗，经过王家渡水道对水流的调整，使得上游对下游的影响有所减弱，即使上游分流比发生大幅调整，下游燕子窝的调整幅度仍小于嘉鱼水道的调整幅度。

5.3.3　节点在藕节状分汊河型滩槽演变中的控制作用

通过数值模拟计算结合河床演变分析，分析了节点在马当分汊河段中的控制作用。在河床演变研究中，把对河道变化起控制作用，具有某种固定边界而平面位置相对稳定的窄段，叫作节点[93]。这里所说的节点并非传统意义上的河岸边界，而是指河道内的边界条件，由两侧不易冲蚀的山矶或冲积物或人工护岸形成的束窄段。钱宁曾指出，由控制物形成的窄深河段对游荡型河流的河势变化具有不可忽视的节制作用，因此可以将这些窄深河段统称为河流的节点[153]。长江中下游城陵矶—江阴河段（长约 1120km），有分汊河道 41处，占总河长的 71.3%[78]，自张家洲段开始起控制作用的节点就有 48 个[93]。分析节点在汊道演变中的作用，对于研究长河段演变规律，指导该河道的维护和治理思路具有重要的战略意义。在河道治理工程中，某一汊道的治理是否会对其他汊道产生影响，在河道治理过程中应遵循怎样的顺序，这是工程技术人员非常关心的问题。而目前对分汊河段及其节点的研究主要集中在水沙运动特性及演变规律方面[154-158]，对汊道之间相互影响的定量研究相对较少。探索汊道之间演变的相互影响，分析节点在长河段演变中的控制作用，为河道的治理提供指导意见，不仅具有理论意义，更具有重要的工程应用价值[159]。

5.3.3.1 汊道分流比的演变

马当河段位于长江下游九江与安庆之间，多级分汊（图 5.3-11）。从分流比变化来看（图 5.3-12），20 世纪 50 年代末，左汊马当圆水道分流比可达到 36%～40%；至 80年代初，洪、枯季分流比分别减小了约 18.4% 和 13.0%；80 年代初至 90 年代相对稳定；2007—2008 年北汊分流比枯水时减小至仅 2.4%～4.5%，洪水时减小至 12.6%。随着北汊衰退、南水道分流比的增加，南水道内部的滩槽形势也进行了调整。20 世纪 70 年代以来形成棉外洲，南水道分成左、右两槽，其中以右槽为主槽。近年来，棉外洲左槽呈不断发展趋势，造成棉外洲的南移，不断压缩右槽，致使右槽 5m 水深平均宽度已由 2000 年的 570m 减小至 2007 年的 460m；马当南水道出现两槽争流的格局，左槽分流比为46.3%～57.0%（2007—2014 年数据）。

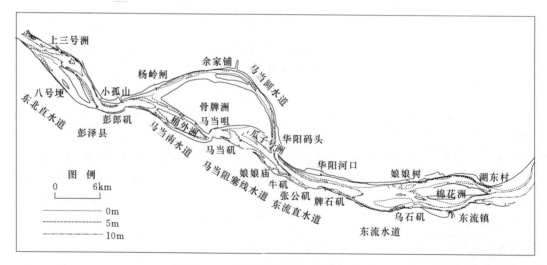

图 5.3-11　马当河段及上下游河段概况

马当阻塞线水道下段又被瓜子号洲分为左、右两汊。右汊为主汊，20 世纪 60 年代之前一直处于相对稳定状态。随后，瓜子号洲左汊的分流比有所增加（图 5.3-12），20 世纪 80 年代初左汊分流比为 10%～14%，至 2002 年前后增加到 25% 左右，2007—2008 年保持在 21%～23%。瓜子号洲左汊分流比的增加使得洲尾浅滩下移时发生右偏，不断压

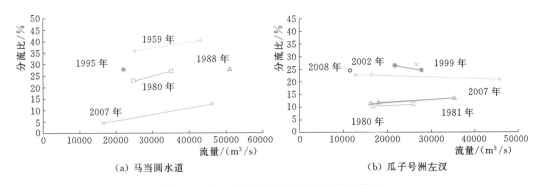

（a）马当圆水道　　　　　　　（b）瓜子号洲左汊

图 5.3-12　马当河段汊道分流比演变情况

缩东流直水道进口处的深槽。

　　汊道的发展衰退与多种因素相关，如来水来沙条件、河床边界条件、人类活动等。自然情况下的演变只能从总体上分析汊道之间相互牵制关系，较难厘清某一汊道分流比改变后对其他汊道的影响程度。若定量研究汊道之间的相互影响需借助数值模拟的手段。为了探索汊道之间的相互影响，在来水来沙条件、河道边界条件等其他影响因素不变的基础上，通过修改地形、筑坝、疏浚等人为措施改变某一汊道分流比后，采用数学模型计算分析了对其他汊道的影响，分析了节点对汊道演变的控制作用。

5.3.3.2　上游汊道分流比变化对马当河段的影响

　　马当河段上游为东北直水道，下三号洲将其分为左右两汊，左汊为主汊，右汊为支汊，右汊分流比仅为 3.1%~13.4%。将下三号洲右汊封堵，其分流比减小为 0 时，对马当河段汊道分流比基本没有影响，彭郎矶下游流速变化仅 0.01~0.02m/s［图 5.3-13（a）］；将下三号洲右汊浚深 10m，其分流比增加到 18%~21%，则马当圆水道和棉外洲左槽分流比仅微增 0.01%~0.02%，骨牌洲洲头一带流速仅微增 0.01%~0.03m/s［图 5.3-13（b）］。由此可见，下三号洲河势发生较大变化时，马当河段河势变化微小，其原因主要是水流经过小孤山与彭郎矶的调整，马当河段进口边界条件较为稳

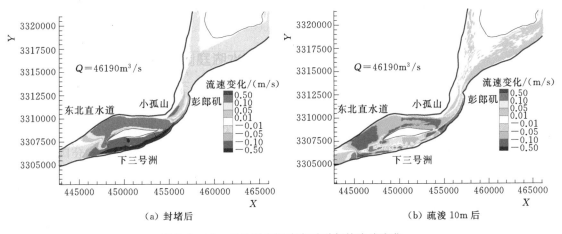

（a）封堵后　　　　　　　　　（b）疏浚 10m 后

图 5.3-13　三号洲右汊改变后引起的流速变化

定（图5.3-14）。泥沙冲淤计算结果表明：鉴于上游分流比改变后水流变化甚小，从而基本不对马当河段汊道泥沙冲淤产生影响；在来水来沙条件不变的情况下，马当河段的汊道演变受上游汊道的影响较小。

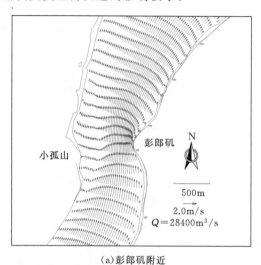

(a)彭郎矶附近

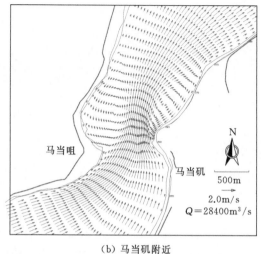

(b)马当矶附近

图5.3-14　彭郎矶和马当矶附近流场图

5.3.3.3　马当南水道两槽分流比变化对周边汊道的影响

通过修改局部地形改变棉外洲左右槽分流比，研究其变化对上下游河段的影响，分析马当矶—马当咀节点在汊道演变中的控制作用。马当南水道整体过流能力对周边河道的影响较大，因此通过修改局部地形只调整棉外洲分流比，而尽量不改变马当南水道整体过流能力。左槽填高地形条件时整治流量（12200m³/s）以下左槽不过流，相应右槽进行挖深，保证总的过水断面不变；右槽填高地形条件时整治流量以下右槽不过流，相应左槽进行挖深。

表5.3-5、表5.3-6为调整棉外洲两槽分流比后周边汊道分流比变化。棉外洲左右槽分流比在现状基础上变化23.34%～58.11%后，下三号洲右汊分流比变化在0.06%以内，马当圆水道分流比变化0.28%～1.16%，瓜子号洲左汊分流比变化0.04%～0.72%。其中马当圆水道分流比变化相当程度上是因为改变棉外洲地形后，或多或少地影响了马当南水道总体过流能力。由此可见，棉外洲左右槽分流比大幅改变后，对下三号洲右汊、马当圆水道、瓜子号洲右汊分流比影响较小。

表5.3-5　　　　　　　　　　棉外洲左槽全堵马当河段分流比的变化

流量 /(m³/s)	下三号洲右汊分流比/%			马当圆水道分流比/%			棉外洲左槽分流比/%			瓜子号洲左汊分流比/%		
	现状	调整后	差值	现状	调整后	差值	现状	调整后	差值	现状	调整后	差值
6300	1.12	1.10	−0.02	0.88	1.15	0.28	41.89	0.00	−41.89	22.20	22.25	0.05
12200	2.68	2.61	−0.06	2.29	2.91	0.63	47.64	0.00	−47.64	24.16	24.09	−0.06
28500	9.21	9.19	−0.01	9.06	10.22	1.16	53.51	13.54	−39.97	20.61	20.00	−0.62
56800	15.46	15.46	0.01	15.69	16.33	0.64	56.01	32.67	−23.34	20.72	20.00	−0.72

表 5.3-6　　　　　　　　　　棉外洲右槽全堵马当河段分流比的变化

流量/(m³/s)	下三号洲右汊分流比/%			马当圆水道分流比/%			棉外洲左槽分流比/%			瓜子号洲左汊分流比/%		
	现状	调整后	差值	现状	调整后	差值	现状	调整后	差值	现状	调整后	差值
6300	1.12	1.11	-0.01	0.88	1.17	0.29	41.89	100.00	58.11	22.20	22.24	0.04
12200	2.68	2.64	-0.03	2.29	2.71	0.42	47.64	100.00	52.36	24.16	24.07	-0.09
28500	9.21	9.21	0.00	9.06	9.91	0.85	53.51	93.64	40.13	20.61	20.05	-0.56
56800	15.46	15.46	0.00	15.69	16.45	0.76	56.01	79.65	23.64	20.72	20.16	-0.56

在现状条件下（2007 年地形），棉外洲左右槽基本均衡，从洲头至洲尾，流速沿河宽分布呈"双峰"特征，小水时流路坐弯右槽略占优，大水时流路趋直左槽略占优（图 5.3-15）。棉外洲左槽填高时，枯水流量（6300m³/s 和 12200m³/s）时左槽不过流，随着流量的增加左槽流速逐渐增加，至洪水流量时（58600m³/s）左槽流速已相对占优；而棉外洲右槽填高时，枯水至洪水流量时左槽流速均相对较大。左槽填高时 [图 5.3-15 (a)]，棉外洲进口段水流向右槽偏转，右槽分流比增加，在棉外洲尾，左槽入汇水流明显减小；至马当矶，矶头前沿流速增加，马当矶后方回流略有增强，马当咀后方回流略有减小，在马当矶挑流作用下，主流流向较现状左偏 10°左右，经矶头调整，至马当矶下游约 660m（断面 5 号），主流流向开始恢复性右偏，最大影响可至马当矶下游约 2km 处，至沉船打捞区（断面 7 号）变化趋微，流向变化不足 0.5°，这反映了马当矶对流路的控制作用。可见，若无马当矶和马当咀的存在，流路得不到调整，右槽增加的分流将直趋下游，增加下游右侧河道的动力。右槽填高时 [图 5.3-15 (b)]，水流变化与左槽填高时基本相反，棉外洲进口段水流向左槽偏转，在棉外洲尾，左槽入汇水流明显增加，主流直趋马当矶头，主流流向较现状右偏 10°左右，主流趋于江心，至马当矶下游约 660m，主流流向开始恢复性左偏。可见，棉外洲分流比调整后，最大影响可至马当矶下游约 2km 处。

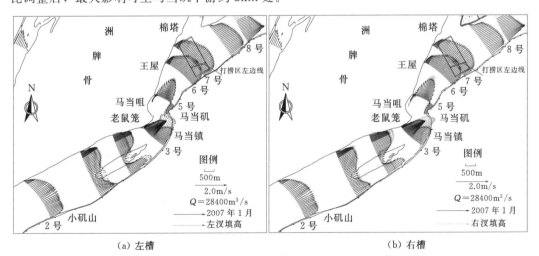

图 5.3-15　棉外洲左、右槽填高时断面流速分布变化

河床地形与特定的水沙条件相适应。棉外洲左右槽地形被人为改变后，为了适应现有的水沙条件，必定朝着逆势方向发展，即被填高的左槽将冲刷、被浚深的右槽将淤积。因

此，人为修改棉外洲左右槽地形后，将出现大幅度冲淤，本节着重研究其相对冲淤变化对下游的影响情况，以反映汉道之间的影响。计算条件采用 10 年水沙系列过程，即 2004—2007 年及 1998 年（含大洪水）实测流量、含沙量过程，在此基础上循环 1 次，其中考虑到三峡水库 2003 年运行后的拦沙作用，以 1998 年来沙过程的 1/3 作为进口控制条件。计算表明，棉外洲左槽冲刷发展、右槽萎缩幅度达 2～5m 时 [图 5.3-16 (a)]，马阻水道左侧河道相对冲刷，右侧河道相对淤积，但仅影响马当矶下游 2.5km 以内河道，相对冲淤幅度为 0.5～1.5m，至打捞区，河床仅微淤 0.1～0.2m。右槽冲刷发展、左槽萎缩幅度达 2～5m 时 [图 5.3-16 (b)]，马阻水道左侧河道相对淤积，右侧河道相对冲刷，马当矶下游约 2.5km 以内河道相对冲淤幅度为 0.5～1.5m，打捞区左侧河床微淤、右侧微冲，但幅度较小，在 0.5m 以内。

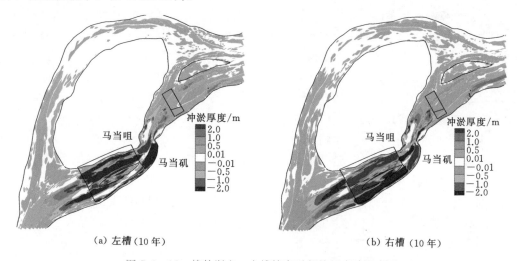

（a）左槽（10 年）　　　　　　　　　　　（b）右槽（10 年）

图 5.3-16　棉外洲左、右槽填高引起的河床冲淤变形

　　综上所述，马当矶与马当咀隔江相望，形成节点，控制了马阻水道的进流条件，有利于减小马当南水道与马阻水道的相互影响，马当南水道较大的冲淤变化对马阻水道影响范围有限。图 5.3-14 和图 5.3-15 从水动力角度反映了节点的控导作用。在小孤山—彭郎矶、马当矶—马当咀形成的节点段，河道均呈现微 S 形，上游经过此处的水流得以控导，减小主流摆动，即使在上游主流较大摆动的情况下，经过节点后的主流发生恢复性偏转，反向调节到现有主流流向。这也说明，相邻两个河段由于中间节点的调节作用，使其下游的分汊河道演变具有相对的独立性[93]，但这种独立性是相对的，与节点的调节作用强弱有关，需要具体河段具体分析。

5.4　江湖交汇段滩槽演变对水沙调节的响应

5.4.1　三峡水库不同运行期间江湖交汇段水动力特性

5.4.1.1　三峡水库调节下的来水特性

　　三峡水库运行后，改变了长江中下游的水沙条件，特别是三峡水库蓄水期和枯水消落期。蓄水期提前至 9 月 10 日，使得 9 月、10 月来流减少；枯水消落期下泄流量增加，同时清水下泄，长江干流河床下切，同流量下水位下降，长江水沙条件及河床变化对洞庭湖产生影响，江湖关系发生改变。

（1）三峡水库枯水消落期。三峡水库蓄水前后 1—4 月螺山站月平均流量为 6982～15278m³/s，三峡水库蓄水前监利站枯水期月平均流量为 4500m³/s 左右，三峡水库蓄水后监利站枯水期月平均流量为 6000m³/s 左右，枯水流量平均增加 1500m³/s，洞庭湖流量为 2500～9000m³/s。三峡水库蓄水后长江汇流比为 0.45～0.72，三峡水库蓄水前长江汇流比为 0.35～0.58。三峡水库枯水消落期螺山站流量变化见表 5.4-1。

表 5.4-1　　　　　　　　　三峡水库枯水消落期螺山站流量变化

项目	运行前平均流量/(m³/s)	运行后平均流量/(m³/s)	流量增减/(m³/s)	2008 年/(m³/s)	2009 年/(m³/s)	2010 年/(m³/s)	2011 年/(m³/s)
1 月	6982	8311	+1329	7250	8061	8001	10507
2 月	7440	8822	+1382	7808	8786	8088	9334
3 月	9745	11450	+1705	10082	13568	8622	10380
4 月	15278	13742	-1536	15457	15107	17069	10759
年径流量/亿 m³	6460	5763	-697	6085	5536	6480	4653

（2）三峡水库蓄水期。据三峡水库蓄水前 9—11 月月平均流量为 15000～31000m³/s，三峡水库蓄水运行后，年径流量减少 9.9%，9 月月平均流量减少 12.4%，10 月月平均流量减少 31.3%，11 月月平均流量减少 13.4%。三峡水库蓄水后长江汇流比为 0.60～0.80，三峡水库蓄水前长江汇流比为 0.68～0.85。三峡水库蓄水期螺山站水量变化见表 5.4-2。

表 5.4-2　　　　　　　　　三峡水库蓄水期螺山站水量变化

项　　目	年径流量/亿 m³	9 月平均流量/(m³/s)	10 月平均流量/(m³/s)	11 月平均流量/(m³/s)	起蓄时间
运行前	6395	30941	23746	15008	
运行后	5763	27119	16302	12997	
运行前后变化率/%	-9.9	-12.4	-31.3	-13.4	
2008 年	6085	35220	17716	25360	9 月 28 日
相对运行前变化率/%	-4.8	13.8	-25.4	69.0	
2009 年	5536	23187	10543	8687	9 月 15 日
相对运行前变化率/%	-13.4	-25.1	-55.6	-42.1	
2010 年	6480	30370	18668	10669	9 月 10 日
相对运行前变化率/%	1.3	-1.8	-21.4	-28.9	
2011 年	4653	14533	12352	14540	9 月 10 日
相对运行前变化率/%	-27.2	-53.0	-48.0	-3.1	

统计年份：运行前 1950—2002 年，运行后 2003—2011 年。

（3）江湖错峰情况。三峡水库在 5 月 25 日至 6 月 10 日的汛前消落期，城陵矶水位有所抬高，水位抬高最大值均出现在 6 月，水位抬升对洞庭湖区出流会有一定影响。长江上游主汛期为 7—8 月，洞庭湖四水主汛期为 5—7 月，江湖错峰及洪峰遭遇情况下长江汇流比为 0.22～0.90。

5.4.1.2 三峡水库消落期水动力特性试验

以三峡水库运行后枯水消落期下泄流量增加 1500m³/s 为例，洞庭湖不同来流量条件下，来分述长江河道和洞庭湖泄洪道水位变化情况。

1. 水位变化

长江监利站下泄流量增加 1500m³/s 时，长江交汇口上游河段 6 号站水位抬高 0.61～1.56m，洞庭湖泄洪道 13 号站水位抬高 0.57～1.58m，站位布置示于图 5.4-1。长江监利站下泄流量增加 3000m³/s 时，长江交汇口上游河段 6 号站水位抬高 1.29～2.57m，洞庭湖泄洪道 13 号站水位抬高 1.24～2.67m。长江交汇口上游河段 6 号站和洞庭湖泄洪道 13 号站水位抬高值基本相同。三峡运行后枯水期下泄流量增加，长江河道和洞庭湖泄洪道沿程水位抬高；其水位增幅随螺山站流量（即洞庭湖泄流量）增大而减小，见表 5.4-3、表 5.4-4 和图 5.4-2。

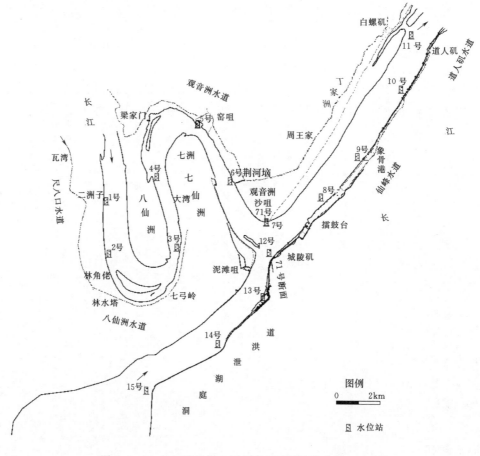

图 5.4-1 长江洞庭湖交汇河段概况及水位布置示意图

表 5.4-3　　　　　三峡水库运行前后枯水消落期长江 6 号站水位变化

运行前			运行后			流量增加值 /(m³/s)	水位增加值 /m
螺山站流量 /(m³/s)	长江汇流比	水位 /m	螺山站流量 /(m³/s)	长江汇流比	水位 /m		
7000	0.58	17.31	8500	0.72	18.87	1500	1.56
500	0.54	18.86	10000	0.60	19.88	1500	1.02
10000	0.45	19.87	11500	0.52	20.83	1500	0.96
11500	0.39	20.80	13000	0.47	21.47	1500	0.67
13000	0.35	21.48	14500	0.45	22.09	1500	0.61
7000	0.58	17.31	10000	0.60	19.88	3000	2.57
8500	0.54	18.86	11500	0.52	20.83	3000	1.97
10000	0.45	19.87	13000	0.47	21.47	3000	1.60
11500	0.39	20.80	14500	0.45	22.09	3000	1.29

表 5.4-4　　　三峡水库运行前后枯水消落期洞庭湖泄洪道 13 号站水位变化

运行前			运行后			流量增加值 /(m³/s)	水位增加值 /m
螺山站流量 /(m³/s)	长江汇流比	水位 /m	螺山站流量 /(m³/s)	长江汇流比	水位 /m		
7000	0.58	17.14	8500	0.72	18.72	1500	1.58
8500	0.54	18.76	10000	0.60	19.81	1500	1.05
10000	0.45	19.84	11500	0.52	20.82	1500	0.98
11500	0.39	20.84	13000	0.47	21.45	1500	0.61
13000	0.35	21.51	14500	0.45	22.08	1500	0.57
7000	0.58	17.14	10000	0.60	19.81	3000	2.67
8500	0.54	18.76	11500	0.52	20.82	3000	2.06
10000	0.45	19.84	13000	0.47	21.45	3000	1.61
11500	0.39	20.84	14500	0.45	22.08	3000	1.24

2. 纵比降变化

螺山站流量为 8000～13000m³/s 时，三峡水库运行前，长江—洞庭湖交汇口上游河道纵比降为 0.009‰～0.037‰，三峡水库运行后，其纵比降增大至 0.017‰～0.051‰，且随螺山站流量（即洞庭湖泄流量）增大而减小。而洞庭湖泄洪道纵比降与长江河道相反，三峡水库运行前，其纵比降为 0.016‰～0.024‰，三峡水库运行后，其纵比降减小为 0.012‰～0.017‰，且随螺山站流量增大而增大。

3. 流速变化

（1）断面流速分布。随着长江枯水流量

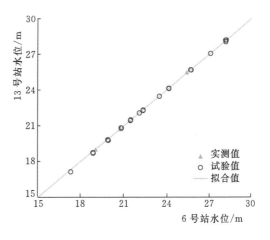

图 5.4-2　长江洞庭湖交汇口上游河段 6 号站和洞庭湖泄洪道 13 号站水位相关关系

增加，长江河道流速增大，洞庭湖泄洪道流速减小。江湖交汇口以 71 号断面为例，当洞庭湖流量一定时，随着长江流量增大、流速增大，长江水流向洞庭湖泄洪道一侧挤压，水流交汇区右移。如洞庭湖流量约为 7000m³/s，长江下泄流量由 4485m³/s 增加至 6110m³/s、8000m³/s 时，江湖交汇区右移约 50m 和 200m。反之，当长江监利站下泄流量一定时，随着洞庭湖流量增大、流速增大，水流向长江一侧挤压，水流交汇区也向长江一侧移动。如长江下泄流量约为 4500m³/s，洞庭湖流量由 3910m³/s 增至 8450m³/s 时，江湖交汇区左移约 150m；长江下泄流量约为 6100m³/s，洞庭湖流量由 2380m³/s 增至 6890m³/s 时，江湖交汇区左移约 100m。而长江河道流速随着洞庭湖流量增大而减小，洞庭湖泄洪道流速增大。

当长江流量大于洞庭湖流量时，江湖交汇口长江一侧流速大于洞庭湖泄洪道一侧流速；反之，当洞庭湖流量大于长江流量时，江湖交汇口洞庭湖泄洪道一侧流速大于长江一侧流速，江湖交汇区左右移动，与江湖汇流比有一定的关系，见图 5.4-3。

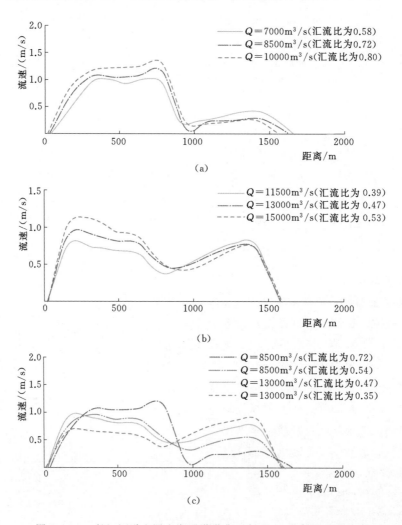

图 5.4-3　长江河道和洞庭湖泄洪道典型断面 71 号断面流速分布

（2）流场变化。单一弯道主流线随流量而变，水量增减影响惯性的大小，进而引起主流线的曲率半径有所变动，即大水时"居中"、小水时"傍岸"。与此相应，水流对凹岸的顶冲点也随之变为大水时"下挫"、小水时"上提"。对于有支流汇入的弯道河段，主流线不仅随干流流量而变化，同时受支流来流量的大小影响。

当洞庭湖流量一定时，随着长江流量增大、流速增大，水流向洞庭湖泄洪道一侧挤压，主流线右移。由于目前汇流区附近深泓靠近凸岸沙咀，长江小水时，主流线靠凸岸沙咀一侧，汇流点下移；大水时，主流线右移，汇流点上提。洞庭湖流量约为 7000m³/s，长江下泄流量由 4485m³/s 增至 6110m³/s 时，汇流点右移 20m、上提约 100m；长江下泄流量由 6110m³/s 增至 8000m³/s 时，汇流点右移 20m、上提约 150m。图 5.4-4 给出了消落期长江河道和洞庭湖泄洪道水动力轴线。

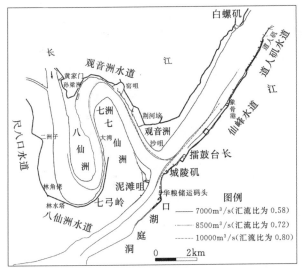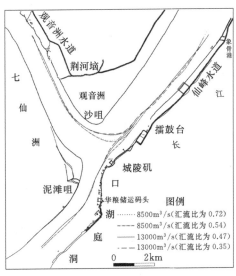

图 5.4-4　消落期长江河道和洞庭湖泄洪道水动力轴线

当长江监利站下泄流量一定时，随着洞庭湖流量的增大，流速也增大，水流向长江一侧挤压，主流线左移。洞庭湖大水时，主流线靠凸岸沙咀一侧，汇流点下移；小水时，主流线右移，汇流点上提。长江下泄流量约为 4500m³/s，洞庭湖流量由 3910m³/s 增至 8450m³/s 时，汇流点左移 100m、下移约 200m；长江下泄流量约为 6100m³/s，洞庭湖流量由 2380m³/s 增至 6890m³/s 时，汇流点左移 50m、下移约 200m。

5.4.1.3　三峡水库蓄水期水动力特性试验

以三峡水库蓄水期下泄流量减少 5000m³/s 为例，洞庭湖不同来流量条件下，来分述长江河道和洞庭湖泄洪道水位变化情况。

1. 水位变化

长江监利站下泄流量减少 5000m³/s 时，长江交汇口上游河段 6 号站水位降低 1.06～2.44m（表 5.4-5），洞庭湖泄洪道 13 号站水位降低 0.98～2.50m（表 5.4-6）。长江交汇口上游河段 6 号站和洞庭湖泄洪道 13 号站水位降低值基本相同。三峡运行后蓄水期下泄流量减少，长江河道和洞庭湖泄洪道沿程水位降低；其水位降幅随螺山站流量增大而减小。

表 5.4-5 　三峡水库运行前后蓄水期长江 6 号站水位变化

运行前			运行后			流量减少值/(m³/s)	水位降低值/m
螺山站流量/(m³/s)	长江汇流比	水位/m	螺山站流量/(m³/s)	长江汇流比	水位/m		
35000	0.85	28.14	30000	0.67	27.08	5000	−1.06
30000	0.67	27.08	25000	0.60	25.73	5000	−1.35
25000	0.75	25.70	20000	0.63	24.16	5000	−1.54
20000	0.63	24.16	15000	0.53	22.36	5000	−1.80
15000	0.87	22.35	10000	0.80	19.91	5000	−2.44

表 5.4-6 　三峡运行前后蓄水期洞庭湖泄洪道 13 号站水位变化

运行前			运行后			流量减少值/(m³/s)	水位降低值/m
螺山站流量/(m³/s)	长江汇流比	水位/m	螺山站流量/(m³/s)	长江汇流比	水位/m		
35000	0.85	28.06	30000	0.67	27.08	5000	−0.98
30000	0.67	27.08	25000	0.60	25.70	5000	−1.38
25000	0.75	25.71	20000	0.63	24.17	5000	−1.54
20000	0.63	24.17	15000	0.53	22.33	5000	−1.84
15000	0.87	22.29	10000	0.80	19.79	5000	−2.50

2. 纵比降变化

螺山站流量为 20000～35000m³/s 时，三峡水库运行前，长江-洞庭湖交汇口上游河道纵比降在 0.038‰～0.062‰，三峡水库运行后，其纵比降减小为 0.014‰～0.034‰，且随螺山站流量（即洞庭湖泄流量）增大而减小。三峡水库运行前，洞庭湖泄洪道纵比降在 0.027‰～0.035‰，三峡运行后，其纵比降略微增大至 0.026‰～0.038‰，且随螺山站流量增大而增大。在流量较大时，洞庭湖泄洪道水面较宽，同流量下洞庭湖泄洪道纵比降受汇流比影响较小。

3. 流速变化

（1）断面流速分布。三峡水库运行期，随着长江监利站流量减小，长江河道流速减小，洞庭湖泄洪道流速增大。江湖交汇口以 71 号断面为例，当洞庭湖流量一定时，随着长江流量减小，流速减小，洞庭湖泄洪道水流相对增强，水流向长江一侧挤压，交汇区左移。如洞庭湖流量为 6500m³/s，长江下泄流量由 18750m³/s 减小为 11700m³/s、7000m³/s 时，江湖交汇区左移约 20m 和 150m。反之，当长江监利站下泄流量一定时，随着洞庭湖流量增大，流速增大，水流向长江一侧挤压，水流交汇区也向长江一侧移动。如长江下泄流量约为 13000m³/s，洞庭湖流量由 2000m³/s 增至 11750m³/s 时，江湖交汇区左移约 250m；而长江河道流速随着洞庭湖流量增大而减小，洞庭湖泄洪道流速增大。江湖交汇区左右移动，与江湖汇流比有一定的关系，见图 5.4-5。

（2）流场变化。尺八口水道主流线紧贴河道左岸（即八仙洲左侧），在八仙洲水道大

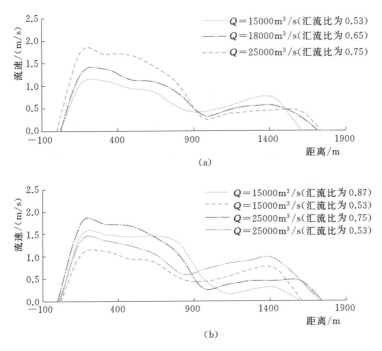

图 5.4 - 5   长江河道和洞庭湖泄洪道典型断面 71 号断面流速分布

弯道处水流顶冲右岸七号岭，然后水流紧贴河道右岸（即七仙洲左侧），水流过渡到观音洲水道，蓄水期长江下泄流量较枯水期大，水流取直，主流线靠七仙洲凸岸，在窑咀附近水流贴左岸而行，在观音洲处长江水流与洞庭湖泄洪道水流汇合，汇合后水流贴右岸而下。汇流口下游长江河道和洞庭湖泄洪道主流线变动不大，主要在江湖汇流口主流线随长江和洞庭湖来流量及江湖汇流比变化而变化。

图 5.4 - 6 给出了蓄水期长江河道和洞庭湖泄洪道水动力轴线。当洞庭湖流量一定时，随着长江流量减小，流速减小，洞庭湖水流向长江一侧挤压，主流线左移，汇流点下移。洞庭湖流量约为 6500m³/s，长江下泄流量由 18750m³/s 减小为 11700m³/s 时，汇流点左移 100m、下移约 150m；长江下泄流量由 11700m³/s 减小为 8000m³/s 时，汇流点左移80m、下移约 100m。

当长江监利站下泄流量一定时，随着洞庭湖流量增大、流速增大，水流向长江一侧挤压，主流线左移，汇流点下移。长江下泄流量约为 13000m³/s，洞庭湖流量由 2000m³/s增至 11750m³/s 时，汇流点左移 50m、下移约 100m，见图 5.4 - 6。

5.4.1.4   江湖错峰条件下水动力特性试验

以螺山站流量为 20000m³/s（长江汇流比取 0.22～0.88）及 35000m³/s（长江汇流比取 0.30～0.85）为例，分述江湖错峰及洪峰遭遇情况下长江河道和洞庭湖泄洪道水位变化情况（图 5.4 - 7）。

1. 水位变化

（1）螺山站流量为 20000m³/s。长江监利站流量为 17500m³/s，洞庭湖流量为 2500m³/s，长江汇流比为 0.88，长江沿程水位为 23.75～25.30m，洞庭湖泄洪道沿程水

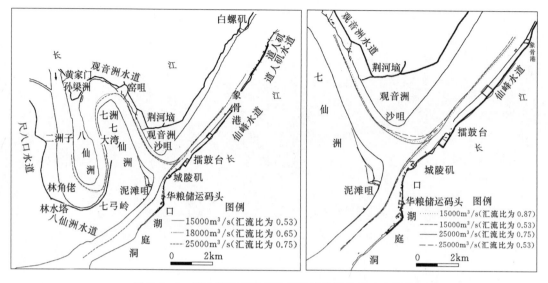

图 5.4-6　蓄水期长江河道和洞庭湖泄洪道水动力轴线

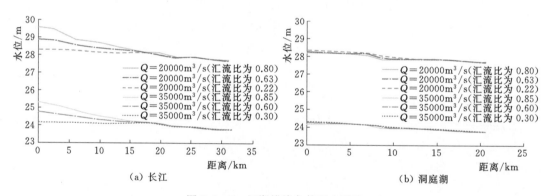

图 5.4-7　江湖错峰条件下水面线

位为 23.93～24.17m。

长江监利站流量为 12500m³/s，洞庭湖流量为 7500m³/s，长江汇流比为 0.63，长江沿程水位为 23.75～24.76m，洞庭湖泄洪道沿程水位为 24.00～24.23m。

长江监利站流量为 4400m³/s，洞庭湖流量为 15600m³/s，长江汇流比为 0.22，长江沿程水位为 23.75～24.16m，洞庭湖泄洪道沿程水位为 24.06～24.29m。

随着长江汇流比的减小，长江河道窑咀（5 号水位站）以下水位保持不变，窑咀以上水位降低。长江汇流比由 0.88 减小为 0.63，水位降低 0.07～0.54m，长江交汇口上游河道（1～7 号）纵比降由 0.062‰减小为 0.034‰；长江汇流比由 0.88 减小为 0.22，水位降低 0.17～1.14m，长江交汇口上游河道纵比降由 0.062‰减小为 0.006‰。长江交汇口下游河道（8～11 号）纵比降不变为 0.021‰。

洞庭湖泄洪道水位随着长江汇流比的减小（即洞庭湖汇流比的增大）而略有抬高。长江汇流比由 0.88 减小为 0.63，洞庭湖泄洪道（12～15 号）水位抬高 0.03～0.07m，纵比降由 0.028‰减小为 0.026‰；长江汇流比由 0.88 减小为 0.22，水位抬高 0.10～0.13m，纵比降由 0.028‰减小为 0.024‰。由于洞庭湖泄洪道水位受汇流量控制，水面宽浅，受洞庭湖来流量敏感性较弱，纵比降变化较小。

（2）螺山站流量为 35000m³/s。长江监利站流量为 29750m³/s，洞庭湖流量为 5250m³/s，长江汇流比为 0.85，长江沿程水位为 27.71～29.56m，洞庭湖泄洪道沿程水位为 27.82～28.19m。

长江监利站流量为 21000m³/s，洞庭湖流量为 14000m³/s，长江汇流比为 0.60，长江沿程水位为 27.71～28.87m，洞庭湖泄洪道沿程水位为 27.91～28.21m。

长江监利站流量为 10500m³/s，洞庭湖流量为 24500m³/s，长江汇流比为 0.30，长江沿程水位为 27.71～28.29m，洞庭湖泄洪道沿程水位为 28.01～28.34m。

随着长江汇流比的减小，长江河道窑咀（5 号水位站）以下水位保持不变，窑咀以上水位降低。长江汇流比由 0.85 减为 0.60，水位降低 0.09～0.69m，长江交汇口上游河道（1～7 号）纵比降由 0.073‰减小为 0.038‰；长江汇流比由 0.85 减为 0.30，水位降低 0.26～1.27m，长江交汇口上游河道纵比降由 0.073‰减小为 0.014‰。长江交汇口下游河道（8～11 号）纵比降不变为 0.018‰。

洞庭湖泄洪道水位随着长江汇流比的减小（即洞庭湖汇流比的增大）而略有抬高。长江汇流比由 0.85 减为 0.60，洞庭湖泄洪道（12～15 号）水位抬高 0.02～0.13m，纵比降由 0.040‰减小为 0.035‰；长江汇流比由 0.85 减为 0.30，水位抬高 0.08～0.19m，纵比降由 0.040‰减小为 0.038‰。由于洞庭湖泄洪道水位受汇流量控制，水面宽浅，受洞庭湖来流量敏感性较弱，水位和纵比降变化较小。

2. 流速变化

（1）断面流速分布。在螺山站流量相同情况下，汇流区上游长江河道流速随着长江汇流比的增大而增大，洞庭湖泄洪道流速随着长江汇流比的增大而减小，汇流区下游长江河道流速分布基本不变。江湖交汇口流速分布变化较大，以 71 号断面为例，螺山站流量为 20000m³/s：当长江流量为洪水流量 17500m³/s，洞庭湖流量为枯水流量 2500m³/s，汇流比为 0.88 时，最大流速位于长江河道一侧，长江河道流速远大于洞庭湖泄洪道流速，主流位于长江河道一侧，水流交汇区距左岸约 1000m 位置。当长江流量为中水流量 12500m³/s，洞庭湖流量为中水流量 7500m³/s，汇流比为 0.63 时，最大流速仍位于长江河道一侧，长江河道流速略大于洞庭湖泄洪道流速，主流位于长江河道一侧，水流交汇区左移至距左岸约 950m 位置。当长江流量为枯水流量 4400m³/s，洞庭湖流量为洪水流量 15600m³/s，汇流比为 0.22 时，最大流速位于洞庭湖泄洪道一侧，洞庭湖泄洪道流速远大于长江河道流速，主流位于洞庭湖泄洪道一侧，水流交汇区左移至距左岸约 600m 位置。

螺山站流量为 35000m³/s 与 20000m³/s 规律相同，71 号断面长江河道与洞庭湖泄洪道汇流区随着长江汇流比的减小而左移，汇流比为 0.85、0.60、0.30 时，水流交汇区距左岸约 1100m、950m、650m 位置，见图 5.4-8。

（2）流场变化。螺山站流量为 20000m³/s，长江汇流比由 0.88 减小为 0.63 时，主流线最大左移约 200m，汇流点下移约 600m；长江汇流比由 0.63 减小为 0.22 时，主流线最大左移约 180m，汇流点下移约 650m。

螺山站流量 35000m³/s，长江汇流比由 0.85 减小为 0.60 时，主流线最大左移约

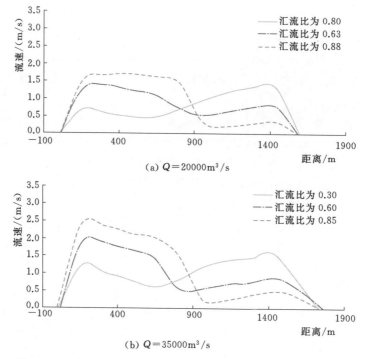

图 5.4-8　长江河道和洞庭湖泄洪道典型断面 71 号断面流速分布

220m，汇流点下移约 700m；长江汇流比由 0.60 减小为 0.30 时，主流线最大左移约 200m，汇流点下移约 600m。

由于洪水流量较大，水位较高，长江河道和洞庭湖泄洪道主流线变化不大，江湖交汇口河段主流线随汇流比变化较大，见图 5.4-9 和图 5.4-10。

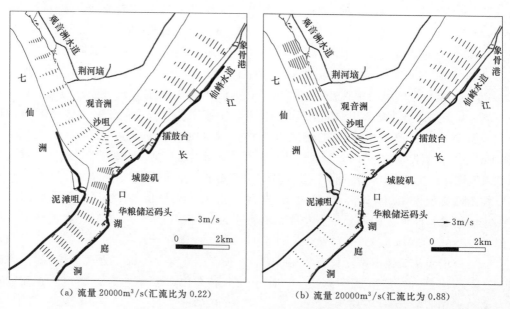

图 5.4-9　错峰条件下长江河道和洞庭湖泄洪道流场

5.4.2　河床冲淤特征对三峡水库水沙调节的响应

5.4.2.1　三峡水库运行前后典型年水沙条件

三峡水库于 2003 年 6 月开始蓄水发电，汛期按 135m 运行，枯季按 139m 水位运行，工程进入围堰发电期。2006 年 9 月实施二期蓄水，汛后坝前水位抬升至 156m运行，汛期坝前水位则按 144～145m 运行，三峡水库进入初期运行期。根据优化调度方式，从 2008 年、2009 年三峡水库开始试验性蓄水，到 2010 年开始水库蓄水至最高水位 175m。

本节选取三峡水库运行后水沙过程作为本底试验，在本底试验条件基础上，对流量过程变化单因子、沙量过程变化单因子、流量和沙量组合因子变化过程分别还

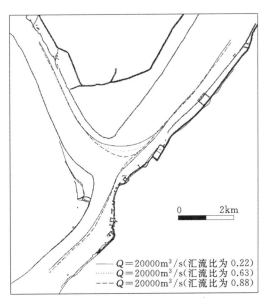

图 5.4-10　错峰条件下长江河道和洞庭湖泄洪道水动力轴线

原至三峡水库运行前，与本底试验进行比较，分析三峡水库调度对江湖交汇河段河床冲淤的影响，定量给出流量、沙量单因素变化及组合因素变化对分汇河道演变的影响程度。

1. 本底试验条件（三峡水库运行后）

由于每个年份的来水来沙条件有差别，因此，三峡水库运行后典型年的来水来沙过程采用 2008—2012 年的平均水沙过程。在水沙概化过程中采用三峡水库优化调度运行方案中的消落期、洪水调蓄期、蓄水期及高水位运行期时间段进行划分（图 5.4-11）。

2. 流量变化单因子试验条件（仅还原流量到三峡水库运行前）

流量变化单因子试验条件是在本底试验条件基础上，仅还原流量到三峡水库运行前，改变年内来水来沙过程。在相同时段内根据三峡水库运行前、后月平均流量增减（消落期和蓄水期），6—8 月汛期及 11—12 月高水位运行期保持不变。长江监利站按三峡水库蓄水前、后月平均流量增减直接计算；洞庭湖城陵矶站假定四水来水量不变，仅仅是三口分流的改变，按监利站月平均流量增减值的 21.5% 作为城陵矶站的增减值计算（见图 5.4-12）。

3. 沙量变化单因子试验条件（仅还原沙量到三峡水库运行前）

沙量变化单因子试验条件是在本底试验条件基础上，仅还原沙量到三峡水库运行前，年径流量及年内来水过程不变，仅反映三峡水库对沙量过程的改变（图 5.4-13）。

4. 组合因子变化试验条件（流量和沙量过程均还原至三峡水库运行前）

组合因子变化试验条件是还原流量、含沙量到三峡水库运行前，采用三峡水库运行前 1991—2000 年的平均水沙过程作为典型年的来水来沙过程，在相同时段内进行划分（图 5.4-14）。三峡水库运行前后年径流量变化不大，仅减小 4.0%，但在洪水期有明显的调峰作用；年平均输沙量减小 80.1%。

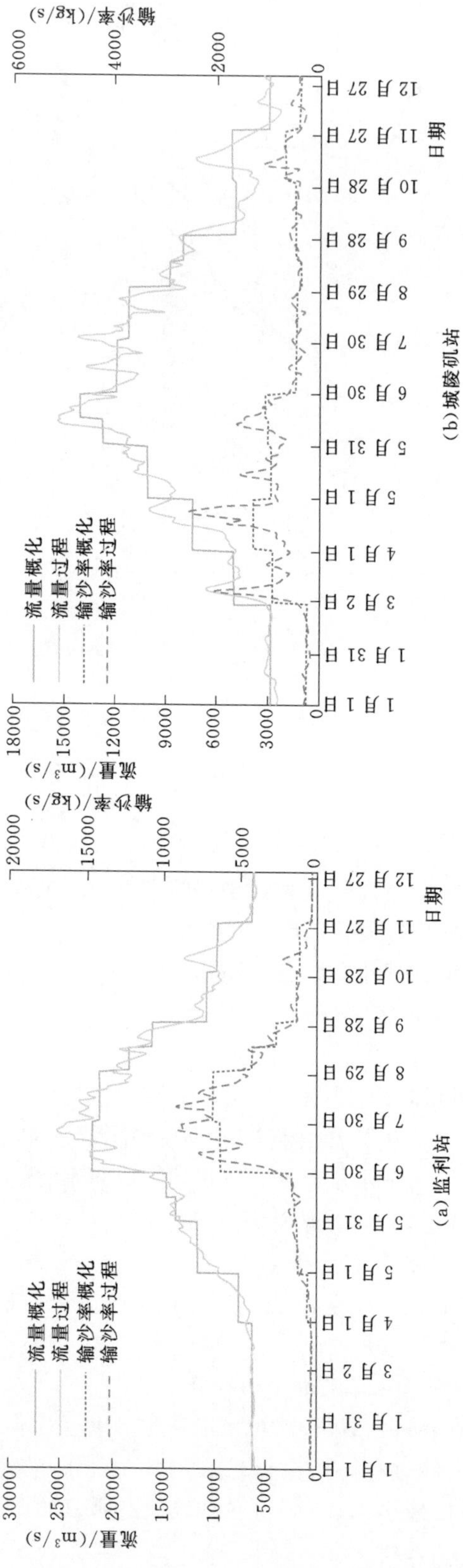

图 5.4－11　本底试验水沙过程概化

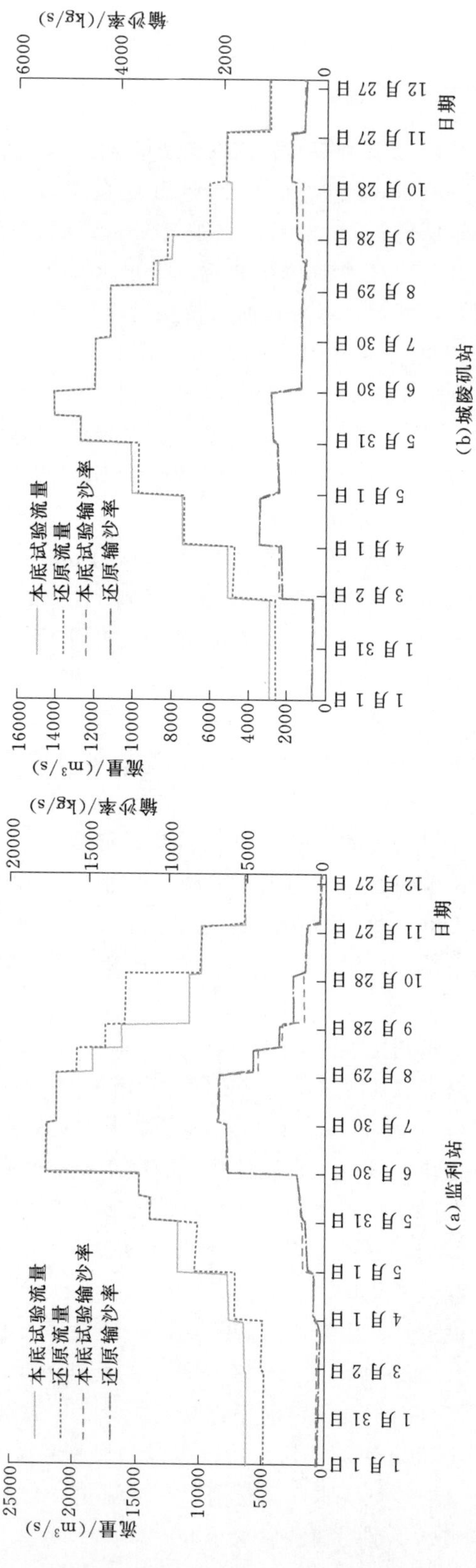

图 5.4－12　本底试验与流量变化单因子试验水沙变化

三峡水库下游江湖水沙交换与演变趋势

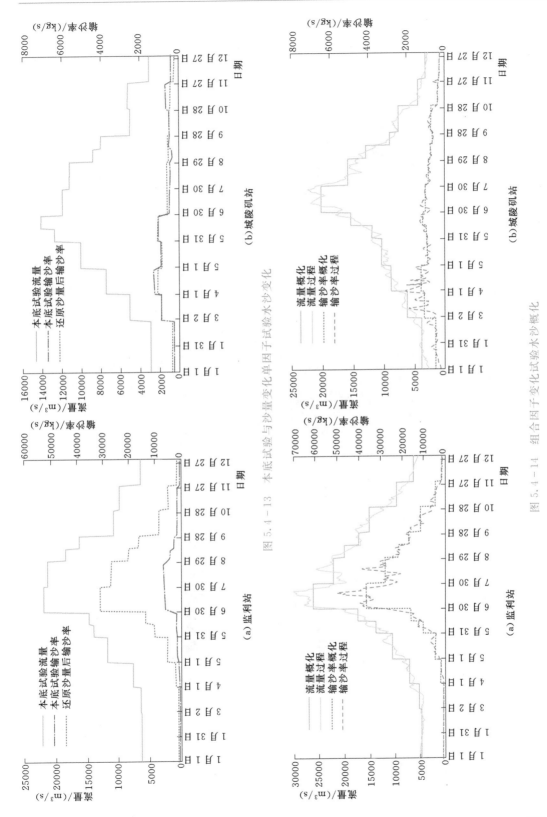

图 5.4-13　本底试验与沙量变化单因子试验水沙变化

图 5.4-14　组合因子变化试验水沙概化

5.4.2.2 本底试验河床冲淤特征

长江与洞庭湖汇流河段平面形态较复杂，长江河道为120°弯道，是三维水流特征较强的河段，再加上洞庭湖湖口水流的汇入，水流流态更加复杂。由于弯曲河道边界的复杂性，相比于顺直河道，其水流泥沙存在特有的运动规律，主要表现为水面纵横比降、弯道环流、弯道床面剪切力和泥沙横向输移等现象，但长江与洞庭湖汇流河段河床冲淤分布基本符合弯道泥沙冲淤分布的一般规律。

以三峡水库运行后水沙条件作为本底试验，在本底试验水沙条件下，长江与洞庭湖汇流河段合计淤积192万 m^3，河段处于淤积状态。其中，长江汇流口上游段淤积128万 m^3，汇流口段冲刷143万 m^3，汇流口下游段淤积164万 m^3，汇流河段合计淤积149万 m^3，平均淤厚0.15m；洞庭湖湖口段淤积43万 m^3，平均淤厚0.21m（见表5.4-7）。

表5.4-7　　　　　　　　　　　　本底试验条件下河床冲淤量

项 目	位 置	断 面	冲淤量/万 m^3
长江	汇流口上游	58～67 号	128
	汇流口	67～75 号	−143
	汇流口下游	75～86 号	164
	小计		149
洞庭湖	洞庭湖湖口	H1～H8 号	43
合计			192

注　正值为淤积，负值为冲刷。

图5.4-15给出了本底试验条件下汇流河段冲淤形态，汇流口上游河段平均淤积厚度为0～1m；汇流口左岸沙咀边滩冲刷下移，前缘发生冲刷，冲刷深度为3～5m，部分区域冲刷大于5m；汇流口右岸江湖水流互相顶托，泥沙落淤，淤积厚度约1m；洞庭湖湖口段平均淤厚0.21m；汇流口下游河段左岸淤积、右岸冲刷。

5.4.2.3 河床冲淤特征对流量过程的响应

流量变化单因子试验水沙条件下（仅还原流量），长江汇流口上游段淤积104万 m^3，与本底试验相比淤积量减少18%，汇流口段冲刷204万 m^3，较本底试验冲刷量增加42%，汇流口下游段淤积235万 m^3，较本底试验淤积量增加43%，汇流河段共淤积136万 m^3，平均淤厚0.14m，较本底

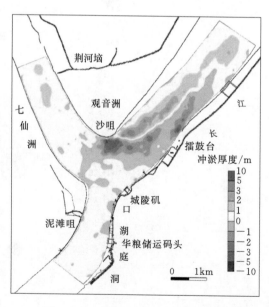

图5.4-15　本底试验河床冲淤形态
（三峡水库运行后）

试验淤积量减少 9%；洞庭湖湖口段淤积 38 万 m³，平均淤厚 0.19m，较本底试验淤积量减少 11%；长江与洞庭湖汇流河段共淤积 174 万 m³，较本底试验淤积量减少 9%，河段仍处于淤积状态，但冲刷强度较三峡水库运行后有所提高（表 5.4-8 和图 5.4-16）。

表 5.4-8　　　　　　　　流量变化单因子变化条件下河床冲淤量

项　　目	位　　置	断　　面	冲淤量/万 m³
长江	汇流口上游	58~67 号	104
	汇流口	67~75 号	−204
	汇流口下游	75~86 号	235
	小计		136
洞庭湖	洞庭湖湖口	H1~H8 号	38
合计			174

注　正值为淤积，负值为冲刷。

5.4.2.4　河床冲淤特征对含沙量变化的响应

沙量变化单因子试验水沙条件下（仅还原沙量），长江汇流口上游段淤积 275 万 m³，与本底试验相比淤积量增加 115%；汇流口段冲刷 94 万 m³，较本底试验冲刷量减少 34%；汇流口下游段淤积 297 万 m³，较本底试验淤积量增加 81%；汇流河段共淤积 478 万 m³，平均淤厚 0.49m，较本底试验淤积量增加 221%。洞庭湖湖口段淤积 74 万 m³，平均淤厚 0.36m，较本底试验淤积量增加 73%。长江与洞庭湖汇流河段共淤积 552 万 m³，较本底试验淤积量增加 188%，河段处于淤积状态。汛期泥沙大量淤积，汛后不足以将淤沙冲走，三峡水库调节引起输沙率过程的改变对河床冲淤量影响较大（表 5.4-9 和图 5.4-17）。

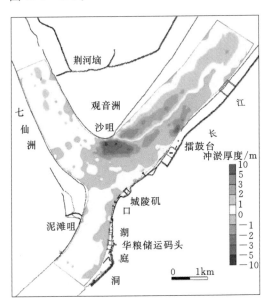

图 5.4-16　流量变化单因子试验河床冲淤形态

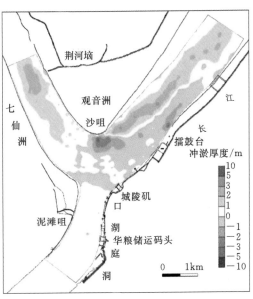

图 5.4-17　沙量变化单因子试验河床冲淤形态

表 5.4 - 9   沙量变化单因子变化条件下河床冲淤量

项　目	位　置	断　面	冲淤量/万 m³
长江	汇流口上游	58～67 号	275
	汇流口	67～75 号	−94
	汇流口下游	75～86 号	297
	小计		478
洞庭湖	洞庭湖湖口	H1～H8 号	74
合计			552

注　正值为淤积，负值为冲刷。

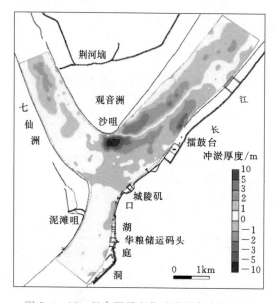

图 5.4 - 18　组合因子变化试验河床冲淤形态

5.4.2.5　河床冲淤特征对水沙组合变化的响应

　　组合因子变化试验水沙条件下（还原流量、沙量均到三峡水库运行前），长江汇流口上游段淤积 240 万 m³，与本底试验相比淤积量增加 88%，汇流口段冲刷 195 万 m³，较本底试验冲刷量增加 36%，汇流口下游段淤积 296 万 m³，较本底试验淤积量增加 80%，汇流河段共淤积 342 万 m³，平均淤厚 0.35m，较本底试验淤积量增加 130%；洞庭湖湖口段淤积 87 万 m³，平均淤厚 0.42m，较本底试验淤积量增加 103%；长江与洞庭湖汇流河段共淤积 429 万 m³，较本底试验淤积量增加 124%，河段处于淤积状态（表 5.4 - 10 和图 5.4 - 18）。

表 5.4 - 10　组合因子变化条件下河床冲淤量　　　　　　单位：万 m³

项　目	位　置	断　面	本底试验	组合因子变化试验
长江	汇流口上游	58～67 号	128	240
	汇流口	67～75 号	−143	−195
	汇流口下游	75～86 号	164	296
	小计		149	342
洞庭湖	洞庭湖湖口	H1～H8 号	43	87
合计			192	429

注　正值为淤积，负值为冲刷。

长江汇流口上游直段由于受汇流区顶托，泥沙以淤积为主，淤积幅度较小。该河段主流偏向左岸，左岸侧河槽有冲有淤，右岸七仙洲边滩淤长，三峡水库运行后（本底试验）较运行前（组合因子变化试验）淤积幅度明显减小。

长江汇流口弯道段，左岸观音洲沙咀前冲刷，随着主流从左岸（凸岸）逐渐向右岸（凹岸）偏移，冲刷部位也向右岸偏移，一般单一河道在弯道后半段及弯道出口处的凹岸形成最大冲刷区，而长江与洞庭湖汇流河段由于汇流口弯道段同时受到洞庭湖湖口水流的汇入，最大冲刷区发生在弯顶观音洲沙咀附近，三峡水库运行前、后（组合因子变化试验、本底试验）最大冲深分别为 7.5m 和 5.5m；左岸（凸岸）弯顶下游由于流速较小，在环流的作用下，形成较大的泥沙淤积区，并向下游延伸很长距离，三峡水库运行前、后（组合因子变化试验、本底试验）最大淤厚分别为 5.1m 和 3.5m；而右岸（凹岸）洞庭湖一侧冲淤变幅不大，略有冲刷。总体上，三峡水库运行前水沙作用下冲淤幅度大，三峡水库调节引起洪水流量平坦化使得冲淤幅度较运行前有所减弱。

长江汇流口下游直段左岸边滩淤积，右岸河槽冲刷，该段河床冲淤形态是汇流口弯道段冲淤形态的延伸。在弯道环流的作用下，凸岸形成较大的泥沙淤积区，并向下游延伸，凹岸冲刷后退，凸岸淤积下延。由凹岸冲刷下来的绝大部分泥沙，都不落在同一河湾的凸岸，将直接由水流带向下游，而在凸岸所发生的淤积，绝大部分是由上游河段水流带来的泥沙所造成。

洞庭湖湖口段受长江水流顶托，泥沙以淤积为主，淤积形态为滩槽平铺淤积，淤积幅度较小。三峡水库运行后（本底试验）较运行前（组合因子变化试验）淤积幅度明显减小。

图 5.4-19 给出了三峡水库运行前后典型年深泓线变化。由图 5.4-19 可

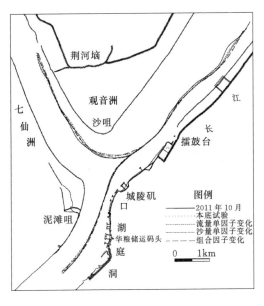

图 5.4-19　三峡水库运行前后典型年深泓线变化

见，长江汇流口上游段深槽淤积，深泓高程有所抬高；汇流口段和汇流口下游段深槽冲刷，深泓高程有所降低。三峡水库运行后深泓高程变化相对较小，三峡水库运行前深泓高程变化相对稍大，深泓线位置变化不大。

5.4.3　长期清水下泄对江湖汇流段河势的影响

5.4.3.1　三峡水库运行前后的水沙条件

三峡水库运行以后，长江干流长期清水下泄，冲刷下游河床，为了研究长期清水下泄对长江洞庭湖汇流区河床演变的影响，选取三峡水库运行前后系列年来水来沙条件，分析

不同来水来沙条件下的河床演变特性。

三峡水库调节后长系列年（下文称系列年1）的水沙过程采用2008—2012年实际来水来沙过程。10年系列为：2008—2012年循环两次，长江监利站和洞庭湖城陵矶站进行错峰调节，反映各自的洪峰流量，流量级概化反映实际来流的涨落水过程，同时考虑输沙量的变化过程。

三峡水库运行前长系列年的水沙过程采用1991—2000年实际来水来沙过程。同样，长江监利站和洞庭湖城陵矶站进行错峰调节，反映各自的洪峰流量，流量级概化反映实际来流的涨落水过程，同时考虑输沙量的变化过程。

5.4.3.2 三峡水库运行后水沙条件下汇流河段河床演变趋势预测

三峡水库运行后系列年的水沙过程采用2008—2012年实际来水来沙过程，根据物理模型试验，分析了第3年、第5年、第8年、第10年后的长江与洞庭湖汇流河段河床冲淤变化。

1. 冲淤量及其分布

表5.4-11给出了三峡水库运行后长江与洞庭湖汇流河段长系列年河床冲淤量。由表5.4-11可见，长江汇流口上游段呈累积性淤积状态，汇流口段呈冲淤交替变化状态，汇流口下游段呈累积性淤积状态。至10年末，长江汇流口上游段淤积了421万 m^3，汇流口段淤积了125万 m^3；汇流口下游段淤积了777万 m^3，长江汇流河段共淤积1322万 m^3，平均淤厚1.35m。洞庭湖湖口段淤积了156万 m^3，平均淤厚0.76m；长江与洞庭湖汇流河段共淤积1479万 m^3，河段处于淤积状态。三峡水库运行后，长江与洞庭湖汇流河段呈缓慢淤积状态，随着年限增长，淤积量缓慢增长。

表5.4-11　　　　三峡水库运行后长江与洞庭湖汇流河段长系列年河床冲淤量　　　　单位：万 m^3

项目	位置	断面	第3年	第5年	第8年	第10年
长江	汇流口上游	58~67号	43	264	318	421
	汇流口	67~75号	−70	32	22	125
	汇流口下游	75~86号	331	454	585	777
	小计		303	750	925	1322
洞庭湖	洞庭湖湖口	H1~H8号	42	118	91	156
合计			346	868	1016	1479

2. 河床冲淤形态

图5.4-20给出了三峡水库运行后长系列年河床冲淤形态。可见，三峡水库运行后实测水沙条件下，长江汇流口上游直段左岸侧河槽冲刷有所发展，右岸七仙洲边滩淤积增长；长江汇流口弯道段左岸观音洲沙咀前冲刷发展，左岸（凸岸）弯顶下游形成较大的淤积边滩；长江汇流口下游直段左岸边滩淤积，右岸河槽继续冲刷发展。洞庭湖湖口段处于微淤状态。

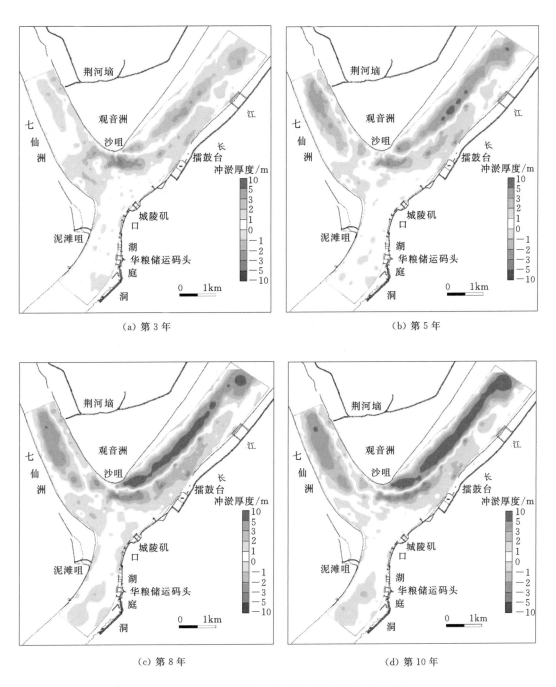

图 5.4-20　三峡水库运行后长系列年河床冲淤形态

3. 深泓变化

长江汇流口上游右岸七仙洲边滩的淤积抬高，深泓线左移 80～130m，汇流口段深泓线左移约 90m，汇流口下游段及洞庭湖湖口段深泓位置变化不大，见图 5.4-21。

5.4.3.3 三峡水库运行前水沙条件下汇流河段河床演变趋势

三峡水库运行前系列年的水沙过程采用 1991—2000 年实际来水来沙过程。根据物理模型试验，分析了第 3 年、第 5 年、第 8 年、第 10 年后的长江与洞庭湖汇流河段河床冲淤变化。

1. 冲淤量及其分布

表 5.4 - 12 给出了三峡水库运行前长江与洞庭湖汇流河段长系列年河床冲淤量。由表 5.4 - 12 可见，该河段总体呈淤积状态，至第 8 年淤积量达到最大，1998 年大洪水后，至第 10 年河床有所冲刷。其中，长江交汇口上、下游段呈累积性淤积状态，汇流口段呈冲淤交替变化状态。至第 10 年末，长江汇流口上游段淤积了 806 万 m³，

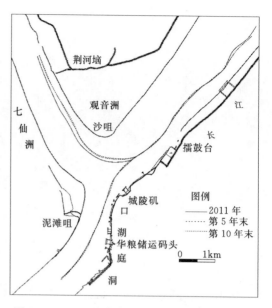

图 5.4 - 21　三峡水库运行后长系列年深泓变化

汇流口段冲刷了 381 万 m³，汇流口下游段淤积了 1191 万 m³，长江汇流河段合计淤积 1617 万 m³，平均淤厚 1.66m。洞庭湖湖口段淤积了 211 万 m³，平均淤厚 1.03m；长江与洞庭湖汇流河段共淤积 1828 万 m³，河段处于淤积状态。

表 5.4 - 12　　　三峡水库运行前长江与洞庭湖汇流河段长系列年河床冲淤量　　　单位：万 m³

项目	位置	断面	第 3 年末	第 5 年末	第 8 年末	第 10 年末
长江	汇流口上游	58～67 号	349	590	782	806
	交汇口	67～75 号	−96	26	2	−381
	汇流口下游	75～86 号	570	946	1056	1191
	小计		924	1561	1840	1617
洞庭湖口		H1～H8 号	32	111	141	211
合计			856	1672	1981	1828

2. 河床冲淤形态

图 5.4 - 22 给出了三峡水库运行前长系列年河床冲淤形态。可见，三峡水库运行前实测水沙条件下，长江汇流口上游直段左岸侧河槽冲刷有所发展，右岸七仙洲边滩淤积增长；长江汇流口弯道段左岸观音洲沙咀前大幅刷深，最大冲幅达到 15.5m，左岸（凸岸）弯顶下游形成较大的淤积边滩；长江汇流口下游直段左岸边滩淤积，右岸河槽继续冲刷发展。

3. 深泓变化

长江汇流口上游右岸七仙洲边滩的淤积抬高，深泓线左移 100～170m，汇流口段深泓线左移 80～120m，汇流口下游段深泓线右移 110～180m，洞庭湖湖口段深泓位置变化

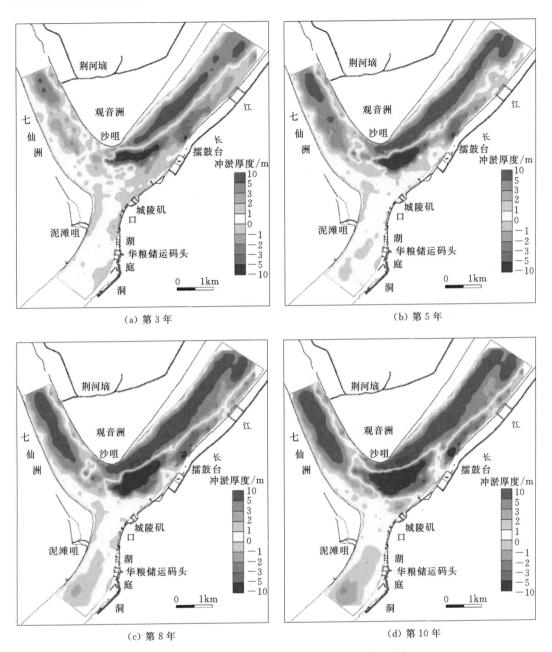

（a）第 3 年　　　　　　　　　　　　　　（b）第 5 年

（c）第 8 年　　　　　　　　　　　　　　（d）第 10 年

图 5.4-22　三峡水库运行前长系列年河床冲淤形态

不大，见图 5.4-23。

5.4.3.4　三峡水库运行前后冲淤分布对比

1. 三峡水库运行前、后冲淤量变化

表 5.4-13 给出了三峡水库运行前、后长江与洞庭湖汇流河段第 10 年末河床冲淤量。由表 5.4-13 可见，该河段整体呈淤积状态，三峡水库运行前（第 10 年末）淤积了 1828 万 m³，运行后（第 10 年末）淤积了 1479 万 m³，运行后较运行前减淤了 19%。

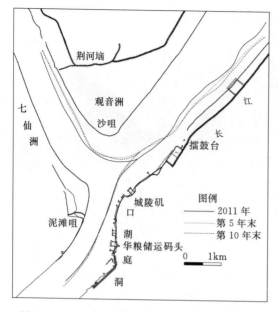

图 5.4 - 23　三峡水库运行前长系列年深泓变化

长江汇流口上游段由于受江湖汇流的水流顶托影响，运行前后都呈淤积状态，运行前淤积了 806 万 m³，运行后淤积了 421 万 m³，运行后较运行前减淤了 48%。

长江汇流口段由冲转淤，三峡水库运行前冲刷了 381 万 m³，三峡水库运行后淤积了 125 万 m³。

长江汇流口下游段，三峡水库运行前淤积了 1191 万 m³，三峡水库运行后淤积了 777 万 m³，三峡运行后较运行前减淤了 35%。

洞庭湖湖口段，三峡水库运行前淤积了 211 万 m³，三峡水库运行后淤积了 156 万 m³，三峡水库运行后较运行前减淤了 26%。

表 5.4 - 13　　　三峡水库运行前、后长江与洞庭湖汇流河段第 10 年末河床冲淤量　　　单位：万 m³

项目	位置	断面	运行前（第 10 年末）	运行后（第 10 年末）
长江	汇流口上游	58～67 号	806	421
	汇流口	67～75 号	−381	125
	汇流口下游	75～86 号	1191	777
	小计		1617	1322
洞庭湖	洞庭湖湖口	H1～H8 号	211	156
合计			1828	1479

2. 河床冲淤形态

三峡水库运行前后，长江与洞庭湖汇流河段的冲淤规律基本没有发生变化，即汇流口上游段边滩淤积，左岸河槽有所冲刷；汇流口段以冲刷为主；汇流口下游段边滩淤积，左岸河槽有所冲刷，但在冲淤幅度上，三峡水库运行前较运行后冲淤变化剧烈，边滩淤积幅度大，汇流口段冲刷强度大。三峡水库运行前最大淤厚 11.2m，最大冲刷深度 15.5m；三峡水库运行后最大淤厚 9.7m，最大冲刷深度 5.0m，均发生在汇流口段。由此可见，三峡水库运行前洪峰流量大，大水夹大沙，河床形态呈大淤大冲状态；三峡水库运行后汛期削峰，洪水流量平坦化，汛后冲刷期退水加快，而来沙量大为减少，河床形态呈少淤少冲状态，三峡水库的水沙调节减缓了汇流口段河床的剧烈变动。

3. 深泓变化

图 5.4 - 24 给出了三峡水库运行前后长系列第 10 年末洞庭湖泄洪道深泓线变化。汇流口上游段深泓略有淤积抬高，汇流口段及汇流口下段深泓冲刷降低，洞庭湖湖口段深泓

高程略有抬高。三峡水库运行后长江深泓
高程变化相对较小，汇流口上游段深泓最
大抬高 1.2m，深泓线左移 130m，汇流口
段深泓最大降低 2.8m。对洞庭湖泄洪道而
言，三峡水库运行前深泓高程变化较大，
汇流口上游段深泓最大抬高 2.2m，深泓线
左移 170m，汇流口段深泓最大降低 6.5m，
深泓线右移 180m。洞庭湖湖口段深泓线变
化不大。

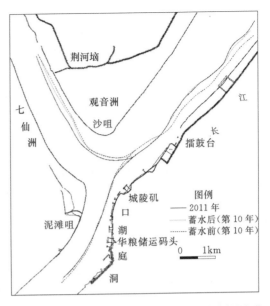

图 5.4-24　三峡水库运行前、后第 10 年深泓变化

综合江湖交汇段滩槽演变情况，分析
其航道条件变化。江湖汇流河段汇流口以
上弯曲河道以冲刷为主，汇流口以下河道
及洞庭湖口段冲淤变化较小，基本处于微
淤状态。长江汇流口上游河道深泓大幅摆
动，对航道维护产生不利影响；汇流口以
下河道及洞庭湖湖口段深泓线变化较小，
河势基本上保持相对稳定。由于三峡水库运行引起长江中下游河道的调整尚未达到平衡，
洪水流量坦化、沙量大幅度减小、落水冲刷期冲刷动力及过程减弱的现象将长期持续，使
得河床演变剧烈程度不及运行前，但也造成滩槽格局形态的变化不明显，河床断面宽浅
化，航道条件趋于恶化。

第 6 章

三峡水库水沙调节及通江湖泊水沙交换对长江中下游干流航道的影响

6.1　三峡水库水沙调节对长江中下游干流航道影响综合分析

三峡水库改变了坝下游来水来沙过程，不可避免地会引起航道条件变化。从辩证的观点看，这种变化包括有利方面也包括不利方面。对此有些学者和工程技术人员进行了分析。比如一种观点是三峡水库对航道条件有利，认为上荆江河床冲刷下切，原河型稳定性增强，得出三峡水库运行后航深将明显改善的结论[81]；文献［82］通过资料分析，认为三峡建库后，最小流量增加、最枯水位抬高，浅滩冲刷时间延长等水沙过程变化有利于航道条件好转。另有研究观点认为三峡水库运行对航道不利，冲刷下切与崩岸展宽并存，致使平均河底降低值与相应水位降低值相当，航深变化不大，主泓却因河道展宽而摆动加强，给航道带来一定影响[66,84]。水库下游河床为适应水沙过程改变而进行的调整并不总是朝向有利于通航条件改善的方向，也会出现涉及航道治理的新问题，如低滩冲刷使得枯水河槽变宽，不利于水深维持，凸岸边滩切割也不利航槽稳定；如分汊河段两汊均冲、双槽争流，反而加剧航道的不稳定。三峡水库对坝下游流量过程的调节表现为枯水期流量增加、汛前下泄流量增加、汛期洪峰削减、汛后下泄流量减小等，对含沙量的调节表现为下泄含沙量大幅减小，从而导致浅滩冲淤规律发生变化。本节从利弊两个方面开展分析，简要概括三峡水库水沙过程调节对长江中游航道条件的影响。

6.1.1　三峡水库对坝下游航道的有利影响

概括来说，三峡水库对坝下游航道的有利影响包括枯水流量增加、含沙量大幅减小引起枯水河槽冲刷、洪峰削减稳定河势等几个方面。

（1）流量过程调节对航道条件有利的几个方面。

1）枯水流量增加减小了枯季航道维护压力。航道尺度不足发生的时间主要是枯水期，碍航段可能航深不足或航宽不足，需要投入大量的人力物力进行维护。显而易见，三峡水库运行后，枯季流量增加，水深加大，对缓解枯水期航道条件非常有利。根据实测资料统计，宜昌—监利站三峡水库运行前小于 $5000\mathrm{m}^3/\mathrm{s}$ 的流量天数为 80～90 天，三峡水库运行后（2003—2012 年）减少为 30～50 天，大大减少了枯水流量天数。表 6.1-1 给出了监利站三峡水库运行前后月均流量变化，可见，枯水期 12 月至次年 4 月，流量增加了 1％～23％，尤其是 1—3 月，增幅达到 17％～23％。水量的增加带来水深增大，从而减小枯季航道维护的压力。

2）洪峰流量削减对航道有利。长江中游大部分航道走中枯水深槽，大洪水期间易产生大冲大淤，对航槽稳定极为不利。三峡水库削减洪峰，并减少了坝下游大流量出现的概率，有利于河势稳定和航道边界稳定。根据实测资料统计，三峡水库蓄水运行以来，洪峰流量有所削减，中高水流量级持续时间有所减少，宜昌站 30000～40000m^3/s、大于

40000m³/s 流量级持续时间分别由三峡水库蓄水运行前的 24 天、11 天减小至三峡水库蓄水运行以来的 14 天、6 天；沙市站 30000～40000m³/s、大于 40000m³/s 流量级持续时间分别由三峡水库蓄水运行前的 17 天、5.6 天减少至三峡水库蓄水运行以来的 13 天、0.4 天；监利站大于 30000m³/s 流量级持续时间分别由三峡水库蓄水运行前的 18 天减少至三峡水库蓄水运行以来的 9 天；螺山、汉口站大于 40000m³/s 流量级持续时间分别由三峡水库蓄水运行前的 30 天、40 天减少至三峡水库蓄水运行以来的 12 天、25 天。

表 6.1－1　　　　　　　　　三峡水库运行前后监利站月均流量含沙量变化

项　　目	1 月	2 月	3 月	4 月	5 月	6 月	7 月	8 月	9 月	10 月	11 月	12 月
1981—2002 流量/(m³/s)	4653	4296	4835	6826	10582	15717	25479	21984	20299	15562	9679	6185
2003—2011 流量/(m³/s)	5463	5263	5859	7247	10600	14616	21522	20052	18768	11762	9140	6263
流量变化率/%	17	23	21	6	0	−7	−16	−9	−8	−24	−6	1
1981—2002 含沙量/(kg/m³)	0.147	0.136	0.146	0.189	0.411	0.693	0.675	1.11	0.526	0.450	0.207	0.097
2003—2011 含沙量/(kg/m³)	0.085	0.075	0.071	0.098	0.124	0.169	0.333	0.336	0.316	0.157	0.137	0.088
含沙量变化率/%	−42	−45	−51	−48	−70	−76	−51	−70	−40	−65	−34	−9

（2）含沙量大幅减少，枯水河槽冲刷，有利于改善航道条件。三峡水库运行后，2003—2012 年长江中游各站输沙量减小 72%～90%，越往下游减幅越小。长江中下游河道由原有的冲淤相对平衡状态转变为"滩、槽均冲"，且枯水河槽冲刷量占平滩河槽的 70% 以上[82]。清水冲刷条件下，对于两岸及洲滩守护较好的河段而言，河床冲刷下切，水深增加，这对航道条件的改善也是有利的。从这个角度来说，对航道水深是有利的，给局部浅滩的碍航状况改善提供了机遇，并且下游水沙条件由随机转变为相对可控，也给下游航道的治理提供了良好的条件[86]。

（3）水沙条件变化有利于整治工程发挥效果。对航道浅段而言，含沙量减小有利于整治工程发挥引流稳槽效果；长江中游航道整治一般为中枯水整治，中枯水流量的增加使得冲刷历时延长，对航槽水深有利。另外从整治工程设计参数来看，对已建工程来说，由于河床冲刷下切，水位下降，整治水位应该相应调低，但已建整治工程的高程不会发生变化，相当于抬高了整治建筑物的高程，从该层面上看，水位下降一定程度上相当于抬高了整治水位，会增强工程的效果。

综上所述，三峡水库运行后在枯水和洪峰流量调节、含沙量减小引起河槽冲刷等宏观方面起到有利作用。从长江中游航道近些年发展的事实也证明了三峡水库的航运效益，三峡水库运行前长江中游航道仅能维持 2.9m，而现在普遍达到 3.5～4.0m，这有大量整治工程的功劳，但三峡水库创造的一些有利条件无疑也起到了重大作用。

6.1.2　三峡水库对坝下游航道的不利影响

三峡水库运行后，对长江中游航道条件的不利影响主要表现为枯水水位降落、汛后退水过程加快、局部冲淤不平衡等。

（1）枯水水位降落对航道尺度不利。三峡水库运行后对坝下枯水流量调度补偿，枯水期流量增大，有利于航道水深维持；但三峡水库运行后，长江中游河道总体以冲刷为主，在同流量情况下，沿程枯水水位持续下降，这一现象在一定程度上削弱了三峡水库的枯水补偿效应。宜昌水位在流量为 5500m³/s 时，较三峡水库运行前的 2002 年累计下降了 0.50m；沙市站流量为 6000m³/s 时，2013 年水位与 2003 年水位相比，水位下降约 1.50m，随着流量增大，差值逐渐变小；螺山站 2013 年水位与 2003 年水位相比，当流量为 8000m³/s 时，水位下降约 0.95m；汉口站从 2003 年至 2013 年，当流量为 10000m³/s 时，水位累计降低 1.18m。

枯水水位的变化是水位流量关系变化与枯水流量变化两者综合效应的反映。根据沿程各控制站的水位流量关系，枯水流量增加这一单因素对宜昌、沙市、螺山、汉口 4 站月均水位最大增幅分别约为 1.0m、1.4m、0.9m、0.9m。补偿流量占总流量的权重越高，补水抬升枯水水位的效应越明显。从各站枯水水位流量关系的变化情况来看，宜昌、沙市、螺山、汉口 4 站各自枯水同流量下的水位降幅分别约为 0.55m、1.50m、0.95m、1.18m。从这两者之间的关系可以看出，除沙卵石河段的补水效应较枯水同流量水位下降效应略有盈余外，沙质河段的沙市、螺山、汉口 3 站的补水效应已不足以抵消枯水同流量水位下降幅度。但随着运行时间增加，冲刷发展速率趋缓，三峡水库的枯水期补水效益会逐渐明显。

（2）汛后退水过程加快，不利浅滩冲刷。以窑监河段为例，通过还原三峡水库调节前后水沙过程定量计算表明，三峡水库运行导致退水过程加快，2010 年水文年流量变化导致汛后冲刷幅度减弱 14% 左右（表 5.2-3）；从含沙量减少的角度来看，汛期淤积大幅减小，对增加水深有利；两者的综合作用下，虽然汛后动力有所减小但同时汛期淤积也减小，将会使该河段航道条件较运行前有所好转，但河道冲刷后在窑监滩群乌龟夹进口段出现双槽争流的格局，航道形势仍不稳定。

（3）局部冲淤不平衡对航道维护不利。在总体河势相对稳定的背景下，河道内滩槽形态相应发生调整，航道条件的变化在不同河段内有所差别。三峡水库运行后，顺直微弯河段或长直过渡段边滩呈冲刷态势，河宽随之有一定程度增加，枯水流量下宽深比较建库前有所增大，不同流量下主流摆动将更加频繁，对航道条件的稳定构成一定不利影响。分汊河型主要表现为洲头洲尾冲淤、汊道内的纵向冲淤等，表现出了江心洲滩萎缩冲散、支汊发展等不利演变趋势。弯曲段的演变规律发生变化，有些弯曲河段，如调关和莱家铺河弯，由"凹冲凸淤"变为"凸冲凹淤"，即凸岸边滩冲刷萎缩，凹岸深槽淤积变浅，对航道也是不利的。

对于上下游冲刷不平衡河段，如芦家河河段，其为沙卵石河床，冲刷幅度小，而下游的沙质河段冲刷幅度大，引起局部河段比降增大，"坡陡流急"现象加剧。对于滩槽冲淤不平衡河段，心滩与边滩冲刷萎缩，导致中枯水河槽展宽明显，局部航道水深不足。这个问题是大部分沙质河段出现的问题，这在前文典型浅滩的分析中均有所体现。含沙量不饱和水流的持续作用使得河道内洲滩稳定性大幅降低，高滩崩退、洲滩萎缩现象普遍，给局部航道带来不利影响。不饱和水流造成的高滩崩塌会直接造成河道展宽，主流分散，还可能对下游滩槽格局的稳定带来影响（如周天河段）；洲滩萎缩一般伴随河床其他区域的淤积现象，浅水道会出现航槽淤积或航槽宽浅化的局面（如太平口水道、燕子窝水道），并且水道如果出现洲滩切割的现象，则会使滩体散乱、深槽不稳，造成航槽稳定性差（如大马洲河段)。

另外长期清水冲刷条件下崩岸加剧也对航道条件的稳定不利。

从对长江中游航道条件的影响分析来看,三峡水库运行后在枯水和洪峰流量调节、含沙量减小引起河槽冲刷等宏观方面起到有利作用,从长江中游航道近些年发展的事实也可以说明三峡工程的航运效益。从辩证的角度看,三峡水库对长江中游航道也存在不利影响,表现为枯水水位降落、汛后退水过程加快不利浅滩冲刷、局部冲刷不平衡等,造成不同类型河段出现不同的新碍航特征。这些碍航原因和发展趋势是可以探明的,在可控范围之内,通过适当的工程措施可提高航深或控制不利发展趋势,保障航道稳定。

6.2　江湖水沙交换对长江中下游干流航道条件的影响分析

6.2.1　洞庭湖水沙交换对长江干流航道的影响分析

6.2.1.1　洞庭湖三口分流分沙变化的影响

根据河流动力学的一般原理,支流分流分沙后,一般会引起主流河道淤积增加或冲刷减少。这主要是因为分流后引起主流河道水流动力减弱,挟沙能力降低,导致原本淤积的河道淤积加剧或原本冲刷的河道冲刷减小。5.1 节计算及实测资料的统计表明[150],三口分流比与荆江河段冲淤总量存在一定的相关关系,随着三口分流比增大,荆江河段的冲刷量也呈现减小的态势,即三口分流比的增大会减小荆江河段的冲刷或增大淤积,反之会加大荆江河段冲刷或减少淤积。从这个角度来说,三口分流分沙比的减小促进了荆江河段的冲刷。根据资料统计[150],1957—2010 年三口分流分沙变化对荆江河段累计冲刷的贡献率为 5.2%,其中 1966—1975 年贡献率最大,为 13.0%。三峡水库运行后,由于分流分沙比降低,冲刷贡献率减小为 1.05%。因此,现阶段三口分流的影响已降低到历史低点,三口分流的减少进一步加剧了三峡下游河道的冲刷,对河势控制和滩槽调整带来不确定性。

从年内流量分配来看,根据江-湖-河一体化数学模型计算,三峡水库运行后汛前预泄期(5—6 月)三口分流增加、汛期(7—9 月)分流减少、汛末蓄水期(10—11 月)分流减小明显,而枯水期三口分流增加。间接反映在河道最终冲刷上,从年内分配来看,汛前预泄期有利于减缓荆江河段冲刷,汛期有利于减少淤积,汛后退水期有利于增加浅区冲刷,这对浅区航道水深而言是有利条件。但冲刷加剧同时进一步降低枯水位,也带来不利影响,加速了滩槽格局的调整。

以松滋口为例,分流分沙维持在历史低点对航道条件有利方面体现在:松滋口分流较少可加剧长江干流河道冲刷,有利于芦家河沙泓浅区航道水深,尤其是退水期冲刷增加对于"涨淤落冲"浅区水深改善起到积极作用。不利影响体现在:①冲刷加剧进一步降低枯水位;②枯水期分流增加对航道水深维持不利;③松滋口分流减少加剧芦家河"坡陡流急"的碍航特征。

而在藕池口河段,分流比改变后引起长江干流河道主流线的摆动,给航道长期发展带来不确定性。藕池口分流增加后,藕池口边滩右缘流速增加,造成该处长江干流河道主流线摆动；藕池口分流减小后，影响相对较小。

随着三峡水库运行年限的增加，长江中下游河道将进一步冲刷发展，干流沿程同流量下水位不同程度的下降，洞庭湖出口附近水位也相应下降；同时荆江三口附近的河床下切和水位降低，导致三口分流量逐步减少。受此影响，洞庭湖区水位整体偏低，对江湖交汇段及湖区航运带来一定不利影响。

综上所述，近些年来三口分流分沙维持在历史低点，分流量较少可进一步增强荆江河段的冲刷，对航道条件的影响起到催化剂的作用，即扩大三峡水库的冲刷效应。三口分流分沙比维持在较低程度对航道条件有利方面体现在：冲刷加剧有利于浅区航道水深，减少洪水期淤积，尤其是退水期冲刷增强对于"涨淤落冲"浅区水深改善起到积极作用；不利影响体现在：冲刷加剧进一步降低枯水位，尤其是枯水期分流增加对航道水深维持不利，但数值有限，对近坝段沙卵石河床而言加剧了"坡陡流急"碍航特征，加速滩槽格局调整对航道条件变化带来不确定性。因此，荆江河段演变以受三峡水库水沙调节影响为主，但三口分流分沙的变化也带来一些有利和不利变化，在河势控制和航道治理中需引起注意。第7章将结合芦家河、周天藕等滩群航道整治详述三口分流分沙对航道条件的影响。

6.2.1.2 城陵矶入汇变化的影响

洞庭湖在城陵矶注入长江，对干流水位造成顶托，对下荆江河势演变起到一定作用[160-162]。洞庭湖和长江干流交汇处的水文情况非常复杂，在汛期，两股水流相互顶托而壅高水位，在枯季，长江干流水位较洞庭湖出口水位低，有拉空洞庭湖库容的作用。城陵矶入汇对长江干流航道的影响主要体现在长江与洞庭湖之间相互顶托关系变化所引起的水位变化和滩槽冲淤等。

下荆江受洞庭湖顶托，水位流量关系较散乱。从监利站水位流量关系来看（图6.2-1），若不考虑汇流比，其水位流量关系较乱：在同一汇流比下，水位流量关系基本为单值关系；不同汇流比下同一流量下水位最大可相差1~2m。洞庭湖流量越小，即长江汇流比越大，同流量下监利站水位越低，反之亦然。

三峡水库运行以来，城陵矶年径流量减少599亿m³，减少了约20%。根据资料统计，三峡水库运行后城陵矶水位显著下降，年平均水位下降0.54m，其中10月蓄水期平均水位下降达1.74m[163]。城陵矶水位下降主要是由城陵矶径流量减少和长江干流水位的共同变化引起的。一般距离湖区出口越近，水位下降越明显，越往上游受此影响越小。2003—2005年的蓄水期内，湖区各站水位降低值较小；2006—2009年汛后蓄水期下泄流量平均减少2100~4900m³/s，单日最大减少5800~16700m³/s，因此湖区水位降低幅度较大。与无三峡水库时相比，湖区出口七里山站2006—2009年蓄水期内水位平均下降0.69~1.28m，单日最大下降1.26~2.64m，水位降低影响时间为50~78天。城陵矶流量减少与三口入湖流量减少及湘、资、沅、澧水系流量减少有关。同时荆江河段冲刷造成水位降落，进一步引起城陵矶水位降落。水位降落将直接影响航道水深。

三峡水库对长江水量的调节作用，造成洞庭湖与长江的顶托关系发生变化，从而改变洞庭湖的出流过程。根据前文4.2节统计，4—11月尤其是汛期调洪和汛末蓄水引起的洞庭湖出流变化幅度最大。汛期调洪运行时段，丰水年对洞庭湖出流改变最大、枯水年最

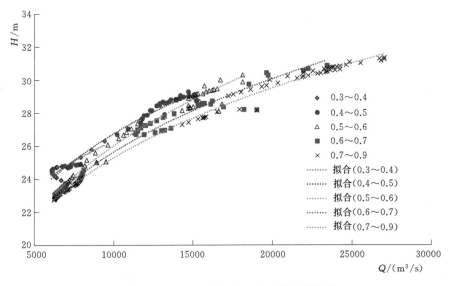

图 6.2-1　监利不同汇流比的水位流量关系

小。枯季补水对丰水年影响不大，而在平水年和枯水年，补水作用显现。在分析的典型平水年和枯水年，洞庭湖 1—4 月进入长江水量分别减少 1.2 亿 m³ 和 1 亿 m³，对提高枯水期湖泊水量有很好的正面效益。汛末蓄水时段，洞庭湖出流量明显减少与三口分流来水减少相当；在该时段，长江对洞庭湖的补水作用明显减弱，将造成洞庭湖汛末湖泊水量较无三峡调节时减少。对江湖水量交换影响的强度根据实际水情而变化，可高达 4000~5000m³/s 的量级；最明显的影响主要在汛期调洪时段。

从江湖交汇段物理模型试验结果来看，江湖汇流比变化后具体影响情况为：

（1）三峡水库枯水消落期，长江下泄流量增加，长江河道和洞庭湖泄洪道沿程水位抬高，其水位增幅随流量增大而减小。随着长江枯水流量增加，长江交汇口上游河道纵比降增大，洞庭湖泄洪道纵比降减小；长江河道流速增大，洞庭湖泄洪道流速减小，江湖交汇口水流交汇区右移，主流线右移，汇流点上提，位置变化与江湖汇流比有关。

（2）三峡水库蓄水期，长江下泄流量减少，长江和洞庭湖泄洪道沿程水位降低，其水位降幅随流量增大而减小。随着长江流量减小，长江交汇口上游河道纵比降减小，洞庭湖泄洪道纵比降略有增大；长江河道流速减小，洞庭湖泄洪道流速增大，江湖交汇口水流交汇区左移，主流线左移，汇流点下移，位置变化与江湖汇流比也有关。

（3）在洪季江湖错峰条件下，随着江湖汇流比减小，长江水位下降，纵比降减小，洞庭湖泄洪道水位相对较高，纵比降增加，主流线左摆，汇流点下移。

不难理解，洞庭湖对长江顶托造成下荆江比降减小，从而增加河道淤积或减小冲刷幅度。近些年来，城陵矶入汇流量减少，使得下荆江冲刷加大，相当于扩大了三峡水库对下游河道的冲刷效应，但使城陵矶至武汉段冲刷有所减少。尤其是蓄水期，据统计城陵矶水位平均下降 1.74m，该时期水库蓄水加快退水过程而不利于浅区冲刷，城陵矶水位下降减缓了这一态势。但滩槽冲刷加剧，加速了滩槽格局调整，给航道条件变化带来不确定性。

6.2.2 鄱阳湖水沙交换对长江干流航道的影响分析

鄱阳湖与长江干流在张家洲河段交汇，湖口流量变化对张家洲河道演变产生直接影响。根据水文资料统计，当九江流量为 20000～30000m³/s 时，鄱阳湖出口流量变化为 8000～17000m³/s，变幅可达 10000m³/s 左右，可见其流量变化较大。长江流量一定时，湖口入汇流量变化，将对交汇河段航道条件产生如下影响。

(1) 鄱阳湖入汇流量减少引起交汇河段水位下降，对枯水期航深直接产生不利影响。枯水流量（长江流量 10090m³/s）情况下，鄱阳湖出流量由 3130m³/s 减少到 1250m³/s 过程中，张家洲河段出口水位下降 0.61m，南港出口水位下降 0.62m，南港进口水位下降 0.47m，河段进口水位下降 0.46m；当鄱阳湖口断流时，该张家洲河段出口水位下降 1.03m，南港出口水位下降 1.04m，南港进口水位下降 0.79m，河段进口水位下降 0.74m（图 6.2-2）[164]。

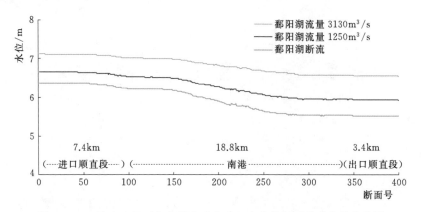

图 6.2-2　枯水流量下张家洲水道水流经南港沿程平均水位的变化图

(2) 鄱阳湖入汇流量减少增大交汇河段比降。在河段进口长江流量一定的情况下，随着鄱阳湖口流量减小，张家洲河段平均比降有所增加，枯水流量（长江流量 10090m³/s）情况下，鄱阳湖出流量由 3130m³/s 减少到 1250m³/s 过程中，张家洲河段平均比降由 1.98‰增加为 2.53‰；当鄱阳湖口断流时，张家洲河段平均比降增加至 2.98‰。比降增大将引起淤积减少或冲刷加剧，有利于航道浅区冲刷但也加速了滩槽格局调整。

(3) 湖口入汇流量减少有利于增加入汇河段南汊即南港水道的分流比。枯水流量时，南港分流变幅较小，鄱阳湖出流由 3130m³/s 减至断流的过程中，南港分流增大 0.6%，中、洪水流量时，南港分流增幅较大，鄱阳湖口断流后增幅可达 4% 左右，有利于南港水道的发展，从而有利于南港航道的维持。

当湖口入汇流量增加，则上述航道条件变化效应相反。

根据实测资料统计，湖口入汇流量变化趋势不明显，但入汇沙量增加了 28%。因而，从年际来看，长江鄱阳湖交汇河段水动力条件受入汇流量影响较稳定，入汇沙量的增加将减缓入汇河段三峡水库蓄水后长期冲刷态势。

根据江湖河一体化大型数学模型计算，受三峡水库调节的影响，虽然湖口入汇流量年际间变化很小，年内的水量交换平均接近于 0，但是三峡水库运行对鄱阳湖与长江水量的交换有尺度效应。从较长时间尺度来看，一年或者一次调节过程，若不考虑江湖的非线性，其影响量值为 0。而如果将尺度缩短到单次调节过程内来看，其对江湖水量交换的影响量值很大。对应减泄过程，湖泊出流会有明显的波动，先是明显上升，而后下降至比原湖泊出流更低；在一次完整的调节过程之中，长江与鄱阳湖水量交换量接近于 0。增泄过程则正好相反。对鄱阳湖影响最大的是汛前预泄时段，总体使湖泊进入长江的水量减少。该时期内，对江湖交汇河段，有利于增加长江—鄱阳湖交汇河段（张家洲南港）分流，增大浅区冲刷，但交汇段水位下降，直接影响航深。

6.3　典型浅滩航道整治参数与整治时机探讨

6.3.1　设计水位和整治线宽度变化

三峡水库运行后，长江中游来沙量大幅减小，高滩崩退、低滩冲刷、洲滩面积减小；加之流量过程的改变，中小水历时增长，河道主流发生相应变化，中枯水河势发生调整。同时，江湖水沙交换变化对航道条件也带来不同程度的影响。故而，长江中下游的浅滩整治需要针对新的水沙条件下河床和航道的变化趋势来合理确定相关整治参数。

6.3.1.1　动态设计水位

三峡水库运行之后，下游发生了长距离的冲刷，根据天然河流状态得到的设计水位已不再适用。三峡水库下游的河床冲刷是自上而下不断发展的过程，在河床经过自我调节再次达到平衡之前沿程水位流量关系是逐渐变化的，因而直接由长序列水位流量资料统计确定水位的方法失去了应用的前提。水位的变化受河道冲刷下切和下游水位下降溯源传递影响。因此，长江中下游设计水位需要进行调整，考虑三峡水库运行后引起的坝下游水位降落。

三峡水库下游河段水位变化表现为两个方面，枯水期水库对流量的补偿作用，另外还有河床冲刷引起的水位流量关系变化。

1. 沙卵石河段

宜昌—大埠街段紧邻葛洲坝枢纽下游，三峡水库运行以来河床冲刷、同流量水位持续下降，但受枯水流量增大影响，枯水水位又得到补偿。例如，宜昌站 2013 年 5500m³/s 流量对应的水位值较三峡水库运行前的 2002 年累计下降了 0.50m，而 175m 试验性蓄水后最枯水位较蓄水前抬升了 0.42m。随着河床粗化，河床冲刷不断向下游发展。三峡水库蓄水后，该河段冲刷后河床粗化很快，其中宜昌—枝城段冲刷基本完成，河床冲刷已基本平衡，未来不会有较大冲刷。根据已有研究成果，三峡水库运行后 10 年左右，沙卵石河段河床冲刷趋缓；运行 20 年后，5000m³/s 流量对应的宜昌水位最大下降 0.6m 左右。2010 年三峡水库进入正常蓄水阶段后水库下泄流量趋于稳定，沙卵石河段河床冲刷将减弱，枯水位不会有较大幅度波动。

2. 沙质河段

大埠街以下的沙质河段流量受上游来流及洞庭湖分流双重影响。城陵矶以上的沙质河段，三峡水库运行以来，受来沙大量减少影响，呈累积性冲刷。6000m³/s 流量时，2013

年沙市站水位较 2003 年下降 1.5m。而水库枯水流量补偿难以抵消河床冲刷对水位的影响，175m 试验性蓄水后最枯水位较蓄水前降低了 0.36m。目前该河段的河床冲刷仍在持续。城陵矶以下沙质河段，三峡水库运行以来，河床有冲有淤，但总体以冲刷为主，同流量对应水位有所下降；2013 年螺山站 8000m³/s 流量对应水位较 2003 年下降约 0.95m，汉口站 10000m³/s 流量对应水位较 2003 年下降约 1.12m。而且，受洞庭湖、汉江、鄱阳湖入汇影响，该河段流量中有 32%～50% 为区间来流，三峡水库枯水流量补偿对枯水位的影响相对较小，175m 试验性运行后螺山站、汉口站最枯水位较运行前降低了 0.01m、0.59m。

枢纽下游设计水位的确定方法有很多，一般首先计算相应保证率的设计流量，根据水位流量关系推求设计水位，这样既保证了设计水位的频率概念，又兼顾了水库对枯水期流量的补偿，考虑不同时期的河床冲刷变形。在坝下游河床未达到平衡之前，冲刷导致的水位降落是逐渐变化的，水位流量关系也随时间而有所变化，因此设计水位是一个动态变化过程。在具体的操作过程中需要根据设计水平年的航深目标，阶梯式地确定设计水位。在后面章节涉及具体河段整治时，根据数学模型计算的水位降落值，考虑了设计水位的动态变化。

6.3.1.2 三峡水库运行后航道整治线宽度变化

2003 年三峡水库运行以来，清水下泄，长江中游河床发生剧烈冲刷，尤其是荆江河段滩槽演变规律变化复杂，给航道整治带来新的挑战。整治线宽度和整治水位是航道整治工程设计中的重要参数，两者是有机的整体，其数值大小及组合涉及整治效果、工程投资、防洪、生态环境等。近年来，许多学者在天然冲积河流航道整治宽度相关研究成果的基础上，考虑不同类型浅滩整治前后输沙关系、枢纽下泄非恒定流、河床下切等因素，对三峡水库运行后航道整治线宽度的确定方法、整治线水位与整治线宽度的组合进行了研究[165-167]。但由于三峡水库运行后长江中游的河床演变仍处于变化调整中，在相当长的时间内尚不能达到平衡，航道整治参数也应随之而变，给确定整治线宽度及其与整治水位的组合关系带来困难。

基于实测地形资料分析的河床断面法[168]为研究整治线宽度的变化提供了一种工具。河床断面法是以整治河段的实测枯水地形资料为基础的一种图解方法，综合了来水来沙条件及河床组成等因素的影响，避免了整治线宽度解析公式计算参数不确定性所产生的较大计算误差及计算参数对工程经验的依赖性，为研究整治线宽度的变化及其与整治水位的组合关系提供了一种有效方法。枯水地形是浅滩河段水文年中来水来沙条件与河床相互作用的结果，一般用来分析航道断面形态。已有研究表明，即使是来水来沙条件复杂的河流，如黄河北干流，其枯水河床断面形态也有一定规律可循。因此，利用整治河段及其来水来沙条件、河床组成相近的优良河段的枯水实测地形资料，找出河床断面形态特征参数（如整治水位对应的河宽 B 和相应航槽内最小航深 t）之间的关系，可作为研究航道整治参数的重要依据，这就是河床断面法的基本原理。现状条件下，采用图解法来分析三峡水库运行后长江中游河段航道整治线宽度变化和确定整治水位与整治线宽度组合关系仍为一种有效途径。

以长江中游下荆江窑监滩群为例，基于河床断面法原理，根据枯水实测地形资料绘制

$t—B$ 关系曲线 (最小航深—河宽关系曲线), 探讨三峡水库运行后长江中游窑监滩群航道整治线宽度的变化; 基于 2014 年枯水地形资料绘制不同整治水位下的 $t—B$ 关系曲线群, 并给出 $Z—B_t$ 曲线 (整治水位—整治线宽度关系曲线), 探讨了整治水位和整治线宽度整体统一性问题, 为航道整治参数的确定提供依据。

1. 研究方法及资料分析

(1) 河床断面法。在冲积河流中, 河床断面与来水来沙条件及河床、河岸物质组成有紧密联系, 它们之间紧密联系并在相互作用的同时相互调整以达到相互适应, 它们之间的调整虽然十分敏感, 但经过一定的稳定历时, 会出现相对稳定的河床断面形态。此时, 断面形态与流域因素 (来水来沙条件等) 存在的某种定量关系即为河相关系, 其本质是在寻求河流系统平衡时流域因素与河槽形态相协调的关系[169], 常用公式为

$$\frac{B^j}{H} = \xi \qquad (6.3-1)$$

式中: B 为河道断面水面河宽; H 为断面平均水深; j 和 ξ 为待定参数, 随河床边界组成而异。

航道是河道整体的一部分, 枯水河道地形可认为是水文年内来水来沙条件与河床组成相互调整的最终结果, 也是航道尺度在水沙条件下的反映。同样, 这些断面形态的形成原因受很多因素制约, 尤其是当今通航河流受人类活动影响较大, 现有理论计算公式很难全面概括。因此, 综合分析整治河段及其附近来水来沙条件与河床组成相近河段的实测枯水地形资料, 从中找出河道断面形态特征参数 (如整治水位对应的河宽 B 和相应航槽内最小航深 t) 之间的关系, 作为河相关系的一种延伸, 可作为研究航道整治线宽度及其与整治水位组合关系的重要依据。

基于这一观点, 在航道枯水地形图上选择若干断面, 量出整治水位 Z 下的河宽 B; 查找出该断面规划航槽内 (航宽为 b) 的最小设计航深 t (图 6.3-1), 然后点绘 $t—B$ 关系曲线, 基于该曲线绘制包络线, 用于确定该整治水位下的整治线宽度 B_t。

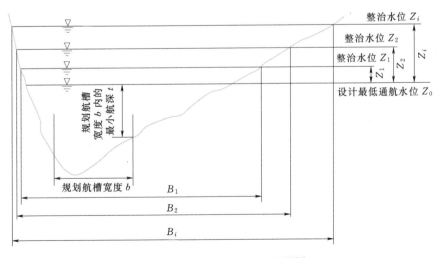

图 6.3-1   河床断面法原理图[168]

（2）整治参数统一确定的方法。整治水位与整治线宽度是相互关联的。整治水位 Z 的高低反映由整治水位到设计最低通航水位的冲刷历时 T，整治线宽度 B_t 反映整治后水流单位时间的输沙强度 Q_s。若在整治河段的碍航淤积量为 W_s，则整治目标应满足 $Q_s T = W_s$。由此可见，在达到整治目标时，水流单位时间的输沙强度 Q_s 与冲刷历时 T 间是相互关联的。与之相对应的，直接影响水流单位时间输沙强弱的整治线宽度 B_t 与冲刷历时的整治水位 Z 也是相互关联的。对达到一定整治效果而言，可以有很多种不同的组合。即

$$\begin{cases} Q_{s1} T_1 = W_s \\ Q_{s2} T_2 = W_s \\ \vdots \\ Q_{si} T_i = W_s \end{cases} \qquad (6.3-2)$$

与之相对应的 $Z—B_t$ 关系：

$$\begin{cases} f_1(B_{t1}, Z_1) = W_s \\ f_2(B_{t2}, Z_2) = W_s \\ \vdots \\ f_i(B_{ti}, Z_i) = W_s \end{cases} \qquad (6.3-3)$$

因此，整治水位 Z 与整治线宽度 B_t 之间所存在的关联性确定了它们之间是一个不可分割的统一整体。但它们之间的关系如何确定则是航道整治工作者们一直关注的问题。基于河床断面法，根据枯水地形实测资料绘制不同整治水位下的 $t—B$ 关系曲线，确定设计航深 $t = t_0$ 时不同整治水位 Z_i 下的整治线宽度 B_{ti}，绘制 $Z—B_t$ 的关系曲线，用于探讨整治水位和整治线宽度组合关系。该方法的详细描述可见参考文献［168］。其优势在于这种方法是以实测枯水河床断面资料为基础，包含来水来沙条件、河床河岸组成等综合因素的影响，对于受枢纽影响显著的河段，基于河相关系的图解法更为符合实际。

河床断面法主要针对单一平顺河道。长江中游窑监滩群包括窑集佬、监利和大马洲等三个浅水道，为典型弯曲分汊河段，但近年来监利汊道分流比相对稳定，左汊分流较小，枯水流量时仅 3%～4%，中洪水时左汊分流比不足 10%。对研究河段进行分段研究，选取较为顺直的窑集佬河段（塔市驿—乌龟洲头河段）、乌龟洲右汊进口段和大马洲河段（太和岭—徐家铛河段），基本符合河床断面法的适用范围，计算分段示意见图 6.3-2。乌龟洲右汊进口段为整治前的碍航河段，滩槽演变比较复杂，其 $t—B$ 关系也较复杂。而其上游的窑集佬河段为相对优良河段，航道条件较好。根据航道整治的经验，在分析碍航河段航道条件的基础上，可参考优良河段选择整治参数。

窑监滩群整治前维护航深 3.5m，设计航宽为 150m。该滩群航道整治一期工程设计方案[170]整治水位为设计水位以上 3m。选取了 2002 年 2 月、2003 年 1 月、2006 年 1 月、2008 年 1 月、2010 年 1 月、2012 年 1 月及 2014 年 2 月的 1:10000 河道实测地形资料，包括了三峡水库运行前（2002 年 2 月测图）和三峡水库运行后的多年枯水地形资料。河道实测地形资料来源于长江航道局。在研究河段中按河道中心线 50m 等间距选取断面进行分析。

2. 整治线宽度变化讨论

提取不同河段的 $t—B$ 关系分别汇总于图 6.3-3。$t—B$ 关系曲线与河床演变密切相

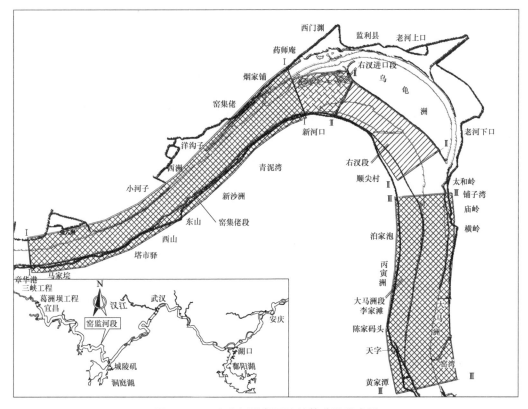

图 6.3-2　窑监河段断面法计算分段示意图

关，可见，年际间 t—B 关系总体逐渐右偏，基本反映了该河段总体冲刷的态势。根据各年份 t—B 关系，引入包络线以确定整治线宽度。当选定某个航深 t 时，由于航道图中的水深已包含最低通航水深保证率 P 的概念，故在满足保证率 P 的前提下，用内包络线确定的整治线宽度 B_t，此时与之相对应的航道水深满足设计航深 t，该事件发生的概率为 $P_0 \approx 1$；而由外包络线确定的整治线宽度 B_t，此时与之相对应的航道水深可能满足设计航深 t，但发生的概率为 $P_0 \approx 0$。故用内包络线确定整治线宽度 B_t。图 6.3-3 给出了各

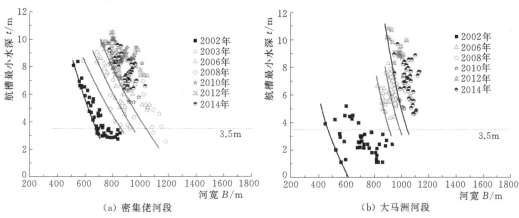

图 6.3-3　窑监滩群各河段 t—B 关系

分河段 2002—2014 年 $t—B$ 关系的内包络线。窑集佬河段 2008 年后枯水河床还在不断冲深，$t—B$ 关系仍有调整，但内包络线趋势基本一致，依据 2008—2014 年的 $t—B$ 关系绘制内包络线。大马洲河段在航道整治工程实施后，航道断面有所调整，但 $t—B$ 关系内包络线趋势基本一致，采用 2010—2014 年的 $t—B$ 关系绘制内包络线。

根据窑监滩群各河段各年份的内包络线，计算各年份整治水位为设计水位以上 3.0m 时航深 3.5m 对应的航道整治线宽度及年际变幅，汇总于表 6.3-1。根据表 6.3-1 可得出以下结论。

表 6.3-1　　　　　　　　　各年份航道整治线宽度及年际变幅

研究河段	类　别	2002 年	2003 年	2006 年	2008 年	2010—2014 年
窑集佬河段	整治线宽度/m	674	854	944	1035	1035
	年际变幅/(m/a)		180	30	46	0
右汊进口段	整治线宽度/m	375	—	898	935	—
	年际变幅/(m/a)	—		131	19	—
大马洲河段	整治线宽度/m	468		911	989	1043
	年际变幅/(m/a)			111	39	27

（1）三峡水库运行以后，不同年份的 $t—B$ 关系逐年变化，说明整治线宽度仍在变化中，2003—2008 年整治水位 3.0m 下的整治线宽度范围为 800～1100m。

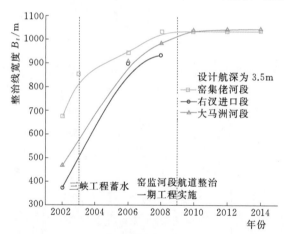

图 6.3-4　窑监滩群航道整治线宽度随
时间的变化关系

对于窑集佬河段，由 2002 年 $t—B$ 关系曲线得到 3.5m 航深对应的整治线宽度为 674m，2003 年、2006 年、2008—2014 年分别为 854m、944m、1035m，增加幅度分别为 180m/a、30m/a、46m/a。整治线宽度总体上呈增加趋势，这主要是因为三峡水库运行后拦截大量泥沙，清水下泄河床冲刷，在同样的整治水位下，适当放宽整治线即可达到整治效果。河床变化幅度在三峡水库运行初期较大，随着河床的调整幅度减小，相应的整治线宽度变幅也逐渐减小（图 6.3-4）。大马洲河段航道整治线宽度也呈相似的趋势。

（2）从乌龟洲右汊进口段 $t—B$ 关系及其内包络线可看出，三峡水库运行前，乌龟洲右汊进口段航深不满足 3.5m。三峡水库运行初期，受泥沙来源减少影响，乌龟夹进口左侧心滩、右侧边滩呈冲刷崩退态势，河床边界的整体冲刷造成浅滩段河槽宽浅化，甚至出现多口争流的现象，对应整治线宽度亦呈逐渐增加的趋势。2010 年起 $t—B$ 关系发生突变，整治线宽度大幅增加，这主要与 2009 年窑监滩群航道整治一期工程的实施有关。2009 年在乌龟洲头心滩实施了应急守护工程，稳定了乌龟洲右汊进口段两岸边界，在弯

道 "凹冲凸淤" 及乌龟夹进口河槽束窄的共同作用下，右汊进口段航深增加，基本都在 3.5m 以上，说明工程效果显著，窑监滩群航道条件得到改善。

窑监滩群航道整治一期工程在前期论证时，通过大量数学模型计算、物理模型试验论证[89,171-172]，确定航道整治线宽度为1000m。工程实施后，右汊进口段航深明显增加，枯水航深基本维持在 3.5m 以上。根据工程实施前 2008 年的枯水地形资料得到窑集佬河段、右汊进口段、大马洲河段对应的整治线宽度分别为 1035m、935m、989m，与工程设计采用的整治线宽度 1000m 接近，说明河床断面法是符合工程实际的。

由此可见，河床断面法基于实测枯水地形，反映了来水来沙条件和河床作用的综合结果，体现了水库下游不平衡输沙的影响。

3. 整治线宽度 B_t 与整治水位 Z 组合关系

上述整治线宽度变化的探讨是在整治水位为常数（$Z=3.0m$）的条件下进行的，该整治水位为窑监河段一期航道整治工程的设计值。整治水位决定了整治建筑物的冲刷历时，整治线宽度决定了冲刷强度，二者是互为关联的有机整体，决定了整治效果。因此，整治线宽度与整治水位之间的组合是一值得研究的问题。根据《长江干线航道发展规划（修编）》，长江干线航道 2030 年宜昌—武汉河段发展目标为 $4.5m \times 200m \times 1000m$（水深×航宽×弯曲半径）。故根据新地形资料

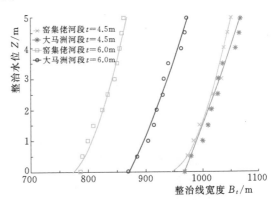

图 6.3 - 5　$Z-B_t$ 曲线

（2014 年 2 月测图），以窑集佬河段和大马洲河段为例，分析 2030 年规划 $4.5m \times 200m$ 航道尺度下 $Z-B_t$ 关系，并对 $6.0m \times 200m$ 航道尺度下的 $Z-B_t$ 关系进行探讨。整治水位从设计最低通航水位以上 0.0m 到 5.0m，间隔 0.5m，共计 11 级整治水位，绘制不同整治水位下的 $t-B$ 关系曲线，通过图 6.3 - 3 中的内包络线查得不同整治水位 Z 下的整治线宽度 B_t，得到 $Z-B_t$ 曲线，如图 6.3 - 5 所示。

根据 $Z-B_t$ 关系可知，随着整治水位增加，整治线宽度逐渐增大；设计航深越大，整治线宽度越小，这与航道整治的一般原理是一致的。通过拟合，可得到窑集佬河段和大马洲河段的 $Z-B_t$ 关系式。

窑集佬河段

$$\begin{cases} t=4.5m: & Z=0.000381B_t^2-0.712B_t+332.59, & 971 \leqslant B_t \leqslant 1049 \\ t=6.0m: & Z=0.000377B_t^2-0.565B_t+211.44, & 786 \leqslant B_t \leqslant 863 \end{cases}$$

大马洲河段

$$\begin{cases} t=4.5m: & Z=0.0000776B_t^2-0.108B_t+31.90, & 969 \leqslant B_t \leqslant 1068 \\ t=6.0m: & Z=0.000116B_t^2-0.166B_t+56.16, & 869 \leqslant B_t \leqslant 972 \end{cases}$$

注意：水位和航深的数量级为 0.1m，河宽、航宽的数量级为 1m。

从河段断面的角度分析，这种整治水位和整治线宽度的组合均能达到整治目标。整治

水位决定了整治建筑物高度，整治线宽度决定了整治建筑物的长度，不同的组合涉及工程投资、对防洪的影响等，可供工程设计人员综合比较后参考。

6.3.2 三峡水库运行后整治时机分析

冲积性河流具有可动边界和非恒定的来水来沙条件，河道的洲滩和断面是不断变化的[173]，自然应该存在一个有利的整治时机。一般而言，冲积性河流各类浅滩碍航的主要问题是"浅"的问题，因此在以往的航道整治中多认为，浅滩水深比较大就是有利时机[174]。单纯从浅滩水深的角度来看，这样的时机是暂时有利的，但是这种情况与浅滩演变是不相适应的、难以维持的，不能适应一般水沙条件。

冲积性河流的河槽断面面积的大小同周期性变化的来流关系密切，河床调整具有一定滞后性，由于河床冲淤需要一个时间过程，河床短时间的调整，并不能够使河床调整至平衡状态。因此，演变一般滞后于水沙变化，也就是河床演变不仅与当年的水沙条件有关而且与前若干年的水沙效应有关，也可以认为河床变化是对水沙条件响应的一个累积性结果。有研究表明长江河道冲淤调整一般与前2～5年的水沙条件的累积效应有关[175]。虽然河床冲淤变化同来水来沙存在一个时间差，即河床变形滞后，但一般而言，大洪水河槽过水面积要大，同时洲滩切割频繁，很多浅滩在这种条件下水深会有所改善。如果单从浅滩水深而言，自然这种条件下是"有利时机"，但这是有条件的，它的断面形态、流路是和大洪水的径流条件相适应的。但是河床塑造作用很强的大洪水发生的概率很小，是一种极端的情况，浅滩断面积大小和大多数年份的来水来沙是不相协调的，大洪水过后，浅滩回淤是必然现象。换句话说，这样的情况不具备让航道条件持续向好发展或保持较好水深状态的水沙动力，浅滩会进入由好转坏的转化过程。

因此，对于"有利时机"的认识、把握和选择，更应该关注洲滩的分布态势及未来水沙条件下河床演变发展趋势，而不应拘泥于浅滩的水深大小，有利时机应更能适应一般的来水来沙年份，而不仅仅是代表性差的特殊年份。

对三峡水库下游河道而言，航道整治还需按轻重缓急，分期实施，主要从以下4个方面进行考虑。

（1）问题严重程度：充分考虑三峡水库影响下，航道发展变化的趋势。在河演分析的基础上，依据三峡水库调节后的水沙条件，开展物理模型或数学模型研究，探讨河道冲淤及航道条件的发展趋势及发展变化的速度快慢。对于关联性较密切的多个水道，可作为一个长河段进行整体研究：一方面避免某一水道航道整治工程的实施对相关河段产生不利影响；另一方面针对碍航的轻重程度有所侧重地开展相关工作。

（2）外部环境限制：统筹兼顾，不仅要考虑航道整治工程布置对外部环境的影响，同时要充分考虑河道规划、生态保护红线、岸线利用情况等对航道整治工程布置实施的制约。航道整治工程不仅对航道条件有影响，同时对河道行洪、桥梁、生态保护区等都可能产生有利或不利的作用。当前，在长江经济带"共抓大保护、不搞大开发"精神指引下，航道整治需要综合多方面考虑，单纯考虑航道问题而提出整治措施，难以适应日益复杂的外部环境。

（3）分期治理协调性：总体规划，分期治理。分期整治在思路上具有一定的延续性，在航道条件较为有利的时机，稳定洲滩边界条件和滩槽格局，为进一步改善航道条件打下基础，并且考虑社会经济发展的需求，未来航道条件仍有继续提升的空间，前期治理应有一定的前瞻性，为后续治理工作提供基础和空间。

以嘉鱼—燕子窝河段的航道整治为例，航道整治一期工程实施前，河段的演变特征主要为低滩（汪家洲边滩、复兴洲、燕子窝心滩）的消长，深泓摆动，引起航槽不稳。1998年大洪水后，嘉鱼水道心滩并入复兴洲，洲滩稳定；燕子窝心滩滩体高大完整，左槽充分发展，是历史上航道条件较好的时期。但三峡水库开始运行后，汪家洲滩尾下延在江心被切割形成心滩，上下深槽交错；而燕子窝右槽进口开始冲刷发展，航道条件向不利方向发展。为维护航道稳定，遏制不利变化趋势，在相对有利的时机对河段开展航道整治，2005—2006 年有关部门对该河段实施了以守护关键洲滩为主的航道整治一期工程。一期工程的及时实施，稳定了复兴洲洲头及燕子窝心滩的位置，限制了汪家洲边滩的游移空间，稳定了滩槽格局，为下一步航道条件的改善和治理提供了稳定的边界条件和良好基础[176-178]。根据 2014 年测图，嘉鱼—燕子窝河段航道条件尚可，能够满足设计要求，但随着三峡水库影响的累积，在上游来沙长期明显偏小的水沙条件下，河道的关键部位（复兴洲头低滩及燕子窝心滩头部低滩、燕子窝右槽）仍存在不利的演变趋势。但由于嘉鱼水道外部环境复杂，且未来一段时间航道条件尚可，而燕子窝水道的航道问题更为突出。因此，燕子窝水道的治理相比而言是更为紧迫的：一方面右槽的持续发展、左槽的宽浅形态已经直接威胁航道尺度的稳定；另一方面，三峡水库对洪水的调度渐成常态，延长中水持续时间，这对位于洪水流路上的左槽较为不利。这两方面因素将使得燕子窝水道未来碍航的程度和频度相对突出，因此应先期实施治理工程。

基于三峡水库运行后对河段浅滩演变趋势，根据轻重缓急、分期治理及外部环境等综合考虑，经物理模型试验论证[179]，2014 年 12 月，交通运输部批复了燕子窝水道航道整治工程初步设计。工程于 2015 年 7 月开工，2016 年 10 月交工验收，2018 年 11 月竣工，工程结构历经两次水文年洪水考验，结构保持稳定，航道整治效果良好，燕子窝水道的洲滩形态和河势格局总体稳定，达到了 3.7m 航深、150m 航宽、1000m 弯曲半径的建设标准，通航条件明显改善，为进一步提高航道尺度奠定了基础。

第 **7** 章

长江中下游典型滩群
航道整治

7.1 概述

三峡水库蓄水运行后，原有的水沙平衡条件被打破，坝下河道一般会经历单向冲刷、冲淤交替、恢复平衡的演变过程，地形的冲淤调整也会影响到河道水位及航道条件变化。自三峡水库运行后相当长时间坝下冲淤调整将持续存在，在此阶段开展航道整治不仅需要对整治参数进行系统研究，而且由于河床调整变化逐步向下游传递，还需要考虑维护有利的滩槽格局和边界稳定，在不同的治理阶段，以已建工程为基础根据整治目标研究相应的整治措施。江湖水沙交换变化后，水沙条件和滩槽演变更加复杂，给航道治理带来更多的不确定性，需厘清江湖水沙交换的影响。在确定整治思路和整治措施时应充分考虑水沙交换及其变化趋势。

我国自20世纪50年代以来，陆续在西江、北江、东江、湘江、赣江、汉江等河流开展了航道整治，普遍采用束水攻沙的原理，工程措施上也是修筑丁坝、缩窄河宽、提高浅滩水深，这一方式在提高航深方面最为简单直接，但并不适用于多功能的河流。对于长江航道治理，李义天等[3]认为塑造良好的航槽形态是航道整治的基本途径，即将河槽塑造至一个理想的状态（理想航槽），能够满足对应的航道尺度。结合长江流域已实施的航道整治工程实践、三峡水库下游河床调整规律和机理认识，长江中下游大规模进攻型措施运用较少，守护控制型的治理策略更能顺应河势变化、适应长江的实际情况。在长江已经实施

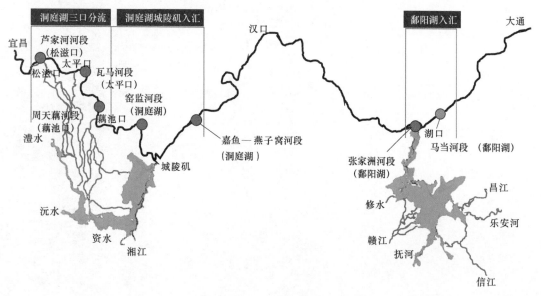

图 7.1-1 受洞庭湖、鄱阳湖水沙交换影响典型滩群位置示意图

的航道整治工程中，守护型工程措施对河道自身的影响较小。通过相关研究指导工程合理布置，一般能够实现航道治理目标，缓解航道治理工程与河流其他功能之间的矛盾。

本章在前文滩群演变分析的基础上，进一步研究了典型滩群的航道治理，以受三峡水库水沙调节及洞庭湖分流影响、洞庭湖汇流影响、鄱阳湖汇流影响的长江干流不同类型滩群航道整治工程为依托（图 7.1-1），提出了新水沙条件下的典型滩群整治思路和原则，系统探讨了典型滩群河段航道整治措施。

7.2　洞庭湖分流影响河段滩群航道整治

长江干流通过松滋口、太平口、藕池口向洞庭湖分流分沙，口门附近河段受到洞庭湖分流影响。以芦家河河段、瓦口子—马家咀河段、周天藕河段为例，在分析洞庭湖分流分沙影响的基础上，提出航道整治措施和原则，提出了行之有效的航道整治措施。

7.2.1　芦家河沙卵石河段滩群整治

7.2.1.1　河段概况

长江中游枝城—大埠街河段习称芦家河河段，全长约为 52km，上距三峡大坝约 104km，距葛洲坝枢纽约 64km。该河段属长江中游上荆江河段上端，包括枝城水道、关洲水道、芦家河水道、枝江水道、刘巷水道、江口水道和大埠街水道（图 7.2-1）。为连续弯曲分汊河型，汊道间均有节点控制，自上而下存在关洲、芦家河碛坝、董市洲、柳条洲等江心洲滩。主要支流为清江（宜都水道汇入）、松滋河（向洞庭湖分流）。

芦家河水道自陈二口至昌门溪，进口右侧有松滋河分流，河心有砾卵石碛坝，碛坝右侧为石泓，左侧为沙泓。芦家河水道为微弯放宽河道，水流具备弯道河段和宽浅河段水流特性，即"洪水取直、枯水坐弯、涨淤落冲"，沙泓属汛后退水期中枯水期浅滩，年内主流洪、枯期流向在石泓、沙泓之间左右摆动，水流动力轴线不一致[180]。

枝江水道自昌门溪至枝江市城下，属顺直分汊水道，左汊为董市夹，右汊为主航道。枝江水道存在上、下两处浅区，分别位于陈家渡至肖家堤拐至枝江市城下过渡段。枝江水道受上游芦家河水道影响，演变规律恰与芦家河水道相反，呈现顺直河段"涨冲落淤"的规律。

江口水道自刘巷至七星台，为微弯分汊水道，左汊为支汊，右汊为主汊，主支汊较为稳定，主流由右岸刘巷沿上曹家河经吴家渡过渡到左岸七星台。江口水道碍航部位于吴家渡至七星台的过渡段，因左汊江口中夹出流顶托右汊主流，而在汊道出口的跨河过渡段上形成沙埂碍航。江口浅滩演变规律同枝江水道，表现为年内"涨冲落淤"。

7.2.1.2　松滋口分流分沙对滩群航道条件的影响

1. 松滋口分流是芦家河水道碍航的原因之一

芦家河水道河道放宽，中水期水流分散，挟沙能力减弱，涨水期水流携带大量泥沙通过缩窄段（吴家港、陈二口）在此落淤；松滋口分流是沙泓石泓形成的重要原因之一。当水位超过 36m 后松滋口开始分流，洪水期松滋口分流量约占干流流量的 10%，松滋口分流对口门以下流场影响较大。由于松滋口的吸流作用，当流量为 12250m³/s 时，石泓流

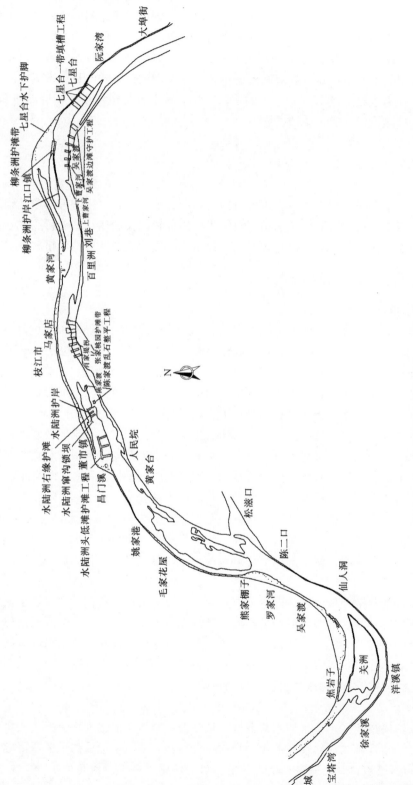

图 7.2－1　芦家河河段河势图及已建整治工程

速与沙泓流速较接近；当流量为 19300m³/s 时，石泓流速稍大于沙泓，主流已从左岸向右岸转移；当流量为 30750m³/s 时，石泓流速明显大于沙泓，主流已迁移到右岸；当流量为 41250m³/s 时，松滋口分流约为 4500m³/s，水流趋直，石泓流速为 2.5m/s，沙泓流速仅为 1.7m/s。因此，涨水期水流挟沙能力石泓大于沙泓，使得沙泓淤积量及淤积高度明显大于石泓，沙泓每年涨水期最大淤积厚度约为 10m，而石泓仅为 2～3m，且平面上淤积面积沙泓明显大于石泓。中洪水期松滋口吸流使得水流动力轴线向右岸迁移，沙泓流速小于石泓，沙泓挟沙能力明显小于石泓，使得沙泓大量淤沙，落水期流量小于 10000m³/s，相当于枝城水位在设计水位以上 3.1～3.2m 时，石泓航深吃紧不能满足要求，而此时沙泓尚未冲开，出现两槽航行不能相互衔接的碍航局面。

由此可见，芦家河水道之所以出现中洪水沙泓与石泓互不衔接的局面，松滋口分流是原因之一，由于松滋口的吸流作用，使得落水期主流不能尽快左移，冲刷沙泓淤沙。

通过设定松滋口分流比计算芦家河水道航道情况[181]。在落水期（每年 10—11 月）设定松滋口分流工况，其一为 10 月中旬至 11 月底当流量小于 20000m³/s 时松滋口不分流，即分流量为 0；其二为 10 月中旬至 11 月底当流量小于 20000m³/s 时松滋口分流为原分流量的一半。经过数值计算，落水期使松滋口不分流方案，很快能将沙泓冲开，沙泓能满足 10 月 3.5m 航深、11 月 3.2m 航深的设计标准要求，而将分流量减半方案，沙泓冲开缓慢，不能满足 11 月中旬当流量小于 7800m³/s 时 3.2m 的航深要求。

2. 松滋口分流分沙变化趋势及对航道条件影响分析

松滋口分流分沙比变化与长江来水来沙有关。在 1990 年前以前，松滋口分流比、分沙比呈递减态势，1990 年至今分流比无明显变化趋势；而分沙比在三峡水库运行后有所增加（图 7.2 - 2）。

与荆江年内来水特点相同，松滋口分流也主要集中在汛期；汛期来水量越大，荆江干流水位越高，松滋口的分流量也就越大。三峡水库运行后，7—8 月月均分流量下降最为明显，说明水库的蓄水运行对松滋口年内分流量的影响较为明显，且年内分流量变化曲线逐渐坦化；汛期 7—9

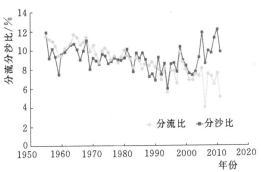

图 7.2 - 2　松滋口分流分沙比变化

月的分流比差异也逐渐减小，原因在于水库调蓄了洪水，削减了洪峰，出库流量更为坦化；由于汛后三峡水库蓄水，荆江河道流量减少，松滋口 10 月月均流量减少明显，而 11 月月均流量无明显变化。月均分沙量与月均分流量密切相关，月均分沙量也主要集中在汛期 7—9 月。这是由于三峡水库运行后枝城站输沙量进一步大幅度减少，松滋口月均分沙量也大幅减少。

已有大量研究成果总结了影响松滋口分流分沙的主要因素[150-151]，包括松滋口口门附近长江干流水位变化、松滋口口门河段的冲淤变化、口门附近干流河道河势变化，但根本还是长江干流水沙的变化。长江科学院根据三峡水库运行后的实测资料统计表明，松滋口附近干流河道河势变化较小，松滋口分流主要受松滋口口门附近长江干流水位变化与松滋口口门河段的冲淤变化影响。受葛洲坝水利枢纽、三峡水库及人类采砂活动等影响，近50年来，在中枯水流量情况下，长江干流枝城站同流量下水位均呈现逐渐下降的趋势，而洪水流量下水位变化不明显，水位变化导致从长江分泄松滋口流量的变化。根据实测资料分析，三峡水库运行后松滋口口门河段以冲刷为主，宽深比有减小的趋势，有利于松滋口分流。两者综合影响下，松滋口分流比变化不明显。三峡水库运行以来，干流含沙量大幅度减小，与20世纪90年代至三峡水库运行前长江干流含沙量减少有类似之处，但运行后干流含沙量减幅更大；松滋口口门附近干流河段以卵石夹砂为主，在清水冲刷下枝江河段很快就会冲刷平衡，地形冲刷下切幅度不大，但由于下游河道沙市站在中枯同流量下下降幅度较大，对枝城站水位有一定的影响。根据2003—2011年实测资料分析可知，枝城站在枯水流量为5000m³/s时水位下降幅度较小，但在流量为10000m³/s时下降幅度较大，下降约0.74m。在流量为20000m³/s以上水位基本变化不大，其主要原因与该站下游芦家河浅滩形成的沙坎石泓密切相关。当枯水流量情况下，由于沙坎石泓的存在，使上下游水位关联性较差；而在中水流量以上情况下，由于水位抬高，沙坎石泓对上下游水位关联性影响相对较弱，因此中水流量下水位下降幅度较大。而与此同时，松滋口口门河道内床沙组成主要以淤沙为主，该河床极易冲刷。根据2003年9月至2011年9月实测地形可知，松滋河整体刷深为0.70m，松西河（大口—新河口）整体刷深0.62m，松东河（大口—沙道观）整体刷深为0.25m。

随着长江上游梯级水库群的逐步建成运行，进入荆江河道的含沙量将会进一步减少。但由于松滋口附近长江干流枝江河段特殊的地形原因，枝城站同流量水位变化，主要是中水位受下游沙市站水位变化的影响。预计该站同流量水位下降不大，而进入松滋口分流洪道的水流变清，且河床组成均以淤沙为主，松滋口分流洪道必然长期处于冲刷，导致口门高程降低，对该口门分流极为有利。同时由于受三峡水库调蓄影响，荆江河段年内大流量（枝城流量超过40000m³/s）发生频率和持续时间均明显减小，以及中枯水流量的调平，引起松滋口分流量相应减小。综合分析可知，松滋口分流量将基本维持目前的格局，分沙量变化主要受分流量因素的制约。三峡水库运行前松滋口分流比、分沙比几乎是同步减小的，但三峡水库运行后口门至各站点河段处于冲刷状态，如分沙量排除口门冲刷，则分沙比仍将变化不大。

因此，从江湖水沙交换角度来说，松滋口分流分沙对芦家河滩群的影响也将维持目前的态势。松滋口分流分沙比维持在较低程度对航道条件有利方面体现在：松滋口分流较少可加剧长江干流河道冲刷，冲刷加剧有利于芦家河沙泓浅区航道水深，减弱洪水期淤积，尤其是退水期冲刷增加对于"涨淤落冲"浅区水深改善起到积极作用。不利影响体现在：冲刷加剧进一步降低枯水位，尤其是枯水期分流增加对航道水深维持不利，但数值有限仅117～162m³/s（同期长江干流为6000m³/s左右），松滋口分流较少加剧芦家河"坡陡流急"的碍航特征，成为该河段碍航的主要矛盾之一。因此，需要根据三峡水库运行及松滋口分流分沙的态势，对芦家河航道采取工程措施。

7.2.1.3 新水沙条件下的航道治理思路

该河段重点碍航水道主要有：芦家河水道、枝江水道和江口水道。三峡水库蓄水运行以来，芦家河河段各个水道演变规律没有发生根本性的改变，芦家河水道浅区仍然遵循

"涨淤落冲"的演变规律,枝江水道下浅区和江口水道浅区的演变规律仍然是"涨冲落淤"。但由于河道普通冲刷,枯水位降落,航道形势发生了变化,多位学者开展了大量的研究并提出了治理思路[182-185]。下面总结分析三峡水库运行后新水沙条件下的航道问题。

1. 新水沙条件下的航道问题

芦家河水道历史上航道在沙泓和石泓之间变换,汛期走石泓,枯期走沙泓。三峡水库运行以来该水道总体冲刷,左侧的沙泓成为常年主航道,对比图 7.2-3 与图 7.2-4 中 2002 年与 2014 年航道水深图,可以看到航道水深条件已有较大改善,但仍存在以下两个问题。

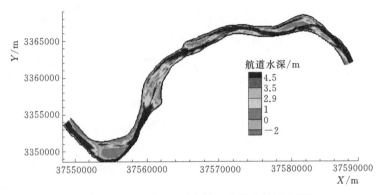

图 7.2-3 2002 年 10 月枝城—大埠街航道水深图

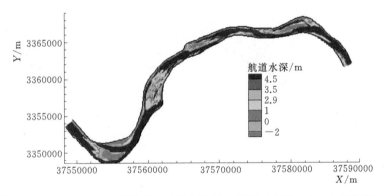

图 7.2-4 2014 年 2 月枝城—大埠街航道水深图(考虑 0.3m 水位降落)

(1)沙泓进口段仍存在汛后落水太快航道不稳定的问题。每年汛后沙泓进口处熊家棚子江心有新的沙埂形成,汛后三峡水库蓄水期间流量减少,如水位下降过快,河床来不及冲刷容易出现局部浅情,比如 2009 年中洪水持续时间较长,来沙量较大,进口段淤积较严重,熊家棚子一带 3m 等深线断开约 400m,又遇汛后三峡水库第一次 175m 蓄水,下泄流量进一步减小,靠自然水流过程很难冲开,为了保证该枯水期航道畅通,在沙泓口门进行了局部疏浚工程[184]。沙泓进口段 4.5m 航深仍存在流路狭窄、尺度不足问题,不利年份甚至可能碍航的情况。

(2)毛家花屋—姚港段不能达到 4.5m 航深,在枯水期存在水流流速较急,局部比降较大,且存在石泓向沙泓的横流、局部流态复杂、船队上行较困难的问题,航道条件较为恶劣。加之大埠街水道以下为沙质河床,冲刷幅度会逐渐加大,引起该河段水位的下落趋势。该河段与下游河床组成的差异，使得该河段冲淤幅度小于下游沙质河床，特别是毛家花屋—姚港段，多年来一直比较稳定，年际变化不大，冲淤幅度为 1~2m[186]，从而水位下降值小于下游沙质河床水位下降值，如此则引起比降加大，芦家河水道出现的坡陡流急碍航局面将继续存在。从近几届枯水期船舶通过情况来看，在流量为 7000~8000m³/s 时，毛家花屋—姚港一带的"坡陡流急"的现象最为严重，船舶上水航行困难[187]。根据数学模型计算，流量为 4460m³/s 条件下，水面比降达 0.9‰，流速达 3m/s 以上，不满足万吨级船队通航标准，随着流量的增大，坡陡流急的局面逐渐消失；流量为 11330m³/s 条件下，水面比降为 0.1‰以下，流速为 1.8m/s。

综上所述，三峡水库蓄水运行以来，芦家河水道航道条件有了较大改善，特别是芦家河水道沙泓进口汛期泥沙淤积量大幅减少，对主航道常年维护在沙泓起了决定性作用；但由于汛后来水过程陡涨陡落，不利于沙泓进口段局部河床冲刷，枯水期航路变得弯曲。沙泓进口段水深不足及毛家花屋—姚港一带坡陡流急的碍航问题成为目前芦家河水道维护的主要问题。其下游的枝江—江口河段水陆洲、柳条洲出现洲头退缩、滩体面积冲刷减小的不利变化，张家桃园、水陆洲、吴家渡边滩高程也出现了冲刷降低的趋势，对航道条件不利[186]。

根据水位流量关系可以看到（图 7.2-5），沙市站同流量枯水位发生明显下降，而宜昌和枝城站则表现出枯水位略有降低、中水位降低、洪水位基本不变的特征，同流量枯水位虽有所降低，但降落幅度不大，宜昌站与枝城站 2011 年 5000m³/s 流量下水位降落幅

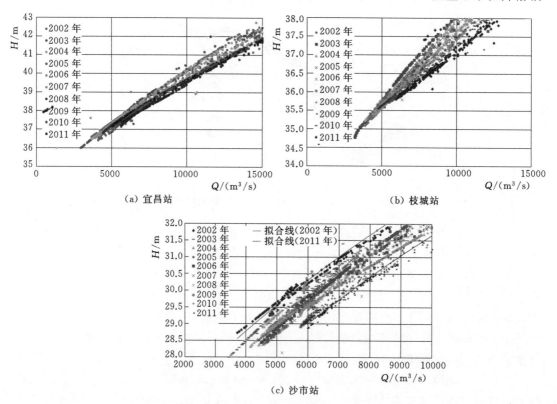

（a）宜昌站　（b）枝城站　（c）沙市站

图 7.2-5　宜昌、枝城、沙市站枯水水位流量关系变化

度仅 0.2~0.3m，远小于沙市降落幅度。另据文献 [187] 的研究，陈二口枯水位降落也较小，该处形成了抗冲节点，限制了下游水位降落向上游的传播。这说明，该河段抗冲性较强，比沙质河床冲刷和水位降落幅度均小很多。同时也说明，若继续沿此趋势发展，该河段比降将持续增大，加剧坡陡流急的不利流态。

2. 已建航道整治工程

针对上述的航道问题，枝江—江口河段中水陆洲、柳条洲出现洲头退缩、滩体面积冲刷减小的不利变化，张家桃园、水陆洲、吴家渡边滩高程也出现了冲刷降低的趋势，该发展趋势对航道条件极为不利。为此，长江航道局在枝江—江口河段开展了航道整治一期工程（图 7.2 - 1）。工程建设标准为 2.9m×150m×1000m（航深×航宽×弯曲半径），保证率为 98%，建设工期为 2009 年 10 月至 2011 年 10 月，包括水陆洲头低滩护滩工程、水陆洲窜沟锁坝工程、水陆洲洲头至右缘边滩护滩工程、张家桃园边滩护滩工程、柳条洲右缘至尾部护岸工程、吴家渡边滩护底工程和七星台一带已建水下护脚工程，目的是稳定目前尚为良好的滩槽格局，对水位过快下降起到一定的抑制作用。

从 2002 年与 2014 年航深图来看，枝江—江口水深条件趋好，仅水陆洲尾部陈家渡至肖家堤拐局部 4.5m 水深略有不足，适当维护即可满足，从趋势上看水深仍在增加。但若下游水位进一步降落，亦可能出现碍航，今后应加强关注。

3. 治理思路

枝江—江口河段已实施洲滩守护工程，改善了航道条件，有利于维持较好的航道发展态势，同时减小洲滩冲刷，减小水位降落，有利于缓解芦家河水道坡陡流急的问题，属于系统治理。在此基础上重点研究芦家河水道碍航问题。根据前文分析，芦家河水道的主要碍航问题包括：①毛家花屋水深航宽不足，坡陡流急，宜适开挖来增加水深、减小流速，但幅度亦不能太大，不能影响到上游。这有两点优势，即增加水深航宽和调小比降改善水流。②进口段冲刷不力，尽量加快汛后水流归槽，通过潜顺坝分流鱼嘴引导汛后水流及时归槽增加冲刷时间。因此，整体方案采用沙泓挖槽及鱼嘴工程（图 7.2 - 6）。整治效果论证的水沙条件均基于现状长江与松滋口水沙交换情况。

7.2.1.4　方案效果计算

1. 工程方案探索

挖槽。基于上述整治思路，沙泓挖槽方案设置 3 种开挖高程，分别为 26m、27m 及 28m，探索方案优劣。方案实施后，节点的开挖使得上游枯水位大幅度下降，除了局部开挖区外，上游流速普遍增大，节点处的比降有所减小。对于枯水位下降，3 种方案陈二口水位分别下降 0.76m、0.58m、0.33m，枝城水位分别下降 0.58m、0.45m、0.26m；3 种方案

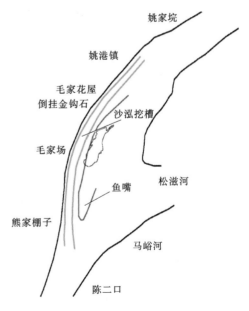

图 7.2 - 6　整体方案平面布置图

毛家花屋一带水面坡降分别由原来的 0.90‰ 下降至 0.28‰、0.34‰、0.45‰；3 种方案局部最大流速分别为 2.14m/s、2.41m/s、2.78m/s。综合考虑枯水位下降、局部比降及流速条件和工程投资，底高程为 27m 的挖槽方案相对较好。挖槽方案实施后水动力条件如图 7.2-7 所示。挖槽方案水位及开挖部分对比如图 7.2-8 所示。

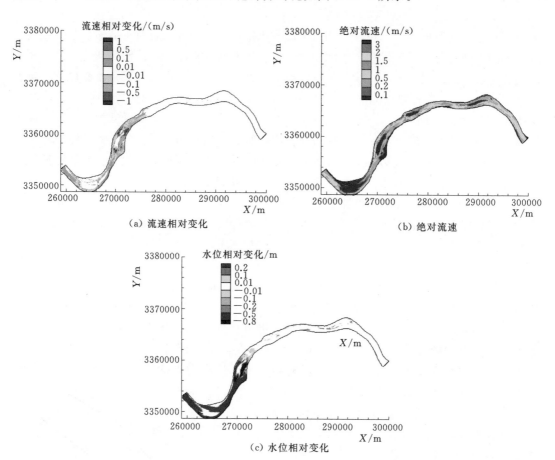

图 7.2-7　挖槽方案实施后水动力条件（27m，$Q=4460\text{m}^3/\text{s}$）

　　鱼嘴工程。鱼嘴的顶高程为设计水位以上 2m，其对水流的顶托作用使得上游水位普遍壅高 0.1m 以内，能够缓解毛家花屋开挖所导致的水位下降。同时其束水作用使得左右槽的流速增加 0.1m/s 以内（图 7.2-9）。

　　2. 整体方案实施后水动力条件变化

　　整体方案实施后，上游水位下降，陈二口水位下降 0.579m，枝城水位下降 0.445m，毛家花屋一带最大比降由 1‰ 减小至 0.48‰，局部最大流速由 3m/s 以上，下降至 2.35m/s。整体方案的实施，能够较好地缓解坡陡流急的问题。同时，整体方案实施后，沙泓进口处近岸大堤水位最大增加 0.021m，对荆江河段的防洪影响较小。

　　3. 整体方案实施后泥沙冲淤变化

　　选择 2008—2012 年实测水沙系列，在此基础上进行循环一次，用 10 年的水沙系列对

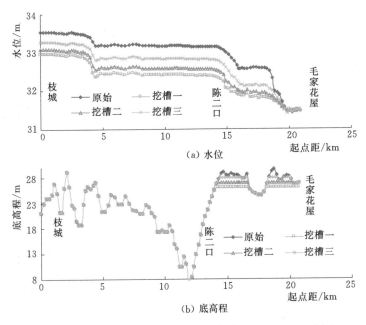

图 7.2-8　挖槽方案水位及开挖部分对比（$Q=4460\mathrm{m}^3/\mathrm{s}$）

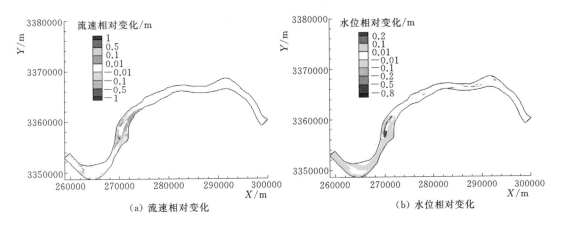

图 7.2-9　鱼嘴方案实施后水动力条件（$Q=4460\mathrm{m}^3/\mathrm{s}$）

航道整治效果进行预测计算。整体方案实施后水动力条件见图 7.2-10。图 7.2-11 给出了工程影响下的相对冲淤变化和航深图，可见工程的影响主要在芦家河水道范围。挖槽的吸流及鱼嘴束水综合作用使得枯水期沙泓分流比增大，石泓的分流比减小，沙泓挖槽范围流速减小，其余位置流速增大，而石泓流速有所减小，从而导致沙泓除了挖槽范围回淤其他位置均冲刷，石泓普遍有所淤积。工程实施 1～3 年后，沙泓挖槽有所回淤，其他位置普遍冲刷 0.10m 以内，而石泓最大淤积 0.09～0.23m，普遍淤积 0.10m 以内；5～10 年后，沙泓挖槽最大回淤 0.39～1.20m，其他位置普遍冲刷 0.10～0.50m，石泓最大淤积 0.55～0.85m，普遍淤积 0.25～0.42m。工程实施后 1～10 年，均可满足航深要求。

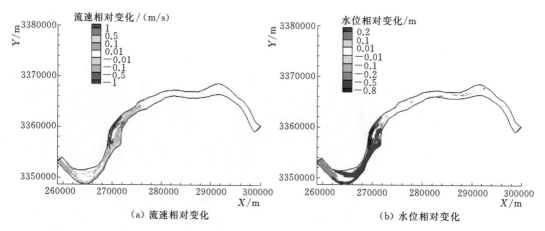

（a）流速相对变化　　　　　　　（b）水位相对变化

图 7.2-10　整体方案实施后水动力条件（$Q=4460\text{m}^3/\text{s}$）

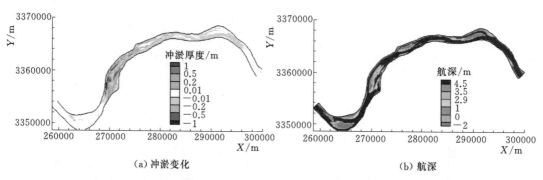

（a）冲淤变化　　　　　　　　（b）航深

图 7.2-11　工程实施后的相对冲淤变化和航深图

7.2.2　上荆江弯曲分汊河段滩群整治——以瓦马河段为例

荆江河段历来是长江干线重点碍航河段，河床组成复杂，冲淤变化剧烈，且受三峡水库影响较为显著。荆江河段以弯曲分汊河型居多，以瓦口子—马家咀河段（简称瓦马河段）为例，开展了已建整治工程效果分析，总结弯曲分汊河段的整治经验，提出三峡水库运行后新水沙条件下的治理思路和措施[188]。

瓦马河段位于太平口下游，水沙边界条件受到太平口分流分沙的影响。近些年来太平口分流分沙维持在历史低点，分流量较少可进一步增强分流影响河段的冲刷，有利于浅区航道水深，不利影响体现在，冲刷加剧进一步降低枯水位，尤其是枯水期分流增加对航道水深维持不利，但数值有限，因此瓦马河段演变以受三峡水库水沙调节影响为主。但三口分流分沙的变化也带来一些有利和不利变化，在河势控制和航道治理中需引起注意。

瓦马河段位于葛洲坝枢纽下游 157～187km，处于上荆江中段，上起沙市、下至青龙庙，全长约为 30km（图 7.2-12）；上接沙市河段、下连周天河段，为连续弯曲分汊滩群。瓦口子水道处在沙市河湾的弯顶部位，江中金城洲有时以凸岸边滩出现，有时被水流切割，形成心滩，将河道分为左右两汊。20 世纪 80 年代中期以前，主流一般位于金城洲左汉，航道条件较好；80 年代中期以后，金城洲左汉淤积萎缩，右汉逐渐发展；1998 年特大洪水过后，左汉迅速发展，右汉淤积衰退，主流又回到左汉。三峡水库运行初期，金城洲相对比较稳定，瓦口子水道航深较好；但洲头冲刷后退，左右汉均发生冲刷，给航道带来不确定影响。

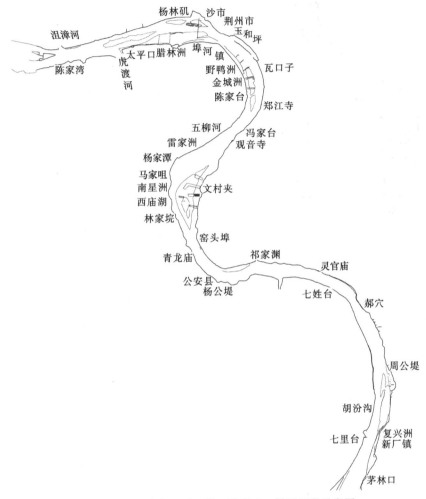

图 7.2－12　沙市—瓦口子—马家咀—周天河段示意图

马家咀水道也为弯曲分汉河段，平面形态为两头窄、中间宽，江中南星洲将河道分为左右两汉，左汉为支汉，右汉为主汉。马家咀水道演变具有与弯道演变相似的一般规律，即在弯道环流作用下产生泥沙不平衡输移，凹岸马家咀崩塌，凸岸南星洲淤长，弯顶不断下移，主流线低水坐弯、高水取直，当主流线与河弯半径不相适应时产生切滩撇弯，水流冲开左汉，当来水来沙较大及主流直入右汉时，左汉发展受到限制，主流又复向右汉，如此周期变化。

从 2002 年 10 月至 2014 年 2 月实测河床冲淤分布来看（图 7.2－13），由于整治工程 2006—2012 年才陆续建成，因此主要还是自然的演变，反映三峡水库清水下泄引起的河床演变情况。金城洲左右汉均发生冲刷，洲头及洲体也发生冲刷，若不控制金城洲洲头和

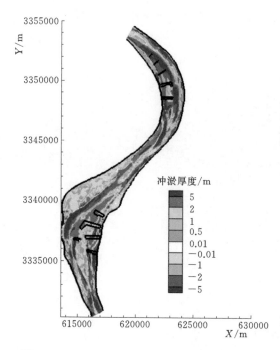

图 7.2-13　瓦口子—马家咀河段 2002 年 10 月
至 2014 年 2 月冲淤变化图

右汊冲刷，可能会造成两槽同时发展的态势，对左汊航槽不利；南星洲左右汊也同时发生较大冲刷，对右汊航道的维持不利；同时伴随枯水位下降，对航道水深也可能产生不利影响。因此，演变特征基本可概括为：主支汊均冲刷发展，双槽争流对维持主汊航槽不利；凸岸边滩发生冲刷；洲头及洲体发生冲刷，对河势未来发展带来不确定性影响。

瓦口子—马家咀河段的航道整治工程已实施，且效果良好，本节主要分析总结航道整治经验。

三峡水库运行以来新水沙条件下瓦口子—马家咀河段航道变化的主要原因在于，该河段普遍冲刷，瓦口子金城洲左右汊均发生冲刷，洲头及洲体也发生冲刷，若不控制金城洲洲头和右汊冲刷，可能会造成两槽同时发展的态势，对左汊主航槽不利；马家咀南星洲左右汊也同时发生较大冲刷，对右汊主航道的维护不利；同时伴随枯水位下降，对航道水深也可能产生不利影响。为了保障航道畅通，长江航道局在瓦口子—马家咀河段陆续实施了整治工程（图 7.2-14）。整治思路为防止支汊的进一步发展，守护洲滩，维护良好的滩槽形态，主要工程措施包括：

（1）马家咀水道航道整治一期工程，建设工期为 2006 年 10 月至 2008 年 10 月。左汊口门附近建两道护滩带及一道护底带，以维持南星洲洲头前沿低滩的完整，防止左汊进一步冲刷发展。

（2）瓦口子水道航道整治控导工程，建设工期为 2007 年 12 月至 2009 年 12 月。在右岸野鸭洲边滩及金城洲头部低滩上建三道护滩带；对左岸护岸的部分水下坡脚进行加固。

（3）瓦口子—马家咀航道整治工程，建设工期为 2010 年 10 月至 2012 年 10 月。在金城洲中下段新建两道护滩带；南星洲右缘布置一条护滩带，南星洲左汊中下段布置一道护底带，并对已建护底带进行加固。

从 2002 年 10 月和 2014 年 2 月航道水深可以看到（图 7.2-14），2002 年马家咀河段 2.9m 航深还不能贯通，瓦口子河段航深虽可以满足，但支汊有发展态势，对主汊航道产生不利影响。至 2014 年 2 月，瓦口子河段主汊（左汊）水深和航宽明显增加，金城洲洲头和支汊（右汊）在护滩带作用下冲刷受到限制；马家咀右汊 4.5m 航槽贯通，支汊（左汊）的发展受到护滩等工程措施的限制。根据沙市站近年水位流量关系，枯水流量时（5000m³/s 左右）枯水位 2011 年较 2002 年下降了 1.3m，若考虑设计水位的下降，在原设计水位基础上减小 1.3m，考虑设计水位下降后，航深仍大于 4.5m。整治工程限制了支汊冲刷的发展态势，避免了两槽争流，增加了主汊航道水深，整治工

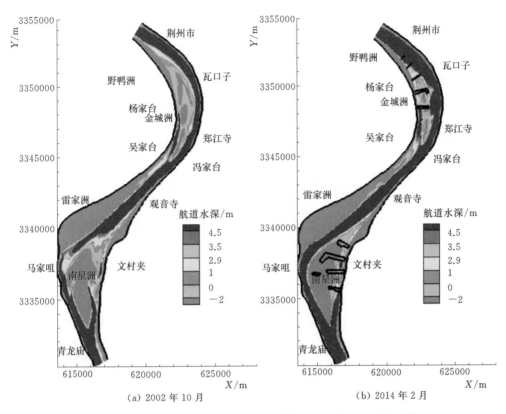

图 7.2-14　瓦口子—马家咀河段航道水深图及整治工程示意图

程是成功的。

　　瓦口子—马家咀河段航道整治成功的经验在于，针对主汊航道不利发展态势，对洲滩和支汊进行守护，控制洲头冲刷和支汊发展，保持和稳定良好的滩槽形态。

7.2.3　周天藕顺直微弯河段滩群整治

7.2.3.1　概述

　　周天藕河段为顺直微弯河型，位于长江中游上荆江末端，上起郝穴，下讫古长堤，全长为 27km，该河段上与郝穴水道相连，下与藕池口水道相接，以胡汾沟为界自上而下分为周公堤和天星洲两个水道。藕池口位于周天河段下段，水沙运动受到藕池口分流分沙影响。

　　20 世纪 70 年代以后，周天藕河段受下荆江系列裁弯和葛洲坝枢纽运行的影响，滩型依然散乱，航槽多变，每年汛后需采取各种维护措施才能保障通航要求。根据前文分析可知，三峡水库蓄水运行后，周天河段边滩有所冲刷，不利于形成稳定深槽，出现了不利于航道条件的冲淤变化；主流仍摆动多变；蛟子渊边滩滩面刷低，岸线出现一定崩退，不利于航道边界的稳定。长江航道局于 2006 年 12 月至 2008 年 4 月对周天藕河段实施了航道整治控导工程，达到了预定目标，为进一步提高航道水深，治理措施需要加强洲滩守护和主流控制。

7.2.3.2 藕池口水沙交换对滩群航道条件的影响

1. 藕池口分流分沙变化

20 世纪 50—90 年代，监利站年均径流量与输沙量为增加趋势，主要原因是荆江三口分流、分沙减少。20 世纪六七十年代，由于受下荆江裁弯工程的影响，藕池口分流比、分沙比的减小速度加快。1981 年以后，藕池口分流比、分沙比的减小趋势变缓，趋于一个相对稳定的时期，分流比一般在 6% 以下，分沙比一般在 10% 以下。20 世纪 90 年代以后，由于受上游来水来沙条件变化的影响，监利站年均径流量与输沙量均有所减小，但占枝城站的比例并没有减小。

三峡水库蓄水运行后，监利站年输沙量占枝城站的比例明显增加，且超过枝城站的输沙量，表明三峡水库蓄水运行后坝下游河道发生沿程冲刷。藕池口分流比、分沙比在 20 世纪 90 年代以前基本呈递减趋势，而 90 年代以来藕池口分流比、分沙比无明显变化，其中三峡水库蓄水运行以来，藕池口分流比、分沙比分别为 3%、6%（2003—2008 年），见表 7.2-1。

表 7.2-1　　　　　　　　　　藕池口分流比、分沙比统计表　　　　　　　　　　　%

起止年份	三口分流比	藕池口分流比	三口分沙比	藕池口分沙比
1956—1966	29	14	35	21
1967—1972	24	9	28	14
1973—1980	19	6	22	9
1981—1998	16	4	19	7
1999—2002	14	3	16	5
2003—2008	12	3	18	6

注　分流比、分沙比占枝城站的比例。

2. 藕池口分流对航道影响

为了认识藕池口分流对航道的影响，通过调整藕池口分流比大小，分别人为增加藕池口分流比 20%、40%；人为减小藕池口分流比 20%、40%，考虑其对周边水流的影响，计算条件见表 7.2-2。

表 7.2-2　　　　　　　　　　减小、增加藕池口分流比计算条件

进口流量 /(m³/s)	天然情况藕池口分流 /(m³/s)	藕池口分流减小 20% /(m³/s)	藕池口分流减小 40% /(m³/s)	备注
12600	233	186	112	平均流量级
25000	1436	1149	689	平滩流量级
进口流量 /(m³/s)	天然情况藕池口分流 /(m³/s)	藕池口分流增加 20% /(m³/s)	藕池口分流增加 40% /(m³/s)	备注
12600	233	280	391	平均流量级
25000	1436	1723	2412	平滩流量级

图 7.2-15 给出了藕池口分流减小后河道流速变化，图 7.2-16 给出了藕池口分流增加后河道流速变化。由图 7.2-15 可见，在藕池口分流变化幅度一定时，随着流量的增加，影响程度也相应增加，原因是小流量时，藕池口分流量相对很小。由图 7.2-16 可见，在流量一定时，随着藕池口分流变化幅度的增加，影响程度也相应增加，但流速变化幅度集中在藕池口和天星洲边滩附近，对藕池口水道影响相对较小。

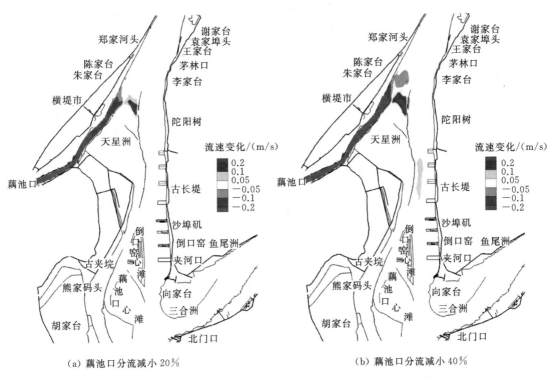

(a) 藕池口分流减小 20%　　　　　　　　(b) 藕池口分流减小 40%

图 7.2-15　藕池口分流减小后河道流速变化（流量为 25000m³/s）

试验结果表明，藕池口分流增加后，天星洲洲头、藕池口边滩右缘流速增加，对滩体稳定性不利，造成陀阳树—古长堤附近流线摆动；藕池口分流减小后，影响相对较小。

7.2.3.3　新水沙条件下的航道治理思路

根据周天藕河段河床演变规律分析及航道存在问题，应采用守护洲滩、稳定主流、统筹兼顾、分期实施的整治原则。治理思路为：在现状藕池口分流分沙格局条件下，以已建航道整治工程为基础，进一步完善工程平面布置，有效控制局部放宽段（周公堤浅区颜家台附近）的主流变化，增加浅区水流动力，同时遏制蛟子渊高滩岸线冲刷后退，维护航道边界的稳定。整治措施方面，由于长顺直段航道问题主要是边滩冲淤变化造成主流不稳，在放宽段形成碍航浅滩，因此采用护滩带或潜丁坝的形式守护河段内边滩，稳定航道边界条件，适度增强对中枯水期水流的控制作用。具体措施为在颜家台闸一带布置守护工程，填补现有控导工程形成的空档，控制水流扩散以减少过渡段的淤积，提高过渡段的航道尺度。整治效果论证的水沙条件均基于现状长江与藕

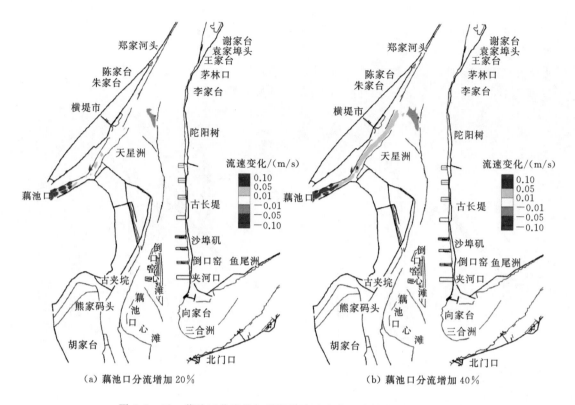

（a）藕池口分流增加 20%　　　　　　　（b）藕池口分流增加 40%

图 7.2-16　藕池口分流增加后河道流速变化（流量为 25000m³/s）

池口水沙交换情况。

7.2.3.4　方案效果计算

在颜家台空当区域布设 3 条潜丁坝，作用是集中水流冲刷过渡段浅区，达到增加水深的目的。潜丁坝坝头顶部高程均为 26.0m（黄海高程），与设计水位齐平。3 条潜丁坝平面布置如图 7.2-17 所示。

1. 方案实施后水动力条件变化

工程实施后，颜家台潜丁坝上游水位壅高，丁坝下游水位降低，但工程引起的水位变化幅度较小，随着流量的增加，工程对水位影响幅度也相应减小，各级流量下水位最大壅高值为 0.008m。图 7.2-18 给出了流量为 7280m³/s 时周天藕河段方案实施后河道流速变化图。由图 7.2-18 可见，方案实施后颜家台丁坝守护区域流速减小，主槽内流速增加。工程对河道流速的影响幅度随着流量的增加而减小。

图 7.2-19 给出了工程实施后航槽内流速沿程变化。由图 7.2-19 可见，方案实施后，航槽流速增幅区域主要集中在航槽交错出浅区域，在流量为 12600m³/s 时，流速增幅为 0.02m/s。

2. 方案实施后泥沙冲淤变化

工程实施后，有效控制了颜家台放宽段主流摆动，增加了浅区水流动力，浅区河床得

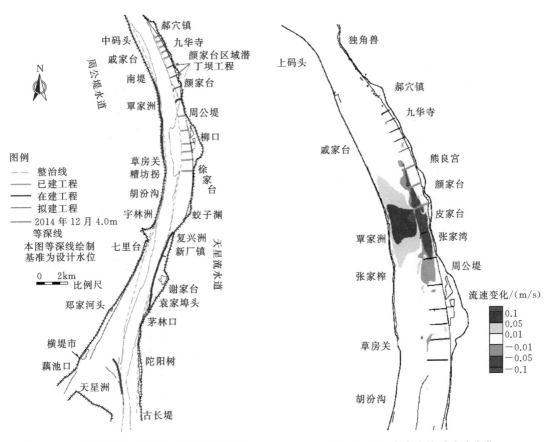

图 7.2-17　周天河段航道整治方案平面布置

图 7.2-18　方案实施后流速变化

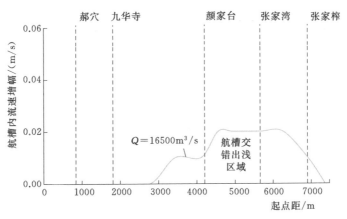

图 7.2-19　周天河段方案实施后航槽内流速沿程变化

到冲刷,天然情况下颜家台附近航宽不足的局面得到改善。从工程实施后河床冲淤来看(图 7.2-20),受到颜家台丁坝作用,方案实施第 5 年末颜家台边滩有所淤积,幅度为 2~3m;颜家台主槽内有所冲刷,幅度为 1~2m。

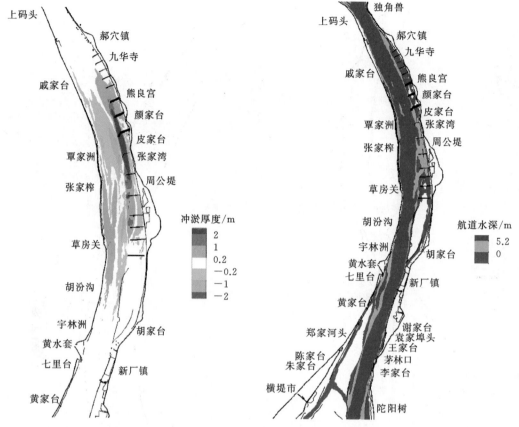

图 7.2-20　方案实施第 5 年末冲淤分布　　　　　图 7.2-21　方案实施第 10 年末航道水深

从航道尺度来看（图 7.2-21），经过典型年水沙条件作用后，工程实施后周天藕河段设计水位以下 4.0m 航深线能够贯通，改变了天然条件下颜家台附近水流分散、过渡段出浅碍航的不利局面。

7.2.3.5　顺直微弯河段整治技术思路总结

顺直微弯段河段通常两岸有交错分布的边滩，边滩冲淤频繁，主流不稳，在上下深槽之间的过渡放宽段易出现浅滩碍航。三峡水库蓄水运行后，周天藕河段边滩有所冲刷，不利于形成稳定深槽，出现了不利于航道条件的冲淤变化；主流仍摆动多变；蛟子渊边滩滩面刷低，岸线出现一定崩退，不利于航道边界的稳定。为了认识藕池口分流对航道的影响，通过增加或减小藕池口分流比进行了数值模拟，藕池口分流增加后，天星洲洲头、藕池口边滩右缘流速增加，对滩体稳定性不利，造成陀阳树—古长堤附近流线摆动；藕池口分流减小后，影响相对较小。

边滩等边界条件的稳定及中枯水期主流的稳定是顺直河段浅滩航槽冲刷的保证。综合已实施工程经验及典型河段航道整治措施，针对该类浅滩河段在三峡水库蓄水后航道条件的变化趋势，整治技术总结如下：

（1）整治原则为"守护洲滩、稳定主流、统筹兼顾、分期实施"。考虑长顺直段航道浅滩变化特点及三峡水库运行后的不利发展趋势，提出要重点守护河道内边滩及心滩，稳定中枯水主流，统筹上下游河道及航道变化的影响，兼顾防洪及生态功能，分期逐步完善对航道边界的守护控制。

（2）整治思路为"在现状藕池口分流分沙格局条件下，完善洲滩平面控制，守护高滩，控制过渡段主流，增加浅区动力"。长直段主要受边界冲淤变化影响，主流上提下挫摆动频繁，枯水期放宽段冲刷不力形成浅滩，使上下深槽交错，不利于航道条件的稳定。因此，通过完善对洲滩的平面控制，守护高滩边界，来控制主流摆动，适当增加浅区水动力是该类浅滩整治的关键。

（3）整治措施以平面控制工程为主，采用护滩和潜丁坝的形式守护河道内洲滩，稳定航道边界条件，同时由于此类河段对水沙条件较为敏感，治理难度较大，还应根据实际碍航情况配合疏浚等工程措施来共同保障航道条件。

7.3 洞庭湖汇流影响河段滩群航道整治

7.3.1 下荆江窑监弯曲分汊河段滩群航道治理

下荆江窑监河段为弯曲分汊河段，历史上是长江干线重点碍航河段，受洞庭湖汇流顶托影响。以窑监河段为例，总结弯曲分汊河段的整治经验，提出三峡水库运行后新水沙条件下的治理思路和措施。

三峡水库运行后，荆江河段持续冲刷，弯曲分汊河段的演变规律表现为，凸岸边滩或凸岸侧支汊冲刷，曲率有减小态势；弯曲分汊河段主汊面临航道向不利方向发展的态势，主要包括心边滩萎缩，洲头冲刷后退，窜沟发展，主支汊或主支槽均冲刷导致多汊争流等，对河势未来发展带来不确定性影响；枯水位降低进一步加剧航道条件恶化。这些都可能造成碍航浅滩航道条件进一步恶化，或良好航道条件向不利方向发展。

窑监河段受到洞庭湖城陵矶入汇流量的顶托，造成下荆江比降减小，从而增加河道淤积或减小冲刷幅度。近些年来，城陵矶入汇流量总体有所减少，将使得下荆江冲刷加大，相当于扩大了三峡水库水沙调节的冲刷效应，加速了滩槽格局调整和枯水位降低。针对航道出现的不利发展趋势，开展航道治理研究。整治效果论证的水沙条件均基于现状长江与洞庭湖水沙交换情况。

7.3.1.1 一期航道整治工程计算与实测效果的对比分析

笔者于 2008—2010 年开展了窑监河段一期航道整治工程计算[89,170]，该工程于 2010 年实施。对比实测效果与当年预测结果，检验数学模型的可靠性和整治工程的有效性。一期航道整治原则为：顺应总体河势发展，选择南汊为主航道，以守护为主，稳固洲滩，守护岸线，限制边滩和心滩的冲刷及窜沟的形成，引导水流归槽、冲刷浅区，减小主流摆动范围。此外，荆江河段崩岸时有发生，需加强岸线守护。航道整治工程包括洲头心滩鱼骨坝及护滩带、乌龟洲洲头及右缘上段护岸、太和岭清障工程。洲头心滩工程主要作用是稳定和巩固洲头心滩的高滩部分，封堵窜沟，并与乌龟洲相接，使洲头心滩与乌龟洲联成一体，在乌龟夹进口形成高大完整的凹岸岸线，适当减小主流的摆动范围，集中水流冲刷进口段浅区航槽，改善并稳定乌龟夹进流条件。

图 7.3-1 给出了整治流量为 7000m³/s 时的一期工程流场图，图 7.3-2 为流速变化图。方案实施后，乌龟夹进口段河道被束窄，水流集中，设计及整治流量时，进口段流速大部分增加 0.2～0.3m/s，流速增加为该浅区泥沙的冲刷提供了动力，有利于航深的维护。乌龟洲洲头的窜沟被封堵，心滩与乌龟洲连为一体，且乌龟洲右缘经守护，可在乌龟夹进口段形成稳定的洲滩，有利于深槽的形成与保持。计算表明，方案对窑监河段的防洪水位影响甚小，流量为 28900m³/s 及 46300m³/s 时最大水位壅高值仅 0.002～0.003m，且工程实施后乌龟洲右缘近岸流速基本不变。

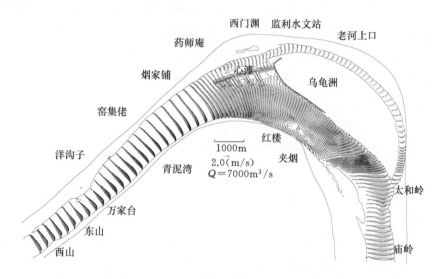

图 7.3-1 一期航道整治工程方案及实施后流场图（Q=7000m²/s）

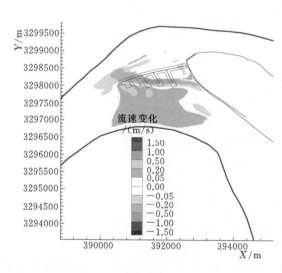

图 7.3-2 航道整治工程实施后整治
流量 Q=7000m³/s 的流速变化

采用监利站实测 2004—2007 年水沙系列进行了一期工程的动床效果计算。图 7.3-3 给出了 2007 年水沙条件下一期工程方案实施后的冲淤分布及相对冲淤分布，即工程后冲淤值减去工程前冲淤值，反映了工程引起的冲淤变化。可见，方案实施后，在心滩鱼骨坝及护滩带作用下，乌龟夹进口段有所冲深，就相对冲刷幅度而言（工程后冲淤值减去工程前冲淤值），大部分冲深0.5m 左右，其中心滩右侧槽口冲深1.0～2.0m，新河口下深槽及边滩冲深0.5m 左右。

图 7.3-4～图 7.3-6 给出了不同水沙条件下该方案实施后的航深图，考虑

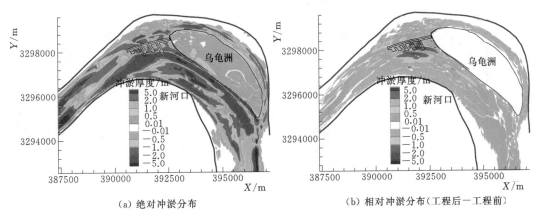

（a）绝对冲淤分布　　　　　　　　　　（b）相对冲淤分布（工程后一工程前）

图 7.3-3　预测的航道整治工程方案实施后冲淤分布

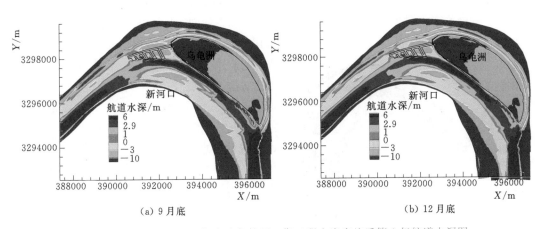

（a）9月底　　　　　　　　　　（b）12月底

图 7.3-4　预测的 2005 年水沙条件下一期工程方案实施后第 1 年航道水深图

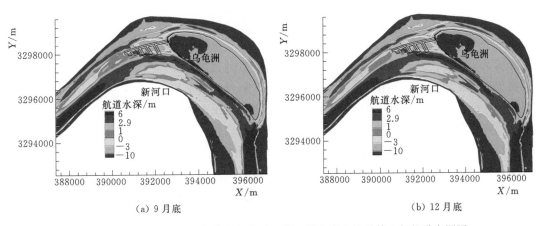

（a）9月底　　　　　　　　　　（b）12月底

图 7.3-5　预测的 2005 年水沙条件下一期工程方案实施后第 3 年航道水深图

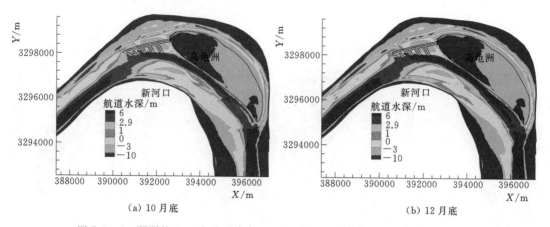

(a) 10 月底　　　　　　　　　　　　　　(b) 12 月底

图 7.3-6　预测的 2007 年水沙条件下一期工程方案实施后第 1 年航道水深图

到碍航时段主要发生在退水期，给出了 9 月底、12 月底航深图。可见，方案实施后在心滩整治工程前沿形成航槽，2005 年水沙条件来沙相对较大，9 月底、10 月底设计的水位下 2.9m 航槽均不能贯通，经过落水冲刷过程，至 12 月底 2.9m 航槽可贯通；经过 2005 年水沙过程作用 3 年后，心滩右侧整治工程前沿的航槽逐渐发展，2.9m 航槽可贯通且满

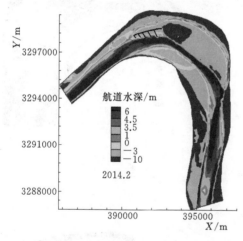

图 7.3-7　窑监河段 2014 年 2 月航道水深图

足航宽要求。2006 及 2007 水文年时，方案实施后航道条件相对较好，退水期初期及后期均可满足 2.9m 航深要求。经过三年的作用，心滩右侧整治工程前沿深槽逐步形成主槽，可满足 2.9m 航深要求，新河口下深槽也有所发展。

　　窑监一期航道整治工程于 2010 年竣工。根据 2014 年 2 月测图（图 7.3-7），原乌龟夹进口浅段形成凹岸深槽，水深超过 3.5m，航道条件良好，与预测的深槽位置一致。

　　图 7.3-8 为实测 2010 年 1 月至 2014 年 2 月实测冲淤分布。图 7.3-3 为预测值，比较两图可知，实测冲淤分布与计算非常接近，航道浅段乌龟夹进口冲刷，乌龟洲右汊中上段边

滩有所淤积，新河口边滩上游侧发生一定冲刷，下游侧淤积，这些冲淤部位都与预测计算的类似。由于水沙系列和作用年份不一致，冲淤幅度不具有可比性，但仍能看到，若换算到同一时期实测和计算幅度处于同一量级。说明航道治理效果的预测研究与后期实测结果很接近，得到了工程实践的检验，整治工程是成功的，可以用来总结航道整治经验。

7.3.1.2　窑监河段航道等级提升总体方案效果预测

　　根据 2010—2014 年河床演变趋势可以看到，虽然目前航道水深较好，但新河口边滩上缘仍有冲刷的可能，造成乌龟洲进口段变宽，若遇大水年可能会造成新河口边滩切割而造成南槽发展，不利于航道维持在现有的凹岸深槽。同时，窑集佬边滩也有发展态势，这样一方面会压缩现有右侧航道，另一方面增加左汊过流，不利于右汊主流的稳定。长江黄

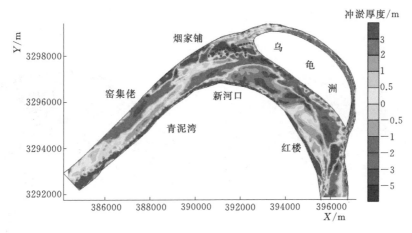

图 7.3 - 8　窑监河段 2010 年 1 月至 2014 年 2 月实测冲淤图

金水道建设对航道标准提出了新的要求，需达到 4.5m 航深，为了后续发展，笔者进行了大量的方案研究，提出了远期方案（图 7.3 - 9），即在一期工程的基础上增加了洋沟子边滩护滩、新河口边滩顺格坝守护工程。

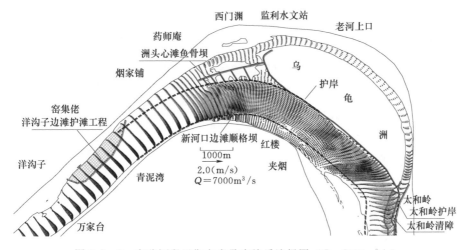

图 7.3 - 9　窑监河段远期方案及实施后流场图（Q = 7000m³/s）

洋沟子护滩主要为防护边滩冲刷，有利于其右侧深槽的维护，同时可以限制乌龟洲左汊进流，使乌龟夹有较好的进流条件。在新河口边滩修建守护工程，缩窄枯水河槽，未雨绸缪限制边滩切割，防止南槽发展，并与心滩鱼骨坝联合，进一步束窄了河道，促使水流及时归槽，冲刷乌龟夹进口段。总体工程整治目标为 4.5m×150m×1000m（航深×航宽×弯曲半径），水深保证率 98%。图 7.3 - 9 给出了整治流量为 7000m³/s 的方案实施后流场图。可见，洲头心滩鱼骨坝、新河口守护工程束窄了乌龟洲右汊进口河道，水流集中，流速增加，新河口边滩及其下游河道流速减小。

工程实施后，碍航段（乌龟洲右汊进口段）受到洲头心滩鱼骨坝及新河口边滩顺格坝的约束，与工程前相比大部分冲深 2～5m（图 7.3-10）。但整治段枯水位将随之降落，3年作用后最大降落 0.60m。方案实施后，4.5m 航槽贯通（图 7.3-11，考虑了枯水位降落），达到了整治目标，洲头心滩坝前形成凹岸形态。

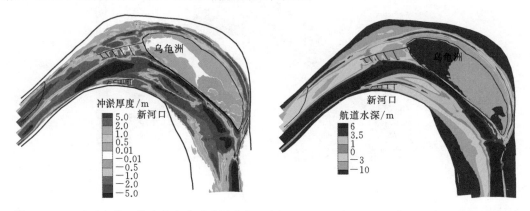

图 7.3-10　窑监河段远期方案实施后冲淤分布　　图 7.3-11　窑监河段远期方案实施后航道水深图
（3 年水沙过程作用）　　　　　　　　　　（3 年水沙过程作用）

目前窑监河段水深条件良好，可暂时不实施工程，建议加强监测。该方案可作为远期方案，在窑集佬段和新河口边滩段出现恶化趋势时，根据实际情况适时实施。

7.3.1.3　整治思路总结

三峡水库运行后，弯曲分汊河段面临主汊航道向不利方向发展的态势，主要包括心边滩萎缩，洲头冲刷后退，窜沟发展，崩岸加剧，主支汊均冲刷发展，多汊争流，同流量枯水位降落等。这些都可能造成碍航浅滩进一步恶化，或良好航道条件有衰退的不利趋势。目前洞庭湖城陵矶入汇流量总体有所减少，有利于下荆江冲刷。三峡水库蓄水期，城陵矶水位下降，顶托作用减弱，有利于窑监河段退水期的冲刷。窑监河段滩群整治成功的经验表明：在分析河床演变和趋势预测的基础上，顺应河势发展趋势并加强岸线守护，选择通航主汊；守护洲头防止冲刷后退，控制窜沟发展，守护心边滩，保持良好的洲滩形态；控制分流，限制支汊，维护主汊地位；对于航道浅段，适当采取工程措施引导水流冲刷浅区；统筹兼顾，考虑防洪和对周边敏感点的影响等。

在三峡水库水沙调节及洞庭湖城陵矶入汇顶托作用减弱，冲刷加强条件下，以守护为主，稳固洲滩，守护岸线，避免大规模的工程，也可概括成"顺应河势、守护岸线、加固洲滩、稳定主流、控制分流、统筹兼顾"。鉴于长江水流泥沙运动的复杂性，在解决具体河段问题时，还需具体问题具体分析。

7.3.2　顺直微弯分汊滩群整治——以嘉鱼—燕子窝河段为例

基于长江已实施的航道整治工程，结合三峡水库下游江湖水沙交换影响下河床调整规律和机理的认识，以嘉鱼—燕子窝浅滩河段（图 7.3-2）为例，研究航道整治具体措施和方案。在前文对浅滩演变规律认识的基础上，采用物理模型试验，通过探索性方案、典型年试验、系列年试验的系统研究，提出适应新水沙条件下航道整治措施，并为长江中游航道整治工程提供技术支撑。

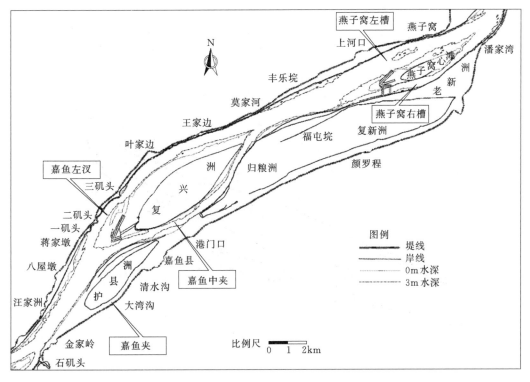

图 7.3-12　顺直微弯分汊嘉鱼—燕子窝河段河势图

　　该河段位于城陵矶以下，城陵矶入汇对该河段的影响主要体现在水沙条件上，本节所采用的水沙过程基于三峡水库水沙调节和江湖水沙交换后的综合过程，在河演分析、治理思路及整治措施论证方面考虑了综合水沙过程的影响[180]。

7.3.2.1　整治参数

　　鉴于三峡水库运行后河床冲淤仍在调整阶段，综合已有研究及物理模型试验等来综合确定整治参数取值。对于嘉鱼—燕子窝河段而言，考虑三峡水库运行后水位下降及引江济汉等工程影响，整治水位为设计水位以上 3m，整治线宽度为 1100m。航道目标尺度为 3.7m×150m×1000m（航深×航宽×弯曲半径）。整治工程建筑物的高程采用经验和模型试验结果综合论证，不同部位不同功能的建筑物高程取值有所不同，不采用固定一致的整治水位。

7.3.2.2　整治措施

　　由于嘉鱼—燕子窝河段中燕子窝水道的航道问题较为突出，因此优先考虑对燕子窝水道开展航道整治。在燕子窝心滩滩头已实施了护滩带及防冲墙，工程实施后洲头较为稳定，但燕子窝水道呈现出右槽冲刷发展、心滩前沿低滩及左右缘冲刷萎缩、左槽宽浅主流摆动空间较大的演变特点，燕子窝左槽进口上河口一带航槽条件不稳定，航道条件趋于变差。因此，工程措施主要考虑加强心滩前沿低滩守护，适当恢复低滩滩型，采用工程措施进一步限制右槽冲刷发展。

　　根据整治思路，对守护型和进攻型两种类型方案开展试验研究，方案布置示于图

7.3-13。守护型方案在心滩头部布置一纵两横护滩带，分别长 1727m、471m、347m；在右槽已建护底带修复加固工程，护底带加固工程轴线分别长 552m、439m，顶高程 8.5m；右岸护岸工程长 877m。进攻型方案在守护型方案的基础上修建福屯垸短丁坝工程，守护福屯垸高滩，长度为 2125m，并建 3 道短丁坝，坝顶高程控制为 10.2m；心滩头部护滩带和右槽护底带修复加固工程与守护型方案一致，坝顶高程提高到 10.2m。

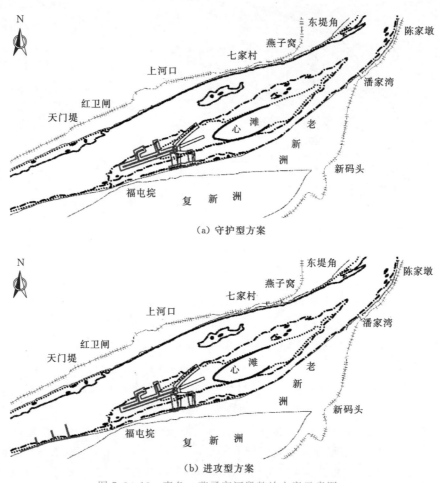

（a）守护型方案

（b）进攻型方案

图 7.3-13　嘉鱼—燕子窝河段整治方案示意图

为了研究工程效果，进行了典型年和系列年模型试验。典型年选取小水小沙的 2011 年，主要从两个方面考虑：①根据演变规律认识，小水小沙年对燕子窝左槽航道条件不利，因此选取小水小沙年检验工程实施的效果；②该年来水量在近五年中较小，且是三峡水库 175m 正常蓄水位运行的最近年份，能够在一定程度上反映三峡水库调度对下游的影响。水沙系列年为 2008—2012 年，水沙过程循环两次，共计 10 年。

1. 守护型方案工程效果

试验结果表明，守护型方案实施后，水流自燕子窝心滩头部低滩斜向进入右槽，随着流量的增加，分流点下移，水流流向逐渐趋直，平顺地进入右槽（图 7.3-14）。右槽护底带左岸和右岸两侧各有一个回流区。在枯水流量下，回流范围和流速较大，随着流量的增加，回流范围逐渐减小，至中水流量回流消失。方案实施后，局部近岸流速有所增大，但增幅较小。左岸上河口至七家村一带近岸流速均有不同程度的增加，增幅在 0.04～0.07m/s；右岸护底带附近护岸段近岸流速有所增加，增幅在 0.05m/s 左右。典型年末，燕子窝右槽分流比减小 2.3%，左槽增加 2.3%。心滩头部低滩基本稳定，略有淤积，右槽护滩带前沿泥沙有所淤积，护滩带下游河床仍有所冲刷，左槽左岸上河口一带边滩向河心淤积。3.7m 航深对应的最小航宽约 520m，满足航道设计要求。

图 7.3-14　整治方案实施后燕子窝心滩头部流态（$Q=9500\text{m}^3/\text{s}$）

经系列年作用后，燕子窝左槽分流比微增了 0.6%，工程有效抑制了燕子窝心滩的冲刷后退，稳定了心滩位置，部分阻止了进入右槽的主流，右槽加固的两道护底带上游泥沙淤积，护底带之间仍有所冲刷，护底带下游左侧河床淤积、右侧冲刷。其中，燕子窝心滩头部滩体基本保持稳定，10 年后，心滩前沿低滩淤积幅度达到 2～3m；左槽进口段受到来水来沙条件影响较大，上河口一带泥沙有所淤积，航宽较小。至 10 年末，左槽 3.7m 航槽最小航宽约为 260m（图 7.3-15）。

2. 进攻型方案工程效果

进攻型方案实施后，汛后枯水期左槽进口主槽流速增幅在 0.1m/s 以上，右槽主流流速减幅约 0.2m/s。整治力度相对增强，但局部流态与守护型方案类似，枯水流量下护底带间左右两岸仍存在回流区，护底带面上局部流速较大。典型年末，右槽分流比减小 3.9%，左槽分流比增加 3.9%。心滩头部低滩基本稳定，低滩滩头及心滩左缘普遍淤积；左槽左岸红卫闸—上河口河段边滩向河心淤积，但幅度较守护型方案小。3.7m 航宽最窄处位于上河口—草场头河段间，最小航宽为 540m，满足航道设计要求。

方案实施后，燕子窝右槽冲刷发展得到一定程度的控制，左右槽分流比基本稳定，系列年末左槽分流比略有增加，增幅为 1.9%。工程有效守护了燕子窝心滩头部前沿低滩和心滩左缘，福屯垸护底带和梳齿坝相配合，抑制了右槽的冲刷发展，增强了左槽浅滩的枯季冲刷能力。其中，心滩头部低滩基本保持稳定，有冲有淤，变幅在 1m 以内，梳齿坝下游心滩左缘淤积、淤积厚度在 2～4m，心滩右缘冲刷、冲幅在 2.5m 左右；福屯垸潜丁坝坝田间及丁坝下游淤积，工程的实施阻止了部分进入右槽的水流，右槽进口有冲有淤，幅度较小，右槽第一道护底带下游冲刷，最大冲深约 3.8m，第二道护底带下游河床有所淤

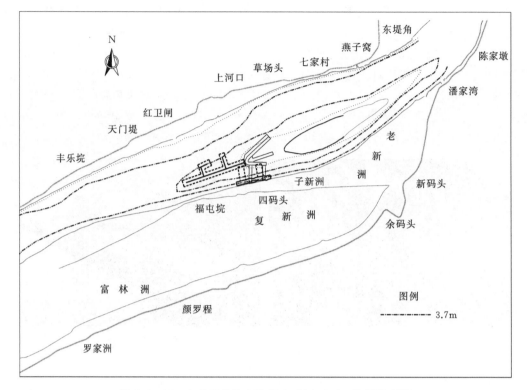

图 7.3-15　守护型措施实施后 10 年末 3.7m 航槽示意图

积，右槽中段则有冲有淤，幅度在 1～3m；左槽左岸红卫闸附近边滩仍向河心淤积，但范围和淤积厚度均比无工程时小，上河口—草场头河段附近冲刷幅度较大，冲幅在 5m 左右。至 10 年末，左槽 3.7m 航槽最小航宽约为 400m（图 7.3-16）。

3. 整治措施对比及成果应用

通过物理模型试验研究可知，现状条件下，对燕子窝水道实施航道整治工程，守护型措施和进攻型措施均能够起到有效稳定滩槽格局、抑制燕子窝右槽冲刷发展的效果，方案实施后典型年末都能保证 3.7m 航深贯通。

具体而言，守护型措施通过局部工程布置的微调，改善了由工程引起的不良流态，同时减弱了护底带下游的冲刷现象。在进攻型方案中，整治建筑物高程有所抬高，虽然更能够集中水流增强浅区的冲刷能力，航道尺度优于守护型方案；但进攻型方案工程力度较大，对增强航槽冲刷能力效果较好，但引起工程局部及近岸流速的变化也较大，进攻型措施引起近岸流速增幅明显大于守护型措施，易引起岸线淘刷崩退，需要同时开展较长范围的江岸守护；同时工程力度较大的方案，引起工程局部水流紊动强度也较大，建筑物局部冲刷深度较大；加之，燕子窝水道位于长江新螺段白鱀豚国家级自然保护区内，保护区主要保护对象是国家一级保护野生水生动物白鱀豚，守护型措施无论施工还是建成后对河道的影响均较小。因此，综合来看，在两种工程措施均能够满足航道条件的前提下，守护型措施更优。

该成果已被应用于"嘉鱼至燕子窝河段航道整治工程可行性研究"及"燕子窝水道航

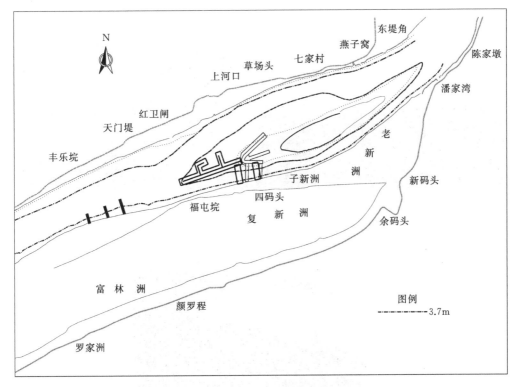

图 7.3-16　进攻型措施实施后 10 年末 3.7m 航槽示意图

道整治工程初步设计"的相关报告中。2015 年 3 月，根据模型试验提出的工程布置方案
被应用于燕子窝水道航道整治工程的施工中（图 7.3-17）。燕子窝水道航道整治工程于
2015 年 7 月开工建设；2018 年 11 月 3—4 日，交通运输部水运局组织召开了该工程的竣
工验收会，自竣工验收之日起工程正式交付使用。工程实施后，燕子窝水道的洲滩形态和
河势格局总体稳定，达到了航道建设标准，通航条件明显改善。

7.3.2.3　整治思路总结

顺直（微弯）分汊河段碍航通常发生在过渡段，虽然三峡水库运行后河床整体上以冲
刷为主，但局部槽淤滩冲，加之洪枯季流路不一致，主流不稳，汛后冲刷不力时易出现碍
航现象。洲滩格局的稳定及滩体的完整是保障汛后航槽浅滩冲刷的有利条件。碍航是河道
自身禀赋在三峡水库运行后来水来沙过程和江湖水沙交换后的综合影响所致。综合已实施
工程经验及典型河段航道整治措施的系统研究，针对该类浅滩河段在三峡水库运行后航道
条件的变化趋势，整治技术总结如下：

（1）整治原则应为"稳定洲滩格局，守护关键部位；统筹兼顾，兼顾上下游，分期实
施"。分汊河段河岸边界在天然节点及人工护岸的守护下，整体河势较为稳定，三峡水库
运行后，并受长江-洞庭湖水沙交换后水沙条件影响，洲滩局部冲淤调整对航道影响较大，
因此需稳定洲滩格局，守护关键部位。由于中游河段外部条件也较为复杂，为避免工程与
外部条件之间的矛盾冲突，统筹兼顾，考虑防洪影响和对周边敏感点的影响等，保证工程
的可行性。同时，根据实际情况分析河段上下游关联性，也要统筹考虑，使上下游河段航

（a）心滩头部工程区

（b）软体排施工

（c）右岸护岸工程

图 7.3-17　燕子窝水道航道整治工程布置及现场施工图

道治理相协调，避免上游河段航道整治工程对下游航道的不利影响。

（2）整治思路方面，在河床演变分析和趋势预测的基础上，针对河段具体的碍航特性提出相应的整治思路。就三峡水库运行后江湖水沙交换综合水沙条件下，顺直（微弯）分汊河段航道存在的问题，主要是高滩及低滩的冲刷后退、主流摆动空间增大、支汊（槽）冲刷发展等所引起的航道不稳定性，因此整治思路可概括为：在稳定河势、维持洲滩格局的基础上，以已建工程为基础，完善对关键洲滩的守护控制，适当限制支汊发展，控制支汊（槽）分流。简而言之，整治思路为"稳定河势、守护洲滩、控制支汊"。

（3）整治措施方面，依据三峡水库运行后航道问题的性质，提出以守护控制型工程为优先考量，一般采用洲（滩）头部守护工程，或洲头守护结合支汊控制工程。首先要通过工程措施稳定滩槽格局，不仅要维护高滩稳定，同时也要维持对航道条件影响较大的低滩的完整稳定，对于低滩冲刷萎缩较严重的区域，通过护滩带等工程方式，恢复低滩滩型；根据实际情况，对于支汊（槽）冲刷发展较快的水道，结合支汊控制工程，进一步稳定分汊格局，避免支汊过度分流造成主航槽水流动力减弱，浅滩淤积而易出现碍航；对崩退岸线及工程影响区域实施守护工程，维护河段边界条件的稳定，避免引起航道及下游河道的不利变化。

7.4　鄱阳湖汇流影响河段滩群航道整治——以马当河段为例

马当河段位于鄱阳湖湖口以下，来水来沙条件受到鄱阳湖入汇水沙影响。马当河段属于藕节状分汊河道。在城陵矶—湖口河段，分汊河型是常见的河型，据统计该段中分汊型河段长度占总河长的 63%[92]。河道平面形态呈宽窄相间的藕节状，河道窄段一般有节点控制。马当河段是历史上著名的碍航水道，以该滩群为例开展藕节状分汊河段治理研究。

7.4.1　三峡水库运行后航道条件变化

自上而下，马当河段包括马当南水道、马当阻塞线水道（简称"马阻水道"）、东流直水道。马当河段 2007—2014 年航深如图 7.4-1 所示，目前航道自上而下依次位于马当南水道右槽、马当阻塞线水道右汊和东流直水道。6m 航深不足段曾主要位于南、北汊汇合口附近，2007 年 1 月 6m 航深不贯通航段长约 1km，2008 年 3 月长约 500m，2009 年一期航道整治工程开始实施，2010 年以后 6m 航槽开始贯通，此后直至近几年的水深条件良好，至 2014 年 3 月沿程 6m 航槽贯通，棉外洲右槽进口最窄宽度为 280~300m。

在马当南水道，虽然目前 6m 航深基本满足，但其宽度逐渐缩窄，棉外洲头逐渐刷深，右槽航道进口条件呈恶化态势，2012 年 8 月，6m 线一度断开，主要可能是涨水期淤积所致，随后的枯水期水深条件又有所好转。从近几年航道条件来看，棉外洲挤压右槽的趋势比较明显。因此，该段的主要问题是，马当南水道棉外洲左槽发展，原主航道右槽受到挤压，虽然马当南航道整治工程实施后左槽发展的势头得到遏制，但左右槽双槽争流对航道远期发展和维护不利；同时也由于棉外洲的南扩，压缩现行主航道，使其航槽流路更加弯曲，马当矶上游附近的扫弯水更加强烈，对航道流态与通航安全均产生不利影响。

马阻水道则主要表现为主流不稳定，有所摆动。自 2002—2004 年沉船打捞工程实施后，航道条件得到较大改善；一期航道整治工程考虑了该问题的处置，其效果需要进一步跟踪分析，确保打捞区主流的稳定性。

东流直水道在天然状态下，其早期演变主要体现为瓜子号洲尾的淤积展宽、下延、右挤，以及由此造成的河道左槽左摆和过渡段淤浅、右摆、下挫，航道条件变差。一期航道整治工程实施以后，瓜子号洲尾淤积体冲刷上提，过渡段航槽冲深、展宽，航道条件将会得到改善。

7.4.2　已建一期整治工程效果分析

针对碍航特征或航道不利发展趋势，2009 年、2011 年分别在马阻水道和马当南水道实施了航道整治工程，均于 2012 年竣工。工程主要包括：①在棉外洲头部顺滩脊布置 1 道长顺坝工程，调整左右槽分流比，增加右槽进口流速；②在棉外洲左槽布置 3 道护滩带，限制左槽发展；③骨牌洲右缘和水道右岸局部岸线加固；④瓜子号洲左汊潜坝工程，主要作用是减少瓜子号洲左汊在枯水期的分流，减弱瓜子号洲尾不利于东流直水道过渡段的弯道环流；⑤瓜子号洲头护滩带工程，稳定瓜子号洲头低滩，防止其冲刷后退，主要作用是稳定局部滩槽格局，有利于加大枯水期东流直浅区一带的水流动力，使浅区得到冲刷；⑥瓜子号洲头、右缘护岸等。

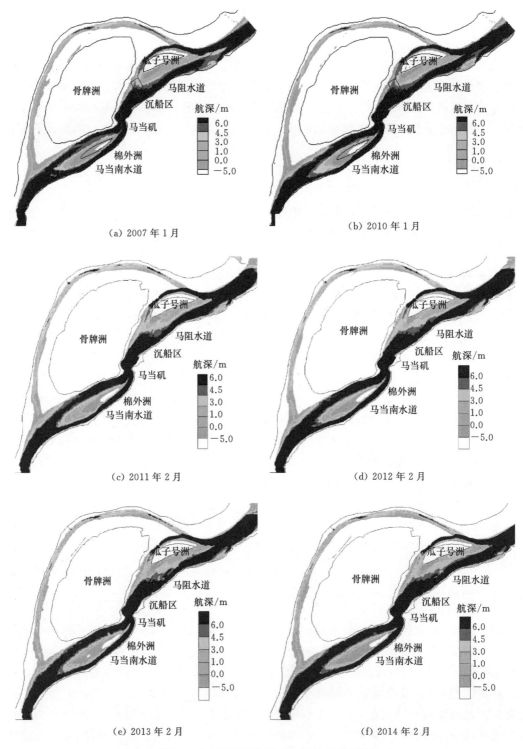

图 7.4-1 马当河段 2007—2014 年航深图

为了比较完整水文年之间的河床冲淤变化，以 2012 年 2 月测图为界，2010 年 2 月至 2012 年 2 月表示工程未发挥功能期，2012 年 2 月至 2014 年 2 月表示工程影响期的河床冲淤变化（图 7.4-2）。可见：2010 年 2 月至 2012 年 2 月，棉外洲左槽冲刷发展 1～2m，右槽进口持续淤积 1～2m，滩体冲刷，右槽及滩尾有所淤积，航道条件向不利趋势发展。在马当阻塞线水道，上段左侧淤积，右侧有所冲刷，对于保持沉船区主流位于右侧河床是有利的。2012 年 2 月至 2014 年 2 月，马当南水道的不利发展趋势受到一定程度的遏制，棉外洲左槽冲刷态势不明显，局部表现出一定的淤积，为 0～1m，整体处于微冲微淤状态；滩体的冲刷势头也减弱，有冲有淤；右槽及洲尾的淤积也得到缓解，上段有一定淤积，下段还表现出一定程度的冲刷。在马当阻塞线水道，上段仍表现为左侧淤积右侧冲刷的态势，瓜子号洲左汊的淤积更为明显，大部分淤厚约为 1m，洲尾的淤积带仍存在，但淤积区长度有所缩短，右汊持续冲刷，有效保持了航道水深。分析表明，马当南水道和马当阻塞线水道航道整治工程实施后，起到了缓解航道向不利发展趋势的作用，这为开展下一步的航道整治积累了宝贵的经验。

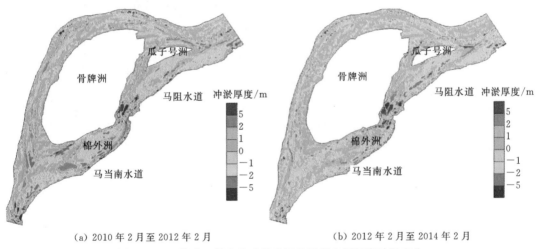

(a) 2010 年 2 月至 2012 年 2 月　　　　　　(b) 2012 年 2 月至 2014 年 2 月

图 7.4-2　整治工程实施后马当河段近期实测河床冲淤变化

7.4.3　航道整治原则及措施

马当河段的整治原则是顺应河势发展，加强洲头守护，减少洲头冲刷，限制支汊或副槽发展（护底或潜坝），稳定主流。根据一期整治工程经验及分项工程探讨，马当南水道的整治思路为：稳定棉外洲两槽分流比或促使右槽分流比有所增加；稳定并加高棉外洲头及洲头低滩，防止棉外洲分汊口门向宽浅方向发展，改善右槽进口条件；稳定棉外洲洲体中下部，防止滩体冲刷或下移。

具体工程措施（图 7.4-3）包括：①已建棉外洲心滩守护工程加高及洲头上延工程，头部高程控制在设计低水位（3.51m）；②已建棉外洲心滩工程根部延长守护工程，对棉外洲下段滩体进行守护，高程控制在整治水位；③在棉外洲左槽中上段布置 3 道护底工程；④将已建左槽下段第一道护底工程向棉外洲洲体延伸，与已建棉外洲心滩工程根部延长守护工程相接。

已建整治工程使得马阻水道上段为左侧淤积右侧冲刷，有利于主流稳定在沉船打捞区；瓜子号洲左汊淤积右汊冲刷，有利于保持右汊航道水深，总体而言，目前能够满足6m航深。为较好维持现有航道条件，可适当增加守护性措施。马阻水道治理的关键在于控制瓜子号洲左汊分流比，这样一是能维持主流保持在右汊从而减小沉船区主流左摆的概率，二是能增大右汊分流维持右汊主航道水深，三是能稳定瓜子号洲洲尾汇流角，遏制洲尾浅滩下延，从而保持洲尾过渡段浅滩水深。该段的整治方案（图7.4-3）为：进一步限制瓜子号洲左汊，增建一道潜坝，坝顶高程为1.44m（黄海高程），与已有潜坝高程相同，巩固工程效果，减少已建两潜坝之间的冲刷。

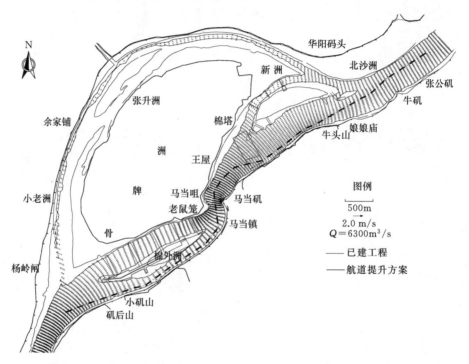

图7.4-3　航道提升方案实施后2014年马当河段流场（$Q=6300\mathrm{m}^3/\mathrm{s}$）

图7.4-3给出了方案实施后设计流量为$6300\mathrm{m}^3/\mathrm{s}$时的流场图，图7.4-4给出了流速变化图。在马当南水道，左槽护底及棉外洲头长顺坝工程延伸及加高，使得左槽分流减小，整治流量时流速减小0.05~0.10m/s；右槽分流比增大2.04%~2.21%，整治流量流速增加0.01~0.03m/s；棉外洲洲头右侧水流向右偏转，在护滩带头部向右侧偏转1°~5°。对于马阻水道，左汊的潜坝工程使得左汊的分流比减小，设计及整治流量时左汊流速减小0.01~0.10m/s。右汊的分流比增强，设计流量及整治流量时瓜子号洲右汊分流比增大1.08%~1.40%，从而水流趋于右汊。沉船打捞区流态变化甚微，整体处于微右偏0.2°以内，维持现有主流稳定在沉船打捞区。在瓜子号洲洲尾汇流区，左汊入汇水流减弱，右汊入汇水流增强，压迫水流略向左侧偏转0.2°~1°。随着流量的增加，整治工程被淹没，至洪水流量46190m³/s时，仅局部过坝水流稍有变化，流态变化较小。

根据2008—2012年实测水沙条件开展了泥沙冲淤效果计算。图7.4-5给出了整治工

程实施后马当河段冲淤变化。计算表明，
方案实施后，棉外洲左槽微淤，1～3 年整
体淤积厚度在 1m 以内，5～10 年淤积厚度
在 2m 以内，深槽内以微冲微淤为主，10
年冲淤厚度在 1m 以内。棉外洲右槽普遍
冲刷，3 年后冲刷厚度 1～4m，5～10 年冲
刷幅度中上段冲刷 2～4m；瓜子号洲左汊
淤积，1～3 年淤积 2m 以上，5～10 年淤
积 3m 以上，左汊的进流段及瓜子号洲洲
头淤积。相应的，瓜子号洲右汊河道略有
冲刷发展，1～3 年后大部分冲刷 0.5～
2m，5～10 年后冲刷 2m 以上，其中沉船
打捞区呈冲刷态势。在瓜子号洲洲尾仍有
一淤积带，淤积带主要位于东流直深槽，

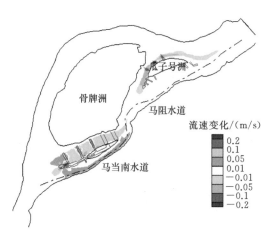

图 7.4 - 4　航道提升方案实施后马当河段
流速变化（$Q = 6300\text{m}^3/\text{s}$）

过渡段浅区则呈冲刷趋势。整体而言，工程起到了促使棉外洲左槽淤积萎缩、右槽冲刷发
展的作用，且进口浅区冲刷明显；还起到了促使马阻水道左汊淤积萎缩、右汊冲刷发展的
作用，同时沉船打捞区及过渡区处于冲刷状态，有利于航道维护。

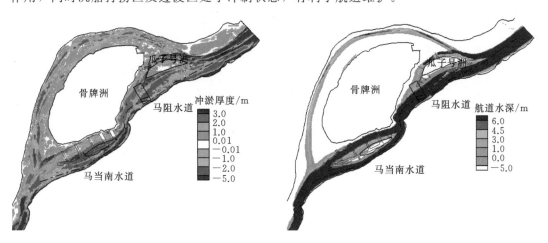

图 7.4 - 5　马当河段航道提升方案
实施 10 年后冲淤分布

图 7.4 - 6　马当河段航道提升方案
实施后的航道水深图

　　图 7.4 - 6 给出了方案实施 1～10 年后的航深图。可见，方案实施后均可满足预期
6.0m 航深的目标，马当南水道棉外洲右槽逐步占优势地位，沉船区深槽保持在右侧打捞
区，马阻水道深槽下延至牛矶与东流直深槽连通。

参 考 文 献

［1］ 郑守仁. 三峡工程与长江开发及保护［J］. 科技导报，2005，23（10）：4-7.

［2］ 水利部长江水利委员会. 长江中下游干流河道整理规划报告［R］. 武汉：水利部长江水利委员会，1997.

［3］ 李义天，唐金武，朱玲玲，等. 长江中下游河道演变与航道整治［M］. 北京：科学出版社，2012.

［4］ YE X，ZHANG Q，BAI L，et al. A modeling study of catchment discharge to Poyang Lake under future climate in China［J］. Quaternary International，2011，244（2）：221-229.

［5］ HU Q，FENG S，GUO H，et al. Interactions of the Yangtze river flow and hydrologic processes of the Poyang Lake，China［J］. Journal of Hydrology，2007，347（1-2）：90-100.

［6］ 卢金友. 荆江三口分流分沙变化规律研究［J］. 泥沙研究，1996（4）：54-61.

［7］ 李景保，常疆，吕殿青，等. 三峡水库调度运行初期荆江与洞庭湖区的水文效应［J］. 地理学报，2009，64（11）：1342-1352.

［8］ 李义天，郭小虎，唐金武，等. 三峡建库后荆江三口分流的变化［J］. 应用基础与工程科学学报，2009，17（1）：21-31.

［9］ 韩其为. 江湖流量分配变化导致长江中游新的洪水形势［J］. 泥沙研究，1999（5）：3-14.

［10］ 李义天，郭小虎，唐金武，等. 三峡水库蓄水后荆江三口分流比估算［J］. 天津大学学报：自然科学与工程技术版，2008（9）：1027-1034.

［11］ 南京水利科学研究院，中国科学院南京地理与湖泊研究所. 长江中游通江湖泊江湖关系演变及环境生态效应与调控［R］. 南京，2016.

［12］ GRAF W L. Dam nation：A geographic census of American dams and their large-scale hydrologic impacts［J］. Water resources research，1999，35（4）：1305-1311.

［13］ EVANS B J，ATTIA K. Changes to the properties of the River Nile channel after high Aswan Dam，physical responses of the River Nile to interventions［R］. Canadian International Development Agency，Hull，Quebec，Canada，1991：277-290.

［14］ 姜加虎，黄群. 三峡工程对其下游长江水位影响研究［J］. 水利学报，1997（8）：39-43.

［15］ 韩其为，何明民. 三峡水库修建后下游长江冲刷及其对防洪的影响［J］. 水力发电学报，1995（3）：34-46.

［16］ 潘庆燊，曾静贤，欧阳履泰. 丹江口水库下游河道演变及其对航道的影响［J］. 水利学报，1982（8）：54-63.

［17］ 陆永军，陈稚聪，赵连白，等. 葛洲坝枢纽下游水位变化对船闸与航道影响及对策研究［R］. 天津：交通运输部天津水运工程科学研究所，2000.

［18］ 江恩惠，曹永涛，张林忠，等. 黄河下游游荡性河段河势演变规律及机理研究［M］. 北京：中国水利水电出版社，2006.

［19］ GRAF W L. Downstream hydrologic and geomorphic effects of large dams on American rivers［J］. Geomorphology，2006，79（3-4）：336-360.

［20］ 孙昭华，李义天，黄颖. 水沙变异条件下的河流系统调整及其研究进展［J］. 水科学进展，2006，17（6）：887-893.

［21］ BAXTER R M. Environmental effects of dams and impoundments［J］. Annual Review of Ecology and Systematics，1977，8：255-283.

［22］ 许炯心. 汉江丹江口水库下游河床调整过程中的复杂响应［J］. 科学通报，1989（6）：450-452.

［23］ 金德生，刘书楼，郭庆伍. 应用河流地貌实验与模拟研究［M］. 北京：地震出版社，1992.

［24］ 师哲，龙超平. 葛洲坝枢纽下游河段河床演变分析［J］. 长江科学院院报，2000，17（1）：13-16.

［25］ 曹民雄，庞雪松. 电站泄流对坝下航道影响研究进展［J］. 水利水运工程学报，2011（2）：94-104.

［26］ 黄颖，李义天，韩飞. 三峡电站日调节对下游河道水面比降的影响［J］. 水利水运工程学报，2005（3）：62-66.

［27］ 刘亚，李义天，孙昭华. 电站日调节波对葛洲坝下游枯期通航条件影响［J］. 武汉大学学报：工学版，2009，42（2）：147-152.

［28］ 李发政，杨伟，戴会超. 三峡水利枢纽工程非恒定流通航影响研究 Ⅲ：葛洲坝下游宜昌河段［J］. 水力发电学报，2006，25（1）：56-60.

［29］ 张晓艳，倪培桐，黄健东. 恒定流研究坝下水位流量关系的缺陷探讨［J］. 广东水利水电，2009（5）：1-2，13.

［30］ 刘健，郑艳波，周庆东. 大伙房水库下游河道非恒定流的特性分析［J］. 东北水利水电，2002，20（1）：14-15.

［31］ 黄颖. 水库下游河床调整及防护措施研究［D］. 武汉：武汉大学，2005.

［32］ WILLIAMS G P，WOLMAN M G. Downstream effects of dams on alluvial rivers［M］. US Government Printing Office，Washington，D. C.，1984.

［33］ 张燕菁，胡春宏，王延贵. 国外典型水利枢纽下游河道冲淤演变特点［J］. 人民长江，2010，41（24）：76-80.

［34］ 韩其为，杨克诚. 三峡水库建成后下荆江河型变化趋势的研究［J］. 泥沙研究，2000（3）：1-11.

［35］ 许炯心. 水库下游河道复杂响应的试验研究［J］. 泥沙研究，1986（4）：50-57.

［36］ CHIEN N. Changes in river regime after the construction of upstream reservoirs［J］. Earth Surface Processes and Landforms，1985，10（2）：143-159.

［37］ GILVEAR D J. Patterns of channel adjustment to impoundment of the upper River Spey，Scotland（1942 - 2000）［J］. River Research and Applications，2004，20（2）：151-165.

［38］ 韩其为，陈绪坚. 恢复饱和系数的理论计算方法［J］. 泥沙研究，2008（6）：8-16.

［39］ 刘金梅，王士强，王光谦. 冲积河流长距离冲刷不平衡输沙过程初步研究［J］. 水利学报，2002（2）：47-53.

［40］ 王新宏，曹如轩，沈晋. 非均匀悬移质恢复饱和系数的探讨［J］. 水利学报，2003（3）：120-124，128.

［41］ 董松年. 汉江丹江口水库坝下河床演变及其对航道的影响［J］. 水运工程，1987（5）：12-19.

［42］ 曹文洪，陈东. 阿斯旺大坝的泥沙效应及启示［J］. 泥沙研究，2005（4）：79-85.

［43］ ABU - ZEID M A，EL - SHIBINI F Z. Egypt's high Aswan dam［J］. International Journal of Water Resources Development，1997，13（2）：209-218.

［44］ SCHUMM S A，GALAY V J. The River Nile in Egypt［M］. In：Schumm，S. A. and Winkley B. R.，The Variability of Large Alluvial Rivers，ASCE Press，New York，1994：75-102.

［45］ 许炯心. 汉江丹江口水库下游河床下伏卵石层对河床调整的影响［J］. 泥沙研究，1999（3）：48-52.

［46］ BRANDT S A. Classification of geomorphological effects downstream of dams［J］. Catena，2000，40（4）：375-401.

［47］ GRANT G E，SCHMIDT J C，LEWIS S L. A geological framework for interpreting downstream effects of dams on rivers［M］. In：A Peculiar River，Water Science and Application，2003.

［48］ PHILLIPS J D，SLATTERY M C，MUSSELMAN Z A. Channel adjustments of the lower Trinity River，Texas，downstream of Livingston Dam［J］. Earth Surface Processes and Landforms，

2005，30 (11)：1419 - 1439.

[49] TOWNSEND G H. Impact of the Bennett Dam on the Peace - Athabasca delta [J]. Journal of the Fisheries Research Board of Canada，1975，32 (1)：171 - 176.

[50] 戴会超，何文社，袁杰，等. 葛洲坝水利枢纽运行后泥沙冲淤变化分析 [J]. 水科学进展，2005，16 (5)：691 - 695.

[51] 许全喜，袁晶，伍文俊，等. 三峡工程蓄水运用后长江中游河道演变初步研究 [J]. 泥沙研究，2011 (2)：38 - 46.

[52] WELLMEYER J L，SLATTERY M C，PHILLIPS J D. Quantifying downstream impacts of impoundment on flow regime and channel planform，lower Trinity River，Texas [J]. Geomorphology，2005，69 (1)：1 - 13.

[53] 董哲仁. 河流形态多样性与生物群落多样性 [J]. 水利学报，2003，11 (1)：1 - 6.

[54] KONDOLF G M，SWANSON M L. Channel adjustments to reservoir construction and gravel extraction along Stony Creek，California [J]. Environmental Geology，1993，21 (4)：256 - 269.

[55] SURIAN N，RINDLDI M. Morphological response to river engineering and management in alluvial channels in Italy [J]. Geomorphology，2003，50 (4)：307 - 326.

[56] SHIELDS JR F D，SIMON A，STEFFEN L J. Reservoir effects on downstream river channel migration [J]. Environmental Conservation，2000，27 (1)：54 - 66.

[57] LIN B，ZHANG R，DAI D，et al. Sediment research for the Three Gorges Project on the Yangtze River since 1993 [C]. Beijing：Tsinghua University Press，1993：29 - 37.

[58] 府仁寿，虞志英，金缪，等. 长江水沙变化发展趋势 [J]. 水利学报，2003 (11)：21 - 29.

[59] YANG S L，MILLIMAN J D，XU K H，et al. Downstream sedimentary and geomorphic impacts of the Three Gorges Dam on the Yangtze River [J]. Earth - Science Reviews，2014，138：469 - 486.

[60] 毛继新，韩其为. 水库下游河床粗化计算模型 [J]. 泥沙研究，2001 (1)：57 - 61.

[61] 李义天，孙昭华，邓金运. 论三峡水库下游的河床冲淤变化 [J]. 应用基础与工程科学学报，2004，11 (3)：283 - 295.

[62] 许全喜. 三峡工程蓄水运用前后长江中下游干流河道冲淤规律研究 [J]. 水力发电学报，2013，32 (2)：146 - 154.

[63] 赵琳，李义天，孙昭华. 水沙过程对道人矶—杨林岩顺直分汊河段洲滩演变影响初步研究 [J]. 泥沙研究，2013 (4)：26 - 33.

[64] 韩剑桥，孙昭华，黄颖，等. 三峡水库蓄水后荆江沙质河段冲淤分布特征及成因 [J]. 水利学报，2014，45 (3)：277 - 285.

[65] 江凌，李义天，曾庆云，等. 上荆江分汊性微弯河段河床演变原因探讨 [J]. 泥沙研究，2011 (6)：73 - 80.

[66] 李宪中，陆永军，刘怀汉. 三峡枢纽蓄水后对荆江重点河段航道影响及对策初步研究 [J]. 水运工程，2004 (8)：55 - 59.

[67] 陆永军，陈稚聪，赵连白，等. 三峡工程对葛洲坝枢纽下游近坝段水位与航道影响研究 [J]. 中国工程科学，2002，4 (10)：67 - 72.

[68] 傅开道，黄河清，钟荣华，等. 水库下游水沙变化与河床演变研究综述 [J]. 地理学报，2011，66 (9)：1239 - 1250.

[69] 卢金友，黄悦，宫平. 三峡工程运用后长江中下游冲淤变化 [J]. 人民长江，2006，37 (9)：55 - 57.

[70] 许全喜. 三峡水库蓄水以来水库淤积和坝下冲刷研究 [J]. 人民长江，2012，43 (7)：1 - 6.

[71] 卢金友，黄悦，王军. 三峡工程蓄水运用后水库泥沙淤积及坝下游河道冲刷分析 [J]. 中国工程科学，2011，13 (7)：129 - 136.

[72] ZHOU G，WANG H，SHAO X，et al. Numerical model for sediment transport and bed degradation in the

Yangtze River channel downstream of Three Gorges Reservoir [J]. Journal of Hydraulic Engineering, 2009, 135 (9): 729 – 740.

[73] LUO X X, YANG S L, ZHANG J. The impact of the Three Gorges Dam on the downstream distribution and texture of sediments along the middle and lower Yangtze River (Changjiang) and its estuary, and subsequent sediment dispersal in the East China Sea [J]. Geomorphology, 2012, 179: 126 – 140.

[74] 卢金友, 张细兵, 黄悦. 三峡工程对长江中下游河道演变与岸线利用影响研究 [J]. 水电能源科学, 2011, 29 (5): 73 – 76.

[75] 陈立, 周银军, 闫霞, 等. 三峡下游不同类型分汊河段冲刷调整特点分析 [J]. 水力发电学报, 2011, 30 (3): 109 – 116.

[76] HUDSON P F, MIDDELKOOP H, STOUTHAMER E. Flood management along the Lower Mississippi and Rhine Rivers (The Netherlands) and the continuum of geomorphic adjustment [J]. Geomorphology, 2008, 101 (1): 209 – 236.

[77] SMITH L M, WINKLEY B R. The response of the Lower Mississippi River to river engineering [J]. Engineering Geology, 1996, 45 (1 – 4): 433 – 455.

[78] 王昌杰. 河流动力学 [M]. 北京: 人民交通出版社, 2004.

[79] 窦国仁. 可冲积河床稳定性的确定 [J]. 水利学报, 1956 (1): 17 – 32.

[80] 刘建民. 冲积性河流浅滩整治水位与整治线宽度确定 [J]. 水道港口, 2005 (2): 83 – 86.

[81] 熊治平. 三峡建库前后上荆江浅滩演变分析及预估 [J]. 重庆交通学院学报, 2000, 19 (1): 88 – 91.

[82] 唐金武, 由星莹, 李义天. 三峡水库蓄水对长江中下游航道影响分析 [J]. 水力发电学报, 2014, 33 (1): 102 – 107.

[83] 庞树森, 许继军, 徐杨. 三峡水库蓄水运行初期对径流过程影响分析 [J]. 长江科学院院报, 2011, 28 (12): 118 – 124.

[84] 贾锐敏. 从丹江口、葛洲坝水库下游河床冲刷看三峡工程下游河床演变对航道的影响 [J]. 水道港口, 1996, (3): 1 – 13.

[85] 戴会超, 庞永祥. 三峡工程与长江中下游生态环境 [J]. 水力发电学报, 2005, 24 (4): 26 – 30.

[86] 李义天, 邓金运, 甘福万. 长江航道建设新的机遇和挑战及对策 [J]. 科技导报, 2007, 25 (3): 39 – 44.

[87] 谢作涛, 侯卫国, 任昊. 葛洲坝下游宜昌—杨家脑河段平面二维水沙数学模型 [J]. 水科学进展, 2008, 19 (3): 309 – 316.

[88] 江凌, 李义天, 孙昭华, 等. 三峡工程蓄水后荆江沙质河段河床演变及对航道的影响 [J]. 应用基础与工程科学学报, 2010, 18 (1): 1 – 10.

[89] 左利钦, 陆永军, 季荣耀, 等. 下荆江窑监河段河床演变及整治初步研究 [J]. 水利水运工程学报, 2012 (4): 39 – 45.

[90] 徐静, 李义天, 崔正辉. 长江中游窑监大河段演变机理及发展趋势 [J]. 水电能源科学, 2012, 30 (9): 108 – 110, 187.

[91] 谢葆玲, 陈立. 三峡工程蓄水位与长江航道 [J]. 中国三峡建设, 2006 (5): 56 – 60.

[92] 长江航道规划设计研究院. 三峡工程运行后长江中游航道条件及整治 [R]. 武汉, 2012.

[93] 余文畴. 长江下游分汊河道节点在河床演变中的作用 [J]. 泥沙研究, 1987 (4): 12 – 20.

[94] 高俊峰, 蒋志刚. 中国五大淡水湖保护与发展 [M]. 北京: 科学出版社, 2012.

[95] 高吉喜. 洪水易损性评价: 洞庭湖地区案例研究 [M]. 北京: 中国环境科学出版社, 2004.

[96] 陈国阶, 徐琪. 三峡工程对生态与环境的影响及对策研究 [M]. 北京: 科学出版社, 1995.

[97] 汪德爟. 计算水力学理论与应用 [M]. 南京: 河海大学出版社, 1989.

[98] 陆永军. 航道工程泥沙数学模型的研究与应用 [D]. 南京: 河海大学, 1998.

[99] FELDMAN A D. HEC models for water resources system simulation：theory and experience ［J］. Advances in hydroscience，1981，12：297－423.

[100] WARREN I R，BACH H K. MIKE 21：a modelling system for estuaries，coastal waters and seas ［J］. Environmental Software，1992，7（4）：229－240.

[101] 韩其为，何明民. 水库淤积与河床演变的（一维）数学模型 ［J］. 泥沙研究，1987（3）：14－29.

[102] 李义天，尚全民. 一维不恒定流泥沙数学模型研究 ［J］. 泥沙研究，2005（1）：81－87.

[103] ZHOU J，LIN B. One－dimensional mathematical model for suspended sediment by lateral integration ［J］. Journal of Hydraulic Engineering，1998，124（7）：712－717.

[104] WALSTRA D，VAN RIJN L C，Aarninkhof S G J. Sand transport at the middle and lower shoreface of the Dutch coast：simulations of SUTRENCH－model and proposal for large－scale laboratory tests ［R］. Report Z2378，Delft Hydraulics，Delft，The Netherlands，1998.

[105] JIA Y，WANG S S. Numerical model for channel flow and morphological change studies ［J］. Journal of Hydraulic Engineering，1999，125（9）：924－933.

[106] 窦国仁，赵士清，黄亦芬. 河道二维全沙数学模型的研究 ［J］. 水利水运科学研究，1987（2）：1－12.

[107] 韩其为. 水库淤积 ［M］. 北京：科学出版社，2003.

[108] 李义天. 河道平面二维泥沙数学模型研究 ［J］. 水利学报，1989（2）：26－35.

[109] 陆永军，陈国祥. 航道工程泥沙数学模型的研究（Ⅰ）——模型的建立 ［J］. 河海大学学报：自然科学版，1997，25（6）：8－14.

[110] 陆永军，刘建民. 航道工程泥沙数学模型的研究（Ⅱ）——模型的验证与应用 ［J］. 河海大学学报：自然科学版，1998，26（1）：66－72.

[111] 陆永军，徐成伟，左利钦，等. 长江中游卵石夹沙河段二维水沙数学模型 ［J］. 水力发电学报，2008，27（4）：36－43.

[112] 陆永军，刘建民. 荆江重点浅滩整治的二维动床数学模型研究 ［J］. 泥沙研究，1998（1）：37－51.

[113] 张华庆. 河道及河口海岸水流泥沙数学模型研究与应用 ［D］. 南京：河海大学，1998.

[114] 张红武，赵连军，王光谦，等. 黄河下游河道准二维泥沙数学模型研究 ［J］. 水利学报，2003（4）：1－7.

[115] 周建军，林秉南. 平面二维泥沙数学模型研究及其应用 ［J］. 水利学报，1993（11）：10－19.

[116] 钟德钰，张红武，张俊华，等. 游荡型河流的平面二维水沙数学模型 ［J］. 水利学报，2009，40（9）：1040－1047.

[117] 江恩惠，赵连军，张红武. 多沙河流洪水演进与冲淤演变数学模型研究及应用 ［M］. 郑州：黄河水利出版社，2008.

[118] 陈国祥，陈界仁. 三维泥沙数学模型的研究进展 ［J］. 水利水电科技进展，1998，18（1）：13－19.

[119] 陆永军，窦国仁，韩龙喜，等. 三维紊流悬沙数学模型及应用 ［J］. 中国科学：E辑，2004，34（3）：311－328.

[120] 夏云峰. 感潮河道三维水流泥沙数值模型研究与应用 ［D］. 南京：河海大学，2002.

[121] 胡德超，钟德钰，张红武，等. 三维悬沙模型及河岸边界追踪方法 Ⅱ-河岸边界追踪 ［J］. 水力发电学报，2010，29（6）：106－113.

[122] 假冬冬，邵学军，王虹，等. 考虑河岸变形的三维水沙数值模拟研究 ［J］. 水科学进展，2009，20（3）：311－317.

[123] WU W M，RODI W，WENKA T. 3D numerical model for suspended load transport in open channels ［J］. J. Hydr. Engrg.，ASCE，2000，126（1）：4－15.

[124] WU W. Computational river dynamics ［M］. CRC Press，2008.

[125] PETIT H. Delft3D user's manual ［Z］. Delft：Delft University，WL Delft Hydraulics，2005.

[126] JACOBSEN F, RASMUSSEN E B. MIKE 3 MT: A 3 - dimensional mud transport model [R]. Technical rep. DG - 12 to the Commission of the European Communities, Danish Hydraulic Institute, Hørsholm, Denmark, 1997.

[127] OLSEN N R, SKOGLUND M. Three - dimensional numerical modeling of water and sediment flow in a sand trap [J]. Journal of hydraulic research, 1994, 32 (6): 833 - 844.

[128] 张健飞, 沈德飞. 基于 GPU 的稀疏线性系统的预条件共轭梯度法 [J]. 计算机应用, 2013, 33 (3): 825 - 829.

[129] 陆永军, 张华庆. 水库下游冲刷的数值模拟—模型的构造 [J]. 水动力学研究与进展, 1993 (1): 81 - 89.

[130] 陆永军, 张华庆. 水库下游冲刷的数值模拟—模型的检验 [J]. 水动力学研究与进展, 1993 (增1): 491 - 498.

[131] 陆永军, 张华庆. 平面二维河床变形的数值模拟 [J]. 水动力学研究与进展, 1993, (3): 273 - 284.

[132] 左利钦. 长江中上游黄金水道治理数值模拟平台与应用研究 [D]. 南京: 南京水利科学研究院, 2015.

[133] 窦国仁. 河口海岸全沙模型相似理论 [J]. 水利水运工程学报, 2001, (1): 1 - 12.

[134] HOLLY JR F M, RAHUEL J. New numerical/physical framework for mobile - bed modelling: Part 2: Test applications [J]. Journal of Hydraulic Research, 1990, 28 (5): 545 - 564.

[135] 韩其为. 非均匀悬移质不平衡输沙的研究 [J]. 科学通报, 1979 (17): 804 - 808.

[136] LU Y, ZHANG H. Study on non - equilibrium transport of non - uniform bedload in steady flow [J]. Journal of Hydrodynamics, 1992, 4 (2): 111 - 118.

[137] 陆永军, 张华庆. 清水冲刷宽级配河床粗化机理试验研究 [J]. 泥沙研究, 1993 (1): 68 - 77.

[138] 陆永军, 张华庆. 非均匀沙推移质输沙率及其级配计算 [J]. 水动力学研究与进展, 1991 (4): 96 - 106.

[139] 陆永军. 河床粗化研究的回顾及展望 [J]. 水道港口, 1990 (3): 29 - 40.

[140] Sánchez A, Wu W. A non - equilibrium sediment transport model for coastal inlets and navigation channels [J]. Journal of Coastal Research, 2011, 59: 39 - 48.

[141] 王虹, 靳宝华, 王健. 长河段二维水流模型参数的合理选择 [J]. 水力发电学报, 2005 (4): 114 - 118.

[142] 郭阳, 王建军. 长河段二维水沙数学模型研究及应用 [J]. 水运工程, 2012 (4): 149 - 154.

[143] 左利钦, 王志力, 陆永军, 等. 长江中游长河段航道系统整治数学模型关键技术研究 [R]. 南京: 南京水利科学研究院, 2015.

[144] 窦国仁. 全沙河工模型试验的研究 [J]. 科学通报, 1979 (14): 37 - 41.

[145] 窦国仁. 明渠和管道紊流结构 [J]. 中国科学, 1980 (11): 89 - 98.

[146] 李昌华, 吴道文. 平原细沙河流动床泥沙模型试验的模型相似律及设计方法 [J]. 水利水运工程学报, 2003 (1): 1 - 8.

[147] 唐存本. 复合（梅花型）糙率的研究 [R]. 天津: 天津水运工程科学研究所, 1977.

[148] 窦国仁, 董风舞, Dou Xibing. 潮流和波浪的挟沙能力 [J]. 科学通报, 1995, 40 (5): 443 - 446.

[149] 中华人民共和国交通运输部. 内河航道与港口水流泥沙模拟技术规程: JTS/T 231—4—2018 [S]. 北京: 人民交通出版社, 2018.

[150] 胡茂银, 李义天, 朱博渊, 等. 荆江三口分流分沙变化对干流河道冲淤的影响 [J]. 泥沙研究, 2016 (4): 68 - 73.

[151] 陆永军, 王兆印, 左利钦, 等. 长江中游瓦口子至马家咀河段二维水沙数学模型 [J]. 水科学进展, 2006, 17 (2): 227 - 234.

[152] 由星莹, 唐金武, 张小峰, 等. 长江中下游阻隔性河段特征及成因初步研究 [J]. 水利学报, 2016, 47 (4): 545 - 551.

[153] 钱宁，张仁，周志德. 河床演变学 [M]. 北京：科学出版社，1987.

[154] 夏细禾，颜国红. 长江中下游分汊河道稳定性研究 [J]. 长江科学院院报，2000，17 (5)：9-11.

[155] 姚仕明，张超，王龙，等. 分汊河道水流运动特性研究 [J]. 水力发电学报，2006，25 (3)：49-52.

[156] 潘庆燊，胡向阳. 长江中下游分汊河段的整治 [J]. 长江科学院院报，2005，22 (3)：13-16.

[157] 顾莉，华祖林，褚克坚，等. 顺直微弯型分汊河道水流的紊动特性试验研究 [J]. 河海大学学报：自然科学版，2011，39 (5)：475-481.

[158] 张为，李义天，江凌. 三峡水库蓄水后长江中下游典型分汊浅滩河段演变趋势预测 [J]. 四川大学学报，2008 (4)：20-27.

[159] 左利钦，陆永军，季荣耀. 长江下游马当河段航道整治工程平面二维水沙数值模拟研究 [R]. 南京：南京水利科学研究院，2009.

[160] 丛振涛，肖鹏，章诞武，等. 三峡工程运行前后城陵矶水位变化及其原因分析 [J]. 水力发电学报，2014，33 (3)：23-28.

[161] 毛北平，吴忠明，梅军亚，等. 三峡工程蓄水以来长江与洞庭湖汇流关系变化 [J]. 水力发电学报，2013，32 (5)：48-57.

[162] 陈立，邓晓丽，张俊勇，等. 江湖洪水不同遭遇对城陵矶水位影响的实验研究 [J]. 长江流域资源与环境，2005，14 (4)：496-500.

[163] 唐金武，李义天，孙昭华，等. 三峡蓄水后城陵矶水位变化初步研究 [J]. 应用基础与工程科学学报，2010，18 (2)：273-280.

[164] 南京水利科学研究院，长江航道局，中国科学院南京地理与湖泊研究所，等. 三峡水库下游江湖水沙交换机制与滩群整治关键技术研究 [R]. 南京，2016.

[165] 王秀英，李义天，孙昭华. 长江中下游整治线宽度确定方法应用实例 [J]. 泥沙研究，2005 (6)：34-39.

[166] 高凯春. 三峡水库蓄水后长江中游航道整治参数确定方法研究 [D]. 武汉：武汉大学，2013.

[167] 应强，臧英平，张幸农，等. 长江中游航道整治线宽度确定方法 [J]. 水利水电科技进展，2011，31 (3)：51-52.

[168] 唐存本，贡炳生，左利钦. 再论航道整治线宽度与整治水位的确定 [J]. 水运工程，2010 (3)：62-68.

[169] 倪晋仁，张仁. 河相关系研究的各种方法及其间关系 [J]. 地理学报，1992，59 (4)：368-375.

[170] 陆永军，左利钦，季荣耀. 长江中游窑监河段航道整治工程二维水沙数学模型研究 [R]. 南京：南京水利科学研究院，2008.

[171] 李青云，付中敏. 窑监河段航道治理方案研究 [J]. 水运工程，2009 (3)：122-127.

[172] 赵德玉，付中敏，王涵. 窑监河段航道整治一期工程方案试验研究和效果分析 [J]. 水运工程，2012 (10)：57-61.

[173] 卢汉才. 航道整治研究与实践 [M]. 天津：天津科学技术出版社，2008.

[174] 刘万利，朱玉德，张明进. 长江中下游分汊河段系统治理技术 [M]. 北京：人民交通出版社，2015.

[175] 彭玉明，夏军强，彭佳. 荆江近岸河床演变对水沙条件的响应探讨 [J]. 水文，2018，38 (5)：13-18.

[176] 王业祥，李义天，朱玲玲. 长江中游嘉鱼—燕子窝河段演变机理及发展趋势研究 [J]. 泥沙研究，2012 (1)：1-6.

[177] 李冬，袁达全，耿嘉良. 长江中游嘉鱼—燕子窝河段航道整治工程效果分析 [J]. 水运工程，2013 (9)：89-94.

[178] 尚倩倩，许慧，李国斌，等. 三峡水库蓄水前后嘉鱼水道河床演变 [J]. 水利水运工程学报，2016 (5)：32-38.

[179] 许慧，李国斌，尚倩倩. 长江中游赤壁—潘家湾河段航道整治工程工可阶段嘉鱼—燕子窝水道物

理模型试验研究［R］.南京：南京水利科学研究院，2013.

[180] 陈立，谢葆玲，崔承章，等.对长江芦家河浅滩段演变特性的新认识［J］.水科学进展，2000，11（3）：241-246.

[181] 陆永军，徐成伟，左利钦.宜昌至枝城河段局部护底工程二维泥沙数学模型初步研究［R］.南京：南京水利科学研究院，2003.

[182] 刘怀汉，茆长胜，何明宪.坝下沙卵石河段演变及治理对策研究［A］//"三峡工程建成后对长江中游的影响"专题论坛——2007中国科协年会分论坛之十论文集，2007.

[183] 黄悦，董耀华，王敏.长江中游河床下切与节点控制治理初步研究［J］.长江科学院院报，2013，30（11）：4-10.

[184] 薛俊，茆长胜.长江中游芦家河水道维护及治理探讨［J］.水运工程，2010（6）：95-99.

[185] 陆永军.三峡工程坝下游浅滩整治一维及二维数值模拟研究//国务院三峡工程建设委员会办公室泥沙课题专家组，中国长江三峡工程开发总公司三峡工程泥沙专家组.长江三峡工程泥沙问题研究（1996—2000）［M］.北京：知识产权出版社，2002.

[186] 余大杰，于海波.芦家河～江口河段河床演变分析及一期整治工程效果初探［J］.中国水运，2011（10）：46-47.

[187] 黄颖.三峡水库下游近坝沙卵石河段演变规律研究［J］.人民长江，2013（4）：13-17.

[188] 陆永军.长江中游马家咀水道整治工程二维水流泥沙数值模拟研究［R］.南京：南京水利科学研究院，2004.

索　引

黄金水道 …………………… 1

清水下泄 …………………… 28

顺直微弯 …………………… 31

弯曲河道 …………………… 32

凸冲凹淤 …………………… 32

分汊河道 …………………… 33

江湖交汇口 ……………… 42

江河湖一体化 …………… 55

挟沙能力 …………………… 65

流量加速因子 …………… 70

江湖两相流 ……………… 83

全沙模拟 …………………… 84

相似律 ……………………… 85

重力相似偏离 …………… 89

三口分流 ………………… 100

三口分沙 ………………… 100

淹水时间 ………………… 104

水量交换 ………………… 104

顶托关系 ………………… 105

泥沙交换 ………………… 105

城陵矶汇流 ……………… 107

水沙调节 ………………… 119

落冲规律 ………………… 121

水沙还原 ………………… 123

藕节状分汊 ……………… 125

滩群演变 ………………… 131

河势变化 ………………… 133

过渡段调整 ……………… 135

连接段 …………………… 136

关联性 …………………… 138

节点 ……………………… 141

消落期 …………………… 148

蓄水期 …………………… 151

江湖错峰 ………………… 153

水沙组合 ………………… 162

洪峰流量削减 …………… 172

枯水位降落 ……………… 173

汛后退水 ………………… 174

坡陡流急 ………………… 174

汇流点 …………………… 177

动态设计水位 …………… 179

河床断面法 ……………… 180

整治水位 ………………… 180

整治历时 ………………… 182

整治时机 ………………… 186

芦家河河段 ……………… 191

松滋口分流 ……………… 191

瓦马河段 ………………… 200

周天藕河段 ……………… 203

守护洲滩 ………………… 203

嘉鱼—燕子窝河段 ……… 215

马当河段 ………………… 221

Chapter 5   Responses of river bed evolution in shoal groups to the adjustment of
            water-sediment process in the middle and lower Yangtze River 113
  5. 1   Impacts of river bed evolution in the middle and lower Yangtze River
         caused by water-sediment exchanges between the Yangtze River and lakes 114
  5. 2   Responses of river bed evolution in typical shoals to the water-sediment
         adjustment by the TGR in the middle and lower Yangtze River 119
  5. 3   Interaction of hydrodynamics in typical shoal groups in the middle and
         lower Yangtze River 131
  5. 4   Responses of river bed evolution to the adjustment of water-sediment
         process in the confluence area between rivers and lakes 146

Chapter 6   Effects of the water-sediment processes adjusted by the TGR and water-
            sediment exchanges between rivers and lakes on the waterways of the
            Yangtze River 171
  6. 1   Effects of the TGR water-sediment processes on the waterways in the
         middle and lower Yangtze River 172
  6. 2   Effects of water-sediment exchanges between the rivers and lakes on
         waterways of the Yangtze River 175
  6. 3   Exploration on regulation parameters and occation of typical shoal channels
         under changing conditions 179

Chapter 7   Waterway regulation in typical shoal groups of the middle and lower
            Yangtze River 189
  7. 1   Introduction 190
  7. 2   Waterway regulation in the shoal groups affected by diversion of the
         Dongting Lake 191
  7. 3   Waterway regulation in the shoal groups affected by confluence of the
         Dongting Lake 209
  7. 4   Waterway regulation in the shoal groups affected by confluence of the
         Poyang Lake: a case study of the Madang reach 221

References 226

Index 234

Contents

General Preface

Chapter 1　Introduction ·· 1

　1.1　Background ··· 2

　1.2　Research progress ··· 3

Chapter 2　Characteristics of water-sediment transport and river bed evolution
　　　　　　downstream of the Three Gorges Reservoir (TGR) ···················· 15

　2.1　General description of reaches and lakes downstream of the TGR ·········· 16

　2.2　Water and sediment transport downstream of the TGR ························ 20

　2.3　River bed evolution downstream of the TGR ··································· 28

　2.4　Water-sediment transport and bed evolution in the Dongting Lake ········· 35

　2.5　Water-sediment transport and bed evolution in the Poyang Lake ·········· 39

　2.6　Fluvial process in the confluence area between the Yangtze River and the
　　　　two lakes ·· 42

Chapter 3　Mathematical and physical modeling for water-sediment movement in
　　　　　　rivers and lakes ·· 51

　3.1　A mathematical model for water-sediment movement in large-scale
　　　　river-lake systems of the middle Yangtze River ····························· 52

　3.2　A 2D mathematical model for water-sediment transport for long reaches
　　　　in the middle Yangtze River ··· 63

　3.3　A physical model for the confluence area between rivers and lakes in the
　　　　middle Yangtze River ··· 83

Chapter 4　Mechanisms of water-sediment exchange between the Yangtze River and
　　　　　　lakes ·· 99

　4.1　Water-sediment exchange of large-scale river-lake systems in the middle
　　　　Yangtze River ··· 100

　4.2　Mechanisms of water-sediment exchange between the Yangtze River and the
　　　　Dongting Lake after the TGR operation ······································· 103

　4.3　Mechanisms of water-sediment exchange between the Yangtze River and the
　　　　Poyang Lake after the TGR operation ··· 108

of China.

As same as most developing countries in the world, China is faced with the challenges of the population growth and the unbalanced and inadequate economic and social development on the way of pursuing a better life. The influence of global climate change and extreme weather will further aggravate water shortage, natural disasters and the demand & supply gap. Under such circumstances, the dam and reservoir construction and hydropower development are necessary for both China and the world. It is an indispensable step for economic and social sustainable development.

The hydropower engineering technology is a treasure to both China and the world. I believe the publication of the *Series* will open a door to the experts and professionals of both China and the world to navigate deeper into the hydropower engineering technology of China. With the technology and management achievements shared in the *Series*, emerging countries can learn from the experience, avoid mistakes, and therefore accelerate hydropower development process with fewer risks and realize strategic advancement. The *Series*, hence, provides valuable reference not only to the current and future hydropower development in China but also world developing countries in their exploration of rivers.

As one of the participants in the cause of hydropower development in China, I have witnessed the vigorous development of hydropower industry and the remarkable progress of hydropower technology, and therefore I am truly delighted to see the publication of the *Series*. I hope that the *Series* will play an active role in the international exchanges and cooperation of hydropower engineering technology and contribute to the infrastructure construction of B&R countries. I hope the *Series* will further promote the progress of hydropower engineering and management technology. I would also like to express my sincere gratitude to the professionals dedicated to the development of Chinese hydropower technological development and the writers, reviewers and editors of the *Series*.

Ma Hongqi
Academician of Chinese Academy of Engineering
October, 2019

river cascades and water resources and hydropower potential. 3) To develop complete hydropower investment and construction management system with the aim of speeding up project development. 4) To persist in achieving technological breakthroughs and resolutions to construction challenges and project risks. 5) To involve and listen to the voices of different parties and balance their benefits by adequate resettlement and ecological protection.

With the support of H. E. Mr. Wang Shucheng and H. E. Mr. Zhang Jiyao, the former leaders of the Ministry of Water Resources, China Society for Hydropower Engineering, Chinese National Committee on Large Dams, China Renewable Energy Engineering Institute, and China Water & Power Press in 2016 jointly initiated preparation and publication of *China Hydropower Engineering Technology Series* (hereinafter referred to as "the *Series*"). This work was warmly supported by hundreds of experienced hydropower practitioners, discipline leaders, and directors in charge of technologies, dedicated their precious research and practice experience and completed the mission with great passion and unrelenting efforts. With meticulous topic selection, elaborate compilation, and careful reviews, the volumes of the *Series* was finally published one after another.

Entering 21st century, China continues to lead in world hydropower development. The hydropower engineering technology with Chinese characteristics will hold an outstanding position in the world. This is the reason for the preparation of the *Series*. The *Series* illustrates the achievements of hydropower development in China in the past 30 years and a large number of R&D results and projects practices, covering the latest technological progress. The *Series* has following characteristics. 1) It makes a complete and systematic summary of the technologies, providing not only historical comparisons but also international analysis. 2) It is concrete and practical, incorporating diverse disciplines and rich content from the theories, methods, and technical roadmaps and engineering measures. 3) It focuses on innovations, elaborating the key technological difficulties in an in-depth manner based on the specific project conditions and background and distinguishing the optimal technical options. 4) It lists out a number of hydropower project cases in China and relevant technical parameters, providing a remarkable reference. 5) It has distinctive Chinese characteristics, implementing scientific development outlook and offering most recent up-to-date development concepts and practices of hydropower technology

General Preface

China has witnessed remarkable development and world-known achievements in hydropower development over the past 70 years, especially the 4 decades after Reform and Opening-up. There were a number of high dams and large reservoirs put into operation, showcasing the new breakthroughs and progress of hydropower engineering technology. Many nations worldwide played important roles in the development of hydropower engineering technology, while China, emerging after Europe, America, and other developed western countries, has risen to become the leader of world hydropower engineering technology in the 21st century.

By the end of 2018, there were about 98,000 reservoirs in China, with a total storage volume of 900 billion m^3 and a total installed hydropower capacity of 350GW. China has the largest number of dams and also of high dams in the world. There are nearly 1000 dams with the height above 60m, 223 high dams above 100m, and 23 ultra high dams above 200m. There are also 4 mega-scale hydropower stations with an individual installed capacity above 10GW, such as Three Gorges Hydropower Station, which has an installed capacity of 22.5 GW, the largest in the world. Hydropower development in China has been endeavoring to support national economic development and social demand. It is guided by strategic planning and technological innovation and aims to promote project construction with the application of R&D achievements. A number of tough challenges have been conquered in project construction and management, realizing safe and green development. Hydropower projects in China have played an irreplaceable role in the governance of major rivers and flood control. They have brought tremendous social benefits and played an important role in energy security and eco-environmental protection.

Referring to the successful hydropower development experience of China, I think the following aspects are particularly worth mentioning 1) To constantly coordinate the demand and the market with the view to serve the national and regional economic and social development. 2) To make sound planning of the